电力消防安全1000问

《电力消防安全1000问》编写组　编

中国电力出版社
CHINA ELECTRIC POWER PRESS

内 容 提 要

本书以《中华人民共和国消防法》为准绳，以《电力设备典型消防规程》（DL 5027—2015）为依据，从电力生产现场消防工作实际出发，以问答的形式梳理消防知识和问题，主要内容涵盖：消防安全基础知识，变电站消防，变电站消防标准化建设，电力电缆线路消防，燃煤电厂消防，燃气电厂及新能源发电消防，消防器材、消防设施和消防系统。

本书作为电力系统各基层单位消防安全宣传教育读本，适用于电力生产现场作业人员、管理人员学习使用，也可供电力企业消防施工、安装、监理、使用、维护人员阅读。

图书在版编目（CIP）数据

电力消防安全1000问/《电力消防安全1000问》编写组编．—北京：中国电力出版社，2021.4（2023.12重印）

ISBN 978-7-5198-5569-7

Ⅰ.①电…　Ⅱ.①电…　Ⅲ.①电力工业—消防—问题解答
Ⅳ.①TM08-44

中国版本图书馆CIP数据核字（2020）第070148号

出版发行：中国电力出版社
地　　址：北京市东城区北京站西街19号（邮政编码100005）
网　　址：http：//www.cepp.sgcc.com.cn
责任编辑：安小丹
责任校对：黄　蓓　常燕昆
装帧设计：赵姗姗
责任印制：吴　迪

印　　刷：三河市航远印刷有限公司
版　　次：2021年4月第一版
印　　次：2023年12月北京第四次印刷
开　　本：880毫米×1230毫米　32开本
印　　张：10
字　　数：257千字
印　　数：4501—5500册
定　　价：38.00元

本书编写组

主　　编　王建江

副 主 编　亢建明　王　政　曲雪军

参编人员　王晓东　谢天朋　赵锦哲　林倍正

胡中流　宋　荣　薛建立　白　力

马　骏　王　斌　李　军　王嘉悦

乔　斌　吕　英　王京开　王晋生

前　言

改革开放以来，我国电力建设高速发展，电网规模、发电装机容量和发电量均居世界首位，电力工业技术水平跻身世界先进行列。同时，由于新能源、新材料、新设备的广泛开发利用，使得火灾发生的频率越来越高，所造成的损失越来越无法估量。消防安全事业的发展是国民经济的重要组成部分，它是衡量一个国家、一座城市乃至一个单位现代文明程度的重要标志之一。所以，消防工作作为一项科学性、技术性、群众性和专业性要求都很高的工作，其安全知识需要越来越多的人掌握和了解。特别是作为国民经济和社会发展的基础产业和公用事业的电力企业，必须保证不发生危害安全经济供电的火灾，以免给国计民生带来损失。为此，我们在总结新中国成立以来，特别是2000年以后电力企业消防宣传教育经验的基础上，编写了本书，以期对提高电力企业消防实际水平，保证人身和财产安全，以及消防管理标准化、规范化起到指导作用。

本书以实用性为主，按照最新法律、法规和相关规范、标准的内容规定，结合电力企业自身特点，分别论述了各个系统的防火、灭火要求和规定。

参加本书编写的有王建江、王晋生、曲雪军、亢建明、王晓东、谢天朋、赵锦哲、林倍正、胡中流、王政、宋荣、薛建立、白力、马骏、王斌、李军、王嘉悦、乔斌、吕英、王京开等。由王建江任主编，亢建明、王政、曲雪军任副主编，王晋生统稿。

本书在编写过程中参考了大量的书刊文献资料，以及部分消防产品厂家的说明书，并引用了部分内容，除在参考文献中列出外，在此谨向书刊文献资料的作者表示衷心感谢！

本书在编写过程中得到国网山东省电力公司烟台市供电公司以及国网山东省电力公司烟台市牟平区供电公司的大力支持和协助，在此一并表示感谢！

消防技术发展迅速，管理模式也在探讨，碍于我们的地域专业局限性，书中定有疏漏不妥之处，恳请广大读者和消防人士批评指正。

本书编写组

2021年4月

目　录

第一章

消防安全基础知识

第一节　学习贯彻执行消防法

1.《中华人民共和国消防法》是何时制定的？何时修订的？

答：（1）《中华人民共和国消防法》是于1998年4月29日第九届全国人民代表大会常务委员会第二次会议通过并公布，自1998年5月1日起施行。

（2）《中华人民共和国消防法》自公布实施以来已经过人大常委两次修订。第一次是2008年10月28日第十一届全国人民代表大会常务委员会第五次会议修订，自2009年5月1日起施行。第二次是成立“应急管理部”，公安消防成建制移交应急管理部消防救援局，2019年4月23日第十三届全国人民代表大会常务委员会第十次会议修订，以中华人民共和国主席令第二十九号发布。

2. 为什么要制定《中华人民共和国消防法》（简称消防法）？消防工作的方针和原则各是什么？

答：为了预防火灾和减少火灾危害，加强应急救援工作，保护人身、财产安全，维护公共安全，制定《中华人民共和国消防法》。

消防工作贯彻“预防为主、防消结合”的方针。按照“政府统一领导、部门依法监管、单位全面负责、公民积极参与”的原则，实行消防安全责任制，建立健全社会化的消防工作网络。

3. 国家消防工作的领导监督机制是怎样的？

答：（1）国务院领导全国的消防工作。地方各级人民政府负责本行政区域内的消防工作。各级人民政府应当将消防工作纳入国民经济和社会发展计划，保障消防工作与经济社会发展相适应。

（2）国务院应急管理部门对全国的消防工作实施监督管理。县级以上地方人民政府应急管理部门对本行政区域内的消防工作实施监督管理，并由本级人民政府消防救援机构负责实施。军事设施的消防工作，由其主管单位监督管理，消防救援机构协助；矿井地下部分、核电厂、海上石油天然气设施的消防工作，由其主管单位监督管理。

（3）县级以上人民政府其他有关部门在各自的职责范围内，依照消防法和其他相关法律、法规的规定做好消防工作。

（4）法律、行政法规对森林、草原的消防工作另有规定的，从其规定。

4. 任何单位和个人、成年人在消防工作中都有什么义务？

答：（1）任何单位和个人都有维护消防安全、保护消防设施、预防火灾、报告火警的义务。

（2）任何单位和成年人都有参加有组织的灭火工作的义务。

5. 国家对建设工程的消防要求有哪些？

答：（1）建设工程的消防设计、施工必须符合国家工程建设消防技术标准。

（2）建设、设计、施工、工程监理等单位依法对建设工程的消防设计、施工质量负责。

（3）对按照国家工程建设消防技术标准需要进行消防设计的建设工程，实行建设工程消防设计审查验收制度。

（4）国务院住房和城乡建设主管部门规定的特殊建设工程，建设单位应当将消防设计文件报送住房和城乡建设主管部门审查，住房和城乡建设主管部门依法对审查的结果负责。

（5）前款规定以外的其他建设工程，建设单位申请领取施工许可证或者申请批准开工报告时应当提供满足施工需要的消防设计图纸及技术资料。

（6）特殊建设工程未经消防设计审查或者审查不合格的，建设单位、施工单位不得施工；其他建设工程，建设单位未提供满足施工需要的消防设计图纸及技术资料的，有关部门不得发放施工许可证或者批准开工报告。

（7）国务院住房和城乡建设主管部门规定应当申请消防验收的建设工程竣工，建设单位应当向住房和城乡建设主管部门申请消防验收。

（8）前款规定以外的其他建设工程，建设单位在验收后应当报住房和城乡建设主管部门备案，住房和城乡建设主管部门应当进行抽查。

（9）依法应当进行消防验收的建设工程，未经消防验收或者消防验收不合格的，禁止投入使用；其他建设工程经依法抽查不合格的，应当停止使用。

（10）建设工程消防设计审查、消防验收、备案和抽查的具体办法，由国务院住房和城乡建设主管部门规定。

6. 机关、团体、企业、事业等单位的消防安全责任人应当由哪些人担任？机关、团体、企业、事业等单位应当履行的消防安全职责是什么？

答：（1）机关、团体、企业、事业等单位的主要负责人是本单位的消防安全责任人。

（2）机关、团体、企业、事业等单位应当履行的消防安全职责如下：

1）落实消防安全责任制，制定本单位的消防安全制度、消防安全操作规程，制定灭火和应急疏散预案。

2）按照国家标准、行业标准配置消防设施、器材，设置消防安全标志，并定期组织检验、维修，确保完好有效。

3）对建筑消防设施每年至少进行一次全面检测，确保完好有效，检测记录应当完整准确，存档备查。

4）保障疏散通道、安全出口、消防车通道畅通，保证防火防烟分区、防火间距符合消防技术标准。

5）组织防火检查，及时消除火灾隐患。

6）组织进行有针对性的消防演练。

7）法律、法规规定的其他消防安全职责。

7. 怎样确定行政区域内的消防安全重点单位？消防安全重点单位应当再履行哪些消防安全职责？

答：（1）县级以上地方人民政府消防救援机构应当将发生火灾可能性较大以及发生火灾可能造成重大的人身伤亡或者财产损失的单位，确定为本行政区域内的消防安全重点单位，并由应急管理部门报本级人民政府备案。

（2）消防安全重点单位除应当履行机关、团体、企业、事业等单位的消防安全职责外，还应当再履行以下消防安全职责：

1）确定消防安全管理人，组织实施本单位的消防安全管理工作。

2）建立消防档案，确定消防安全重点部位，设置防火标志，实行严格管理。

3）实行每日防火巡查，并建立巡查记录。

4）对职工进行岗前消防安全培训，定期组织消防安全培训和消防演练。

8. 国家对在具有火灾、爆炸危险的场所使用明火的规定是什么？

答：（1）禁止在具有火灾、爆炸危险的场所吸烟、使用明火。

（2）因施工等特殊情况需要在具有火灾、爆炸危险的场所使用明火作业的，应当按照规定事先办理审批手续，采取相应的消防安全措施；作业人员应当遵守消防安全规定。

（3）进行电焊、气焊等具有火灾危险作业的人员和自动消防系统的操作人员，必须持证上岗，并遵守消防安全操作规程。

9. 生产、储存、装卸易燃易爆危险品的工厂、仓库和专用车站、码头的设置应遵守哪些规定？

答：（1）生产、储存、装卸易燃易爆危险品的工厂、仓库和专用车站、码头的设置，应当符合消防技术标准。

(2) 易燃易爆气体和液体的充装站、供应站、调压站，应当设置在符合消防安全要求的位置，并符合防火防爆要求。

(3) 已经设置的生产、储存、装卸易燃易爆危险品的工厂、仓库和专用车站、码头，易燃易爆气体和液体的充装站、供应站、调压站，不再符合前款规定的，地方人民政府应当组织、协调有关部门、单位限期解决，消除安全隐患。

10. 什么是消防产品？国家对消防产品的生产、销售或者使用有哪些规定？对消防产品质量的监督检查部门有哪些？

答：(1) 消防产品是指专门用于火灾预防、灭火救援和火灾防护、避难、逃生的产品。

(2) 国家对消防产品的生产、销售或者使用规定如下：

1) 消防产品必须符合国家标准；没有国家标准的，必须符合行业标准。

2) 禁止生产、销售或者使用不合格的消防产品以及国家明令淘汰的消防产品。

3) 依法实行强制性产品认证的消防产品，由具有法定资质的认证机构按照国家标准、行业标准的强制性要求认证合格后，方可生产、销售、使用。实行强制性产品认证的消防产品目录，由国务院产品质量监督部门会同国务院应急管理部门制定并公布。

4) 新研制的尚未制定国家标准、行业标准的消防产品，应当按照国务院产品质量监督部门会同国务院应急管理部门规定的办法，经技术鉴定符合消防安全要求的，方可生产、销售、使用。

5) 依照本条规定经强制性产品认证合格或者技术鉴定合格的消防产品，国务院应急管理部门消防机构应当予以公布。

(3) 对消防产品质量的监督检查部门有：产品质量监督部门、工商行政管理部门、消防救援机构，并应当按照各自职责加强对消防产品质量的监督检查。

11. 国家对消防技术服务机构和执业人员的要求是什么？

答：消防产品质量认证、消防设施检测、消防安全监测等消防技术服务机构和执业人员，应当依法获得相应的资质、资格；依照法律、行政法规、国家标准、行业标准和执业准则，接受委托提供消防技术服务，并对服务质量负责。

12. 对构件、材料的防火性能有哪些要求？对电器产品、燃气用具的消防要求有哪些？

答：(1) 对构件、材料的防火性能要求如下：

1）建筑构件、建筑材料和室内装修、装饰材料的防火性能必须符合国家标准；没有国家标准的，必须符合行业标准。

2）人员密集场所室内装修、装饰，应当按照消防技术标准的要求，使用不燃、难燃材料。

（2）对电器产品、燃气用具的消防要求如下：

1）电器产品、燃气用具的产品标准，应当符合消防安全的要求。

2）电器产品、燃气用具的安装、使用及其线路、管路的设计、敷设、维护保养、检测，必须符合消防技术标准和管理规定。

13. 什么是消防设施？对消防设施的四个“不得”要求是什么？

答：（1）消防设施，是指火灾自动报警系统、自动灭火系统、消火栓系统、防烟排烟系统以及应急广播和应急照明、安全疏散设施等。

（2）对消防设施的四个“不得”要求是：

1）任何单位、个人不得损坏、挪用或者擅自拆除、停用消防设施、器材。

2）任何单位、个人不得埋压、圈占、遮挡消火栓或者占用防火间距。

3）任何单位、个人不得占用、堵塞、封闭疏散通道、安全出口、消防车通道。

4）任何单位、个人不得在人员密集场所的门窗设置影响逃生和灭火救援的障碍物。

14. 对负责公共消防设施维护管理的单位有哪些要求？

答：（1）负责公共消防设施维护管理的单位，应当保持消防供水、消防通信、消防车通道等公共消防设施的完好有效。

（2）在修建道路以及停电、停水、截断通信线路时有可能影响消防队灭火救援的，有关单位必须事先通知当地消防救援机构。

15. 我国消防组织的形式有哪几种？我国消防组织建设的基本要求是什么？

答：我国消防组织的形式有国家综合性消防救援队、专职消防队、志愿消防队三种。

我国消防组织建设的基本要求如下：

（1）各级人民政府应当加强消防组织建设，根据经济社会发展的需要，建立多种形式的消防组织，加强消防技术人才培养，增强火灾预防、扑救和应急救援的能力。

（2）县级以上地方人民政府应当按照国家规定建立国家综合性消防救援队、专职消防队，并按照国家标准配备消防装备，承担火灾扑救工作。

（3）乡镇人民政府应当根据当地经济发展和消防工作的需要，建立专职消防队、志愿消防队，承担火灾扑救工作。

16. 国家综合性消防救援队、专职消防队的使命和要求是什么？

答：（1）国家综合性消防救援队、专职消防队按照国家规定承担重大灾害事故和其他以抢救人员生命为主的应急救援工作。

（2）国家综合性消防救援队、专职消防队应当充分发挥火灾扑救和应急救援专业力量的骨干作用。

（3）按照国家规定，组织实施专业技能训练，配备并维护保养装备器材，提高火灾扑救和应急救援的能力。

17. 哪些单位应当建立单位专职消防队，承担本单位的火灾扑救工作？哪些单位应当建立单位志愿消防队，承担本单位火灾的自防自救工作？

答：（1）应当建立单位专职消防队的单位如下：

1）大型核设施单位、大型发电厂、民用机场、主要港口。

2）生产、储存易燃易爆危险品的大型企业。

3）储备可燃的重要物资的大型仓库、基地。

4）前 1）、2）、3）规定以外的火灾危险性较大、距离国家综合性消防救援队较远的其他大型企业。

5）距离国家综合性消防救援队较远、被列为全国重点文物保护单位的古建筑群的管理单位。

（2）机关、团体、企业、事业等单位以及村民委员会、居民委员会根据需要，建立志愿消防队等多种形式的消防组织，开展群众性自防自救工作。

18. 消防救援机构对专职消防队、志愿消防队等消防组织具有哪些义务和权利？

答：（1）消防救援机构应当对专职消防队、志愿消防队等消防组织进行业务指导。

（2）根据扑救火灾的需要，消防救援机构可以调动指挥专职消防队参加火灾扑救工作。

19. 发现火灾应怎样报警？报警同时应怎样开展火灾扑救？

答：（1）任何人发现火灾都应当立即报警。任何单位、个人都应当无偿为报警提供便利，不得阻拦报警。严禁谎报火警。

（2）报警同时应按如下要求迅速开展火灾扑救：

1）人员密集场所发生火灾，该场所的现场工作人员应当立即组织、引导在场人员疏散。

2）任何单位发生火灾，必须立即组织力量扑救。邻近单位应当给予支援。

20. 消防救援机构接到火警到达火灾现场的首要任务是什么？有权决定哪些事项？根据扑救火灾的紧急需要，有关地方人民政府应怎样作为？

答：（1）消防队接到火警，必须立即赶赴火灾现场，救助遇险人员，排除险情，扑灭火灾。消防救援机构统一组织和指挥火灾现场扑救，应当优先保障遇险人员的生命安全。

（2）火灾现场总指挥根据扑救火灾的需要，有权决定下列事项：

1）使用各种水源。

2）截断电力、可燃气体和可燃液体的输送，限制用火用电。

3）划定警戒区，实行局部交通管制。

4）利用临近建筑物和有关设施。

5）为了抢救人员和重要物资，防止火势蔓延，拆除或者破损毗邻火灾现场的建筑物、构筑物或者设施等。

6）调动供水、供电、供气、通信、医疗救护、交通运输、环境保护等有关单位协助灭火救援。

（3）根据扑救火灾的紧急需要，有关地方人民政府应当组织人员、调集所需物资支援灭火。

21. 封闭火灾现场，调查火灾原因，统计火灾损失应由哪个机构负责进行？

答：（1）消防救援机构有权根据需要封闭火灾现场，负责调查火灾原因，统计火灾损失。

（2）火灾扑灭后，发生火灾的单位和相关人员应当按照消防救援机构的要求保护现场，接受事故调查，如实提供与火灾有关的情况。

（3）消防救援机构根据火灾现场勘验、调查情况和有关的检验、鉴定意见，及时制作火灾事故认定书，作为处理火灾事故的证据。

22. 落实消防工作责任制和监督检查消防安全职责应由哪些部门进行？

答：（1）地方各级人民政府应当落实消防工作责任制，对本级人民政府有关部门履行消防安全职责的情况进行监督检查。

（2）县级以上地方人民政府有关部门应当根据本系统的特点，有针对性地开展消防安全检查，及时督促整改火灾隐患。

（3）消防救援机构应当对机关、团体、企业、事业等单位遵守消防法律、法规的情况依法进行监督检查。

（4）公安派出所可以负责日常消防监督检查、开展消防宣传教育，具体办法由国务院公安部门规定。

（5）消防救援机构、公安派出所的工作人员进行消防监督检查，应当出示证件。

23. 消防救援机构在消防监督检查中发现问题时应如何处置？

答：（1）消防救援机构在消防监督检查中发现火灾隐患的，应当通知有关单位或者个人立即采取措施消除隐患；不及时消除隐患可能严重威胁公共安全的，消防救援机构应当依照规定对危险部位或者场所采取临时查封措施。

（2）消防救援机构在消防监督检查中发现城乡消防安全布局、公共消防设施不符合消防安全要求，或者发现本地区存在影响公共安全的重大火灾隐患的，应当由应急管理部门书面报告本级人民政府。

（3）接到报告的人民政府应当及时核实情况，组织或者责成有关部门、单位采取措施，予以整改。

第二节　消防安全责任制

24. 国务院办公厅为什么要制定《消防安全责任制实施办法》？

答：为深入贯彻《中华人民共和国消防法》《中华人民共和国安全生产法》和党中央、国务院关于安全生产及消防安全的重要决策部署，按照政府统一领导、部门依法监管、单位全面负责、公民积极参与的原则，坚持党政同责、一岗双责、齐抓共管、失职追责，进一步健全消防安全责任制，提高公共消防安全水平，预防火灾和减少火灾危害，保障人民群众生命财产安全，制定《消防安全责任制实施办法》。国务院办公厅于 2017 年 10 月 29 日公开发布《国务院办公厅关于印发消防安全责任制实施办法的通知》（国办发〔2017〕87 号）。

25.《消防安全责任制实施办法》如何规定地方各级人民政府、国务院公安部门及机关、团体、企业、事业等单位的安全责任制？

答：（1）地方各级人民政府负责本行政区域内的消防工作，政府主要负责人为第一责任人，分管负责人为主要责任人，班子其他成员对分管范围内的消防工作负领导责任。

（2）国务院公安部门对全国的消防工作实施监督管理。县级以上地方人民政府公安机关对本行政区域内的消防工作实施监督管理。县级以上人民政府其他有关部门按照管行业必须管安全、管业务必须管安全、管生产经营必须管安全的要求，在各自职责范围内依法依规做好本行业、本系统的消防安全工作。

（3）机关、团体、企业、事业等单位是消防安全的责任主体，法定代表人、主要负责人或实际控制人是本单位、本场所消防安全责任人，对本单位、本场所消防安全全面负责。坚持安全自查、隐患自除、责任自负。消防安全重点单位应当确定消防安全管理人，组织实施本单位的消防安全管理工作。

（4）坚持权责一致、依法履职、失职追责。对不履行或不按规定履行消防安全职责的单位和个人，依法依规追究责任。

26. 电力管理部门的消防安全职责是什么？

答：电力管理部门依法对电力企业和用户执行电力法律、行政法规的情况进行监督检查，督促企业严格遵守国家消防技术标准，落实企业主体责任。推广采用先进的火灾防范技术设施，引导用户规范用电。

27. 机关、团体、企业、事业等单位应当落实消防安全主体责任，并应履行哪些职责？

答：（1）明确各级、各岗位消防安全责任人及其职责，制定本单位的消防安全制度、消防安全操作规程、灭火和应急疏散预案。定期组织开展灭火和应急疏散演练，进行消防工作检查考核，保证各项规章制度落实。

（2）保证防火检查巡查、消防设施器材维护保养、建筑消防设施检测、火灾隐患整改、专职或志愿消防队和微型消防站建设等消防工作所需资金的投入。生产经营单位安全费用应当保证适当比例用于消防工作。

（3）按照相关标准配备消防设施、器材，设置消防安全标志，定期检验维修，对建筑消防设施每年至少进行一次全面检测，确保完好有效。设有消防控制室的，实行24h值班制度，每班不少于2人，并持证上岗。

（4）保障疏散通道、安全出口、消防车通道畅通，保证防火防烟分区、防火间距符合消防技术标准。人员密集场所的门窗不得设置影响逃生和灭火救援的障碍物。保证建筑构件、建筑材料和室内装修装饰材料等符合消防技术标准。

（5）定期开展防火检查、巡查，及时消除火灾隐患。

（6）根据需要建立专职或志愿消防队、微型消防站，加强队伍建设，定期组织训练演练，加强消防装备配备和灭火药剂储备，建立与公安消防队联勤联动机制，提高扑救初起火灾能力。

（7）消防法律、法规、规章以及政策文件规定的其他职责。

28. 消防安全重点单位除履行机关、团体、企业、事业等单位应当履行的职责外，还应当履行哪些职责？

答：消防安全重点单位除履行机关、团体、企业、事业等单位应当履行的职责外，还应当履行下列职责：

（1）明确承担消防安全管理工作的机构和消防安全管理人并报知当地公

安消防部门，组织实施本单位消防安全管理。消防安全管理人应当经过消防培训。

（2）建立消防档案，确定消防安全重点部位，设置防火标志，实行严格管理。

（3）安装、使用电器产品、燃气用具和敷设电气线路、管线必须符合相关标准和用电、用气安全管理规定，并定期维护保养、检测。

（4）组织员工进行岗前消防安全培训，定期组织消防安全培训和疏散演练。

（5）根据需要建立微型消防站，积极参与消防安全区域联防联控，提高自防自救能力。

（6）积极应用消防远程监控、电气火灾监测、物联网技术等技防物防措施。

29. 对容易造成群死群伤火灾的人员密集场所、易燃易爆单位等火灾高危单位，应当履行哪些消防安全职责？

答：除履行机关、团体、企业、事业等单位以及消防安全重点单位应当履行的职责外，还应当履行下列职责：

（1）定期召开消防安全工作例会，研究本单位消防工作，处理涉及消防经费投入、消防设施设备购置、火灾隐患整改等重大问题。

（2）鼓励消防安全管理人取得注册消防工程师执业资格，消防安全责任人和特有工种人员须经消防安全培训；自动消防设施操作人员应取得建（构）筑物消防员资格证书。

（3）专职消防队或微型消防站应当根据本单位火灾危险特性配备相应的消防装备器材，储备足够的灭火救援药剂和物资，定期组织消防业务学习和灭火技能训练。

（4）按照国家标准配备应急逃生设施设备和疏散引导器材。

（5）建立消防安全评估制度，由具有资质的机构定期开展评估，评估结果向社会公开。

（6）参加火灾公众责任保险。

30. 如何对共用的疏散通道、安全出口、建筑消防设施和消防车通道进行有效管理？

答：（1）同一建筑物由两个以上单位管理或使用的，应当明确各方的消防安全责任，并确定责任人对共用的疏散通道、安全出口、建筑消防设施和消防车通道进行统一管理。

（2）物业服务企业应当按照合同约定提供消防安全防范服务，对管理区域内的共用消防设施和疏散通道、安全出口、消防车通道进行维护管理，及时劝阻和制止占用、堵塞、封闭疏散通道、安全出口、消防车通道等行为，劝阻和制止无效的，立即向公安机关等主管部门报告。定期开展防火检查巡查和消防宣传教育。

31. 消防设施检测、维护保养和消防安全评估、咨询、监测等消防技术服务机构和职业人员应如何为消防安全服务？

答：（1）消防设施检测、维护保养和消防安全评估、咨询、监测等消防技术服务机构和执业人员应当依法获得相应的资质、资格。

（2）消防技术服务机构和执业人员应当依法依规提供消防安全技术服务，并对服务质量负责。

32. 为何防火重点部位禁止吸烟？防火重点部位应采取哪些禁烟措施？

答：（1）我国近年生活用火引起的火灾中，吸烟不慎引起的火灾次数占很大比例，因此防火重点部位必须禁止吸烟。

（2）防火重点部位应有明显禁止吸烟标志。禁止吸烟的标志应符合现行国家标准 GB 2894《安全标志及其使用导则》的规定。

33. 加强防火组织管理的重点要求是什么？

答：（1）各单位应建立健全防止火灾事故组织机构，单位的主要负责人是本单位的消防安全责任人，应建立有效的消防组织网络，应确定消防安全管理人，有效落实消防管理职责。

（2）健全消防工作制度，应根据消防法相关规定，建立训练有素的专职或群众性消防队伍，专职消防队应报公安机关消防机构验收。开展相应的基础消防知识的培训，建立火灾事故应急响应机制，制定灭火和应急疏散预案及现场处置方案，定期开展灭火和应急疏散桌面推演和现场演练。

（3）每年至少进行一次消防安全培训，消防安全责任人和消防安全管理人等消防从业人员应接受专门培训。对新上岗和进入新岗位的员工进行上岗前消防培训，经考试合格方能上岗。定期开展消防安全检查，应确保各单位、各车间、各班组、各作业人员了解各自管辖范围内的重点防火要求和灭火方案。

（4）建立火灾隐患排查、治理常态机制，定期开展火灾隐患排查工作。根据发现的隐患，提出整改方案、落实整改措施，保障消防安全。

（5）强化动火管理，施工、检修等工作现场严格执行动火工作票制度，落实现场防火和灭火责任。不具备动火条件的现场，严禁违法违规动火工作。

（6）加强易燃、易爆物品的管理。建立易燃、易爆物品台账，严格按照易燃、易爆物品的管理规定进行采购、运输、储存、使用。

34. 加强消防设施管理的重点要求是什么?

答:(1)各单位应按照相关规范建设配置完善的消防设施。严禁占用消防逃生通道和消防车通道。

(2)火灾自动报警、固定灭火、防烟排烟等各类消防系统及灭火器等各类消防器材，应根据相关规范定期进行巡查、检测、检修、保养，并做好检查维保记录，确保消防设施正常运行。

(3)各单位及相关厂站应按相关标准配置灭火器材，并定期检测维护，相关人员应熟练掌握灭火器材的使用方法。属消防重点部位的机构，应设立微型消防站，按照要求配置相应的消防器材。

(4)各单位生产生活场所、各变电站(换流站)、电缆隧道等应根据规范及设计导则安装火灾自动报警系统。火灾自动报警信号应接入有人值守的消防控制室，并有声光警示功能，接入的信号类型和数量应符合国家相关规定。

(5)各单位生产生活场所、各变电站(换流站)应根据规范设置消防控制室。无人值班变电站消防控制室宜设置在运维班驻地的值班室，对所辖的变电站实行集中管理。消防控制室实行 24 小时值班制度，每班不少于 2 人，并持证上岗。

(6)供电生产、施工企业在可能产生有毒害气体或缺氧的场所应配备必要的正压式空气呼吸器、防毒面具等抢救器材，并应进行使用培训，掌握正确的使用方法，以防止救护人员在灭火中中毒或窒息。

(7)在建设工程中，消防系统设计文件应报公安机关消防机构审核或备案，工程竣工后应报公安消防机关申请消防验收或备案。消防水系统应同工业、生活水系统分离，以确保消防水量、水压不受其他系统影响;消防设施的备用电源应由保安电源供给，未设置保安电源的应按Ⅱ类负荷供电，消防设施用电线路敷设应满足火灾时连续供电的需求。变电站、换流站消防水泵电机应配置独立的电源。

(8)酸性蓄电池室、油罐室、油处理室、大物流仓储等防火、防爆重点场所应采用防爆型的照明、通风设备，其控制开关应安装在室外。

(9)值班人员应经专门培训，并能熟练操作厂站内各种消防设施;应制定防止消防设施误动、拒动的措施。

(10)调度室、控制室、计算机室、通信室、档案室等重要部位严禁吸烟，禁止明火取暖。各室空调系统的防火，其中通风管道，应根据要求设置防火阀。

(11)大型充油设备的固定灭火系统和断路器信号应根据规范联锁控制。发生火灾时，应确保固定灭火系统的介质，直接作用于起火部位并覆盖保护对象，不受其他组件的影响。

（12）建筑贯穿孔口和空开口必须进行防火封堵，防火材料的耐火等级应进行测试，并不低于被贯穿物（楼板、墙体等）的耐火极限。电缆在穿越各类建筑结构进入重要空间时应做好防火封堵和防火延燃措施。

35. 对单位安全生产委员会的消防安全职责有哪些规定？

答：单位应成立安全生产委员会，履行消防安全职责。安全生产委员会是单位的安全生产领导机构。单位的有关人员应按其工作职责，熟悉DL 5027—2015《电力设备典型消防规程》的有关部分并结合消防知识每年考试一次。电力设备及其相关设施的消防安全管理除应符合该规程，尚应符合国家现行有关标准的规定。DL 5027—2015《电力设备典型消防规程》就是为了规范电力设备及其相关设施的消防安全管理，预防火灾和减少火灾危害，保障人身、电力设备和电网安全而制定的。该规程规定了电力设备及其相关设施的防火和灭火措施，以及消防安全管理要求，适用于发电单位、电网经营单位，以及非电力单位使用电力设备的消防安全管理。电力设计、安装、施工、调试、生产应符合该规程的有关要求。该规程不适用于核能发电单位。

36. 安全生产委员会在消防安全方面的任务有哪些？

答：（1）组织贯彻落实国家有关消防安全的法律、法规、标准和规定（简称消防法规），建立健全消防安全责任制和规章制度，对落实情况进行监督、考核。安全生产委员会是单位消防安全工作的领导机构，其中重要工作就是组织贯彻落实国家有关消防安全的法律、法规和标准规程（简称消防法规），建立健全覆盖单位的消防安全责任制和规章制度，做到消防安全责任无盲区、消防工作有标准，关键是抓好落实，这是保障消防安全的核心要素。

（2）建立消防安全保证和监督体系，督促两个体系各司其职，明确消防工作归口管理职能部门（简称消防管理部门）和消防安全监督部门（简称安监部门），确保消防管理和安监部门的人员配置与其承担的职责相适应。其中，消防安全保证体系是保障单位消防安全的主导力量；消防安全监督体系主要行使监督职责，以促进保证体系规范工作，在共同作用下确保单位的消防安全。消防工作归口管理职能部门（简称消防管理部门）是《消防安全管理规定》第十五条要求设置或确定的。消防管理部门和消防安全监督部门（简称安监部门）是做好单位消防安全工作的关键部门，应确保配置的力量与其承担的职责相适应。

37. 安全生产委员会应履行的消防安全职责有哪些？

答：安全生产委员会是单位消防安全工作的领导机构，消防安全是单位安全生产的重要组成部分，单位安全生产委员会应履行的消防安全职责如下：

（1）制定本单位的消防安全目标并组织落实，定期研究本单位的消防安全工作。应根据消防法规、政府部门和上级的要求，结合单位实际情况，制定本单位年度消防安全目标并组织落实，应定期分析、研究本单位的消防安全形势，据此部署阶段性或全年的消防工作。

（2）深入现场，了解单位的消防安全情况，推广消防先进管理经验和先进技术，对存在的重大或共性问题进行分析，制定针对性的整改措施，并督促措施的落实。安全生产委员会成员要深入基层、现场，了解单位消防安全情况，确保决策的针对性、有效性和及时性。

（3）组织或参与火灾事故调查。火灾事故的调查，以公安消防部门结论为依据，单位可以组织内部调查，也可争取参与公安消防部门组织的火灾事故调查。

（4）对消防安全做出贡献者给予表扬或奖励；对负有事故责任者，给予批评或处罚。对在消防安全方面做出贡献者应给予表扬或奖励，这是对做出成绩的单位、集体和个人的肯定，也是弘扬先进，有利于促进单位的消防安全工作；对负有事故责任者，给予批评或处罚，是教育，也可起到警示作用。

38. 单位消防安全责任人的任务是什么？对单位消防安全责任人的资格要求是什么？

答：（1）单位消防安全责任人的任务包括：

1）贯彻执行消防法规，保障单位消防安全符合规定，掌握本单位的消防安全情况。

2）将消防工作与本单位的生产、科研、经营、管理等活动统筹安排，批准实施年度消防工作计划。

3）确定本单位消防安全管理人。

（2）法人单位的法定代表人或者非法人单位的主要负责人是单位的消防安全责任人，对本单位的消防安全工作全面负责。《消防法》的第十六条和《机关、团体、企业事业单位消防安全管理规定》的第七条均对此有明确要求。

39. 单位消防安全责任人的职责有哪些？

答：消防安全责任人对本单位的消防安全工作全面负责。

（1）为本单位的消防安全提供必要的经费和组织保障。

（2）确定逐级消防安全责任，批准实施安全管理制度和保障消防安全的操作规程。

（3）组织防火检查，督促落实火灾隐患整改，及时处理涉及消防安全的重大问题。

（4）根据消防法规的规定，建立专职消防队，志愿消防队。

（5）组织制定符合本单位实际的灭火和应急疏散预案，并实施演练。

（6）发生火灾事故做到“四不放过”：火灾事故原因不清不放过；责任者和应受教育者没有受到教育不放过；没有采取防范措施不放过；责任人员未受到处理不放过。

40. 单位的消防安全管理人应具备什么资格？单位消防安全管理人的任务有哪些？

答：（1）消防安全管理人是对本单位消防安全责任人负责的分管消防安全工作的单位领导。

（2）单位消防安全管理人的任务如下：

1）制定年度消防工作计划，组织实施日常消防安全管理工作。

2）组织制定消防安全管理制度和保障消防安全的操作规程，并检查督促其落实。

3）拟订消防安全工作的资金投入和组织保障方案。

41. 单位消防安全管理人的职责是什么？

答：消防安全管理人对单位的消防安全责任人负责，并履行下列职责：

（1）组织实施防火检查和火灾隐患整改工作。

（2）组织实施对本单位消防设施、灭火器材和消防安全标志的维护保养，确保其完好有效，确保疏散通道和安全出口畅通。

（3）组织管理专职消防队和志愿消防队。

（4）组织对员工进行消防知识的宣传教育和技能培训，组织灭火和应急疏散预案的实施和演练。

（5）单位消防安全责任人委托的其他消防安全管理工作。

（6）应定期向消防安全责任人报告消防安全情况，及时报告涉及消防安全的重大问题。

42. 单位消防管理部门的任务是什么？

答：（1）贯彻执行消防法规、本单位消防安全管理制度。

（2）拟定逐级消防安全责任制及其消防安全管理制度。

（3）指导、督促各相关部门制定和执行各岗位消防安全职责、消防安全操作规程，消防设施运行和检修规程等制度，以及制定发电厂厂房、车间、变电站、换流站、调度楼、控制楼、油罐区等重要场所及重点部位的灭火和应急疏散预案。

（4）定期向消防安全管理人报告消防安全情况，及时报告涉及消防安全的重大问题。

（5）拟订年度消防管理工作计划。

（6）拟订消防知识、技能的宣传教育和培训计划，经批准后组织实施。

43. 单位消防管理部门的职责有哪些？

答：（1）负责消防安全标志设置，负责或指导、督促有关部门做好消防设施、器材配置、检验、维修、保养等管理工作，确保完好有效。

（2）管理专职消防队和志愿消防队。根据消防法规、公安消防部门的规定和实际情况配备专职消防员和消防装备器材，组织实施专业技能训练，维护保养装备器材。

（3）确定消防安全重点部位，建立消防档案。

（4）将消防费用纳入年度预算管理，确保消防安全资金的落实，包括消防安全设施、器材、教育培训资金以及兑现奖惩等。

（5）督促有关部门凡新建、改建、扩建工程的消防设施必须与主体设备（项目）做到“三同时”，即同时设计、同时施工、同时投入生产或使用。

（6）指导、督促有关部门确保疏散通道、安全出口、消防车通道畅通，保证防火防烟分区、防火间距符合消防标准。

（7）指导、督促有关部门按照要求组织发电厂厂房、车间、变电站、换流站、调度楼、控制楼、油罐区等重要场所及重点部位的灭火和应急疏散演练。

（8）指导、督促有关部门实行每月防火检查、每日防火巡查，建立检查和巡查记录，及时消除消防安全隐患。

（9）发生火灾时，立即组织实施灭火和应急疏散。

44. 单位安监部门消防安全的任务有哪些？其消防安全职责是什么？哪些人员可以担任单位安监部门中的消防安全专责人？

答：（1）单位安监部门消防安全的任务如下：

1）熟悉国家有关消防法规，以及应急救援消防部门的工作要求。

2）熟悉本单位消防安全管理制度，并对贯彻落实情况进行监督。

（2）单位安监部门消防安全的职责如下：

1）拟订年度消防安全监督工作计划，制定消防安全监督制度。

2）组织消防安全监督检查，建立消防安全检查、消防安全隐患和处理情况记录，督促隐患整改。

3）定期向消防安全管理人报告消防安全情况，及时报告涉及消防安全的重大问题。

4）对各级、各岗位消防安全责任制等制度的落实情况进行监督考核。

5）协助应急管理消防部门对火灾事故的调查。

（3）消防安全是单位安监部门的一项重要工作，可设一名或多名消防安全专责人。最好由取得消防工程师证的人员担任。

45. 国家对单位志愿消防员的要求有哪些？单位志愿消防员的任务是什么？

答：（1）国家对单位志愿消防员的要求如下：

1）志愿消防员的人数不应少于职工总数的10%，重点部位不应少于该部位人数的50%，且人员分布要均匀。

2）志愿消防员年龄，男性一般不超过55岁、女性一般不超过45岁，能行使职责工作。

3）根据志愿消防人员变动、身体和年龄等情况及时进行调整或补充，并公布。

（2）单位志愿消防员的任务如下：

1）掌握各类消防设施、消防器材和正压式消防空气呼吸器等的适用范围和使用方法。

2）熟知相关的灭火和应急疏散预案，发生火灾时能熟练扑救初起火灾、组织引导人员安全疏散及进行应急救援。

3）根据工作安排负责一、二级动火作业的现场消防监护工作。

46. 单位志愿消防员的职责有哪些？

答：单位志愿消防员是单位消防的主要力量，是灭火和应急疏散重要参与人员。志愿消防队在企业安全委员会的指导下开展工作。单位志愿消防员的职责如下：

（1）熟悉企业的消防重点部位，企业的平面和立体建筑结构，道路设施，水源、电源布局，熟悉消防设施和消防器材的使用方法及摆放位置，并做好消防器材的日常维护、保养工作，使其时刻处于备战状态。

（2）积极参加单位组织的消防知识培训和消防实战演练，学习有关消防知识，掌握消防灭火器、消防栓、手动报警、“119”报警的使用方法和程序等。

（3）积极参加防火安全宣传教育工作，提高防火意识，负责普及消防安全常识和防火灭火知识，做到本单位工作人员人人会使用灭火器材扑救初起火灾。

（4）随时向领导报告本部门存放易燃易爆化学品的种类和数量，保证各种危险品的存放符合防火安全要求。

47. 什么是单位的专职消防员？单位的专职消防队有什么特点？

答：（1）“专职消防员”是指单位里以消防为其日常工作的人员，是相对

“志愿消防员”而言的。由于消防员的主要任务是抢救和解除火险，因此不是一个时间固定且需多人长期值班等候的工作。因此，志愿消防员正好可以满足遇到火警时能够一呼百应，但在平时又不占据编制的要求。另一方面，消防队里依然有许多工作需要一些固定的人员维持，包括外勤和内务，如随时待命的少部分人员、专职消防培训人员、消防车驾驶员、办公室火警电话守候人员等，他们都是“专职消防员”。

（2）单位的专职消防队有以下特点：

1）专职消防队接受本单位和应急管理消防部门的管理。

2）专职消防队在专业方面的要求应主要根据消防法规、原公安消防部门、现应急管理消防救援部门的规定和实际情况确定。

3）专职消防队要配齐一定数量的专职消防员和配备足够数量的消防装备器材。

48. 单位专职消防员的任务和职责是什么？

答：（1）单位专职消防员是单位发生火灾时扑救火灾的主要力量，其任务主要有：

1）承担责任区消防安全宣传教育培训，普及消防知识。

2）定期进行防火检查，督促有关单位和个人落实防火责任制，及时消除火灾隐患。

3）建立防火检查档案，按照国家规定设置防火标志。

4）掌握责任区域的道路、消防水源、消防安全重点单位、重点部位等情况，建立相应的消防业务资料档案。

5）制定消防安全重点单位、重点部位的事故处置和灭火作战预案，定期组织演练。

6）指导培训义务消防队。

7）扑救火灾，保护火灾现场，协助有关部门调查火灾原因、处理火灾事故。

8）定期向应急管理消防机构报告消防工作情况。

（2）单位专职消防员的职责如下：

1）应按照有关要求接受岗前培训和在岗培训。

2）熟知单位灭火和应急疏散预案，参加消防活动和进行灭火训练，发生火灾时能熟练扑救火灾、组织引导人员安全疏散。

3）做好消防装备、器材检查、保养和管理，保证其完好有效。

4）政府部门规定的其他职责。

第三节　消防安全管理制度

49. 消防安全管理制度的主要内容有哪些？

答：消防安全管理制度主要包括《消防安全管理规定》第十八条的要求，电缆防火管理，消防设施运行、检修规程等制度，以及结合单位实际制定的规定。还应根据单位机构调整、设备增减、变动等情况及时修改完善制度。具体如下：

（1）各级和各岗位消防安全职责，消防安全责任制考核，动火管理，消防安全操作规定，消防设施运行规程，消防设施检修规程。

（2）电缆、电缆间、电缆通道防火管理，消防设施与主体设备或项目同时设计、同时施工、同时投产管理，消防安全重点部位管理。

（3）消防安全教育培训，防火巡查、检查，消防控制室值班管理，消防设施、器材管理，火灾隐患整改，用火、用电安全管理。

（4）易燃易爆危险物品和场所防火防爆管理，专职和志愿消防队管理，疏散、安全出口、消防车通道管理，燃气和电气设备的检查与管理（包括防雷、防静电）。

（5）消防安全工作考评和奖惩，灭火和应急疏散预案以及演练。

（6）根据有关规定和单位实际需要制定其他消防安全管理制度。

50. 建立消防档案的重要意义是什么？消防档案的作用是什么？

答：（1）消防档案是消防管理的一种文献管理，有的有现时使用价值，有的有历史价值，对于研究消防发展趋势，研究火灾发生的规律和特点，进而研究消防科学技术和火灾对策具有重要意义。对消防档案的研究，资料收集、整理和应用是消防科学管理的标志之一，为了总结经验，加强消防管理工作，必须重视消防档案的建设，充分发挥其作用。

（2）消防档案具有以下的作用：

1）消防档案是消防重点单位的“户口簿”，它记载着重点单位的概貌和有关消防资料，便于消防监督机关熟悉情况，做到心中有数。

2）消防档案是重点单位消防情况的历史记录，在平时它可以用来考察重点单位对消防安全工作重视的程度；在发生火灾时，它可以为追查火因、处理责任者提供佐证材料，还可以为研究防火技术和灭火战术提供第一手资料。

3）消防档案是培养消防管理人员的好材料。消防管理人员分管重点单位的消防工作，首先翻阅防火档案，再到实地查看，可以较快地熟悉情况、开展工作。

4）消防档案是考核消防管理人员工作的一种凭证，也反映消防管理人员工作进展情况、业务水平和工作能力，为奖励、提职、晋级等提供考核材料。

51. 建立消防档案的方法和步骤是怎样的？消防档案应包括哪些内容？

答：（1）建立消防档案的方法和步骤如下：

1）首先依据《中华人民共和国消防法》第十六条和公安部第 61 号令第十三条之规定，以“四大”“六个方面”为依据确定建立消防档案的重点对象。

2）训练消防管理人员，可以把他们集中起来，利用一段时间加以训练，使他们了解消防档案的格式，熟悉各项要求，学会填写方法，明确注意事项。

3）分期分批建立档案。由消防管理人员按照预定的计划，深入重点单位，在消防负责人或专兼职消防干部的协同下按照实际情况，逐项填写档案，最后由消防部门检查验收。

（2）《消防安全管理规定》第四十一条要求，消防安全重点单位应当建立健全消防档案。消防档案应包括单位消防安全基本情况和消防安全管理情况：

1）《消防安全管理规定》第四十二条要求，消防安全基本情况应当包括：单位基本概况和消防安全重点部位情况，建筑物或者场所施工、使用或者开业前的消防设计审核、消防验收以及消防安全检查的文件、资料，消防管理组织机构和各级消防安全责任人，消防安全制度，消防设施、灭火器材情况；专职消防队、志愿消防队人员及其消防装备配备情况，与消防安全有关的重点工种人员情况，新增消防产品、防火材料的合格证明材料，灭火和应急疏散预案。

2）《消防安全管理规定》第四十三条要求，消防安全管理情况应当包括：公安（应急）消防机构填发的各种法律文书，消防设施定期检查记录、自动消防设施、全面检查测试的报告以及维修保养的记录，火灾隐患及其整改情况记录，防火检查、巡查记录，有关燃气、电气设备检测（包括防雷和防静电）等记录资料，消防安全培训记录，灭火和应急疏散预案的演练记录，火灾情况记录，消防奖惩情况记录。

52. 怎样填写单位基本情况、消防情况登记表和消防工作情况记录？

答：（1）单位的基本情况，包括名称、地址电话号码、防火负责人、保卫，安全技术部门和上级主管部门，生产经营性质和规模，生产、储存中的火灾危险性，平面图，建筑物耐火等级、水源、通道等。

（2）各种消防情况的登记表，包括重点部位、易燃易爆物品、固定火源、重大隐患、特种人员、防火制度、消防设备、火灾火警情况登记表。

（3）消防工作情况记录，包括上级指示、工作计划、火险隐患整改通知书、防火检查记录、情况报告、火灾事故报表以及其他有关消防工作事项。

53. 消防档案的保管和使用有何要求？

答：（1）消防档案的份数可结合当地实际情况适当增减。一般来说，单位、消防主管、安全技术部门、上级主管部门、当地应急消防救援（公安消防）监督部门应各掌握一份。为便于查找、使用，按重点单位的类别，分类编号确定保密级别。安全技术部门可以集中管理，分散使用。也可由消防管理人员单独保管。

（2）消防管理人员下基层单位时可以携带档案，以便核对过去检查发现问题的整改情况，对新发现的问题，随时记录下来，对已经变化了的情况适时加以补充、更正。发生火灾时，可向调查组和司法部门提供有关档案内容，作为追查火灾原因、处理责任者的考证材料。公安消防监督机关可根据消防档案，综合分析重点单存在的问题，研究措施，做出工作部署，或者向上级主管部门请示汇报，以便及时解决存在的问题，确保安全。单位和安全技术部门要把消防档案作为一项基础业务建设，不断改进和完善消防档案的形式和内容，把消防档案管好、用活，使之为保卫企业的生产建设和发展服务。

54. 哪些电力企业属于消防安全重点单位？消防安全重点单位的职责是什么？

答：（1）发电单位和电网经营单位属于消防安全重点单位，应严格管理。

《中华人民共和国消防法》第十七条规定：县级以上地方人民政府消防救援机构应当将发生火灾可能性较大以及发生火灾可能造成重大的人身伤亡或者财产损失的单位，确定为本行政区域内的消防安全重点单位，并由应急管理部门报本级人民政府备案。

（2）消防安全重点单位应当履行下列消防安全职责：

1）落实消防安全责任制，制定本单位的消防安全制度、消防安全操作规程，制定灭火和应急疏散预案。

2）按照国家标准、行业标准配置消防设施、器材，设置消防安全标志，并定期组织检验、维修，确保完好有效。

3）对建筑消防设施每年至少进行一次全面检测，确保完好有效，检测记录应当完整准确，存档备查。

4）保障疏散通道、安全出口、消防车通道畅通，保证防火防烟分区、防火间距符合消防技术标准。

5）组织防火检查，及时消除火灾隐患。

6）组织进行有针对性的消防演练。

7）法律、法规规定的其他消防安全职责。

8）确定消防安全管理人，组织实施本单位的消防安全管理工作。

9）建立消防档案，确定消防安全重点部位，设置防火标志，实行严格管理。

10）实行每日防火巡查，并建立巡查记录。

11）对职工进行岗前消防安全培训，定期组织消防安全培训和消防演练。

55. 确定消防重点单位的依据是哪“四大”和“六个方面”？

答：（1）四大：火灾危险性大、发生火灾后损失大、伤亡大、社会影响大。

（2）六个方面：

1）重要的厂矿企业、基建工地、交通通信枢纽、发电厂（站）、地区供电系统变电站。

2）粮、棉、油、百货等物资集中的仓库、堆栈。

3）生产、储存化工、石油等易燃易爆物品的单位。

4）政府首脑机关、外宾住地、重要的科学研究、事业单位。

5）文物建筑、图书馆、档案馆、陈列馆等单位。

6）易燃建筑密集区和经常集聚大量人员等重要场所。

56. 一般根据哪些方面来确定消防安全重点部位？

答：消防重点部位一般根据以下六个方面来确定：

（1）容易发生火灾的部位，如化工生产设备、清洗、烘烤、熬炼、电气焊接操作车间、化验室、汽车库、化学物品仓库、易燃可燃液体和可燃助燃气体罐（站）、火工生产车间等。

（2）发生火灾影响全局的部位，如发电厂、变电站、配电站（室），通信设备机房，电子计算机房，生产控制室，燃气（油）锅炉房，档案室，图书资料室等。

（3）对国家有重大意义的重点项目和引进的成套先进技术设备。

（4）物资财富集中的部位，如储藏室、货场、金库、试验室、科研中心室等。

（5）人员集中的部位，如机关内部礼堂或俱乐部、娱乐场所、商场、食堂、幼儿园、集体宿舍、医院病房等。

（6）农村乡镇的粮棉加工厂、乡镇企业、烤烟楼、农机库、电机房、牲畜棚。

57. 电力生产企业消防安全重点部位包括哪些？

答：（1）油罐区（包括燃油库、绝缘油库、透平油库），制氢站、供氢站，发电机、变压器等注油设备，电缆间以及电缆通道，调度室、控制室、集控室、计算机房、通信机房，风力发电机机组、机舱及塔筒。

（2）换流站阀厅，电子设备间，铅酸蓄电池室，天然气调压站、储氨站、液化气站、乙炔站，档案室，油处理室，生物质发电厂秸秆仓库或堆场，易燃易爆物品存放场所。

（3）发生火灾可能严重危及人身、电力设备和电网安全以及对消防安全有重大影响的部位。

58. 什么是重大火灾隐患？重大火灾隐患有什么特征？怎样进行重大火灾隐患整改？

答：（1）重大火灾隐患是指：凡有引起火灾或爆炸危险，并会造成重大经济损失和伤亡事故的状态和行为。

（2）重大火灾隐患的特征是：隐患的程度严重，危害范围大，需要单位整改或困难大无力整改，需要其主管部门或政府有关部门协商解决。

（3）重大火灾隐患的整改方法和要求如下：

1）对重大火灾隐患，如建筑布局、建筑防火条件、消防通道和水源、设备、防爆安全装置工艺布置、通信设施、厂（库）址不当等重要问题，因条件所限，短期整改不了的，应将整改的必要性和整改的意见以《重大火灾隐患限期整改通知书》的形式，按照问题归属分别纳入城乡建设规划、单位改扩建规划、工艺改造计划、安全设施的发展计划，以求有计划地逐步解决。但在未解决之前，必须采取临时措施以保证安全。

2）应急消防机构要建立重大火灾隐患档案，其内容包括重大火险立案报告表和审批表、重大火险检查记录、重大火险部位平面图、现场照片、整改通知书、整改办法以及临时措施、重大火险销案报告表和审批表。

3）本单位由于条件所限，无力解决的火险隐患，应督促单位向其主管部门请示报告，消防机构可通过抄报《重大火灾隐患通知书》或其他方式反映情况，督促有关部门尽快落实措施。

59. 消防安全重点部位应悬挂什么标志？标志上应有哪些内容？

答：（1）消防安全重点部位应当建立岗位防火职责，设置明显的防火标志，并在出入口位置悬挂防火警示标示牌。

（2）标示牌的内容应包括消防安全重点部位的名称、消防管理措施、灭火和应急疏散方案及防火责任人。

60. 什么是消防重点保卫单位“十项标准”？“十项标准”的具体内容是什么？

答：（1）1981 年 10 月 28 日国务院批转的《公安部关于全国消防重点保卫工作现场会的情况报告》，提出了重点单位消防安全“十项标准”。这个标准既是衡量一个重点单位消防安全工作的尺子，也是评价重点单位进行消防管理程度的依据。为使消防安全“十项标准”得到落实，要定期对单位落实消防安全“十项标准”的情况进行检查验收。检查验收的组织形式，可由当地公安消防机关单独进行，也可以同有关部门共同组成专门班子联合进行。验收评比的方法，可采用打分法。

（2）“十项标准”现今依然有效，具体内容如下：

1）有领导负责的逐级防火责任制。

2）有生产岗位防火责任制。

3）有专职或兼职的防火安全干部。

4）有群众性义务消防队和必要的消防器材设备。

5）有健全的消防安全制度。

6）对火险隐患能及时发现和立案、整改。

7）对消防重点部位做到定点、定人、定措施，并根据需要采用自动报警、灭火等新技术。

8）对职工群众普及消防知识，对重点工种进行专门的消防训练和考核。

9）有防火档案和灭火作战计划。

10）对消防工作定期总结评比、奖惩严明。

61. 对领导负责的逐级防火责任制的要求是什么？

答：（1）重点单位各级领导都要对消防安全工作负责，其中应由正职领导人担任单位防火负责人，负责全面消防安全工作，分管其他工作的领导，也要负责分管范围内的消防安全工作，做到任务明确，层层有人抓。

（2）各级领导都要切实履行消防安全职责，把消防安全列入生产和经营管理的一项重要内容，与生产和经营管理同计划、同部署、同检查、同总结、同评比，使消防安全措施落到实处。

（3）要健全逐级防火责任制，经常检查落实情况。

62. 对生产岗位防火责任制的要求是什么？

答：（1）要建立健全切合实际的各种岗位防火责任制，每个职工都要严格履行、自觉遵守。

（2）所有的职工都要对本岗位的消防安全负责，明确自己的防火责任区和具体岗位防火要求。

63. 对专职或兼职防火安全干部的要求是什么？

答：（1）大、中型企事业单位须设专职防火安全干部，一般重点单位可设兼职防火安全干部，要保持相对稳定，并报公安消防部门备案。

（2）专、兼职防火干部要有明确的职责权限，当好单位领导的消防参谋，努力做好本职工作。

64. 对群众性义务消防队的要求是什么？

答：（1）各单位都要建立与生产班组相结合的群众性义务消防队，达到厂（库）有队、车间有班、班组有队员、夜间有一定数量的驻厂（库）义务消防队员，尤其是重点部位更要有一定的消防力量。

（2）明确规定义务消防队员的任务，经常开展消防训练，做到“四懂四会”，即懂得本岗位生产、储存过程的火灾危险性，懂得预防火灾的基本措施，懂得扑救火灾的基本方法；懂得组织疏散逃生办法：会报警、会使用消防器材、会扑灭初起火灾、会逃生自救。

65. 对健全的消防安全制度的要求是什么？

答：（1）消防安全制度，包括巡逻值班制度，火源、电源、易燃易爆物品管理制度，防火安全检查制度，建筑防火审核批准制度，消防器材管理制度，消防奖制度，火灾事故报告处理制度等。

（2）各项制度的制定，要有领导、技术人员和工人共同草拟，然后交广大职工群众讨论，最后经职工代表大会通过，作为厂规、厂法公布执行。

（3）各项制度要符合实际，针对性要强，文字简明扼要，并与经济责任制挂钩。

（4）各项制度执行情况要有记录，包括消防安全会议记录、动火用火登记审批记录、防火安全检查记录、火险隐患整改记录、专职和义务消防队活动记录、消防器材更换和维修登记、火灾登记等。

66. 对火险隐患能及时发现和立案、整改的要求是什么？

答：（1）进行消防检查时，要细心观察了解，实际检测，认真分析，及时发现火险隐患。

（2）对检查出的火险隐患，要确定危险等级，逐件登记，定人、定时间、定措施，限期整改。一时整改不了的，要研究定出整改计划，并采取措施，确保安全。重大火险隐患要有立案、销案制度。

（3）对消防监督机关下达的火险隐患整改通知书，要及时研究落实，按时复函报告。

67. 对消防重点部位做到定点、定人、定措施，并根据需要采用自动报警、灭火等新技术的要求是什么？

答：（1）要从实际出发，由单位领导、安全保卫部门和技术人员共同研究确定重点部位，报经上级主管部门和消防监督部门批准后，切实管起来。

（2）重点部位，要任用责任心强、业务技术熟练懂得消防知识、身体好的人员负责消防安全工作。

（3）重点部位要有明确的防火责任制，建立健全各项消防规章制度，落实防火措施。

（4）重点部位按其火险性质采取有效的防火、灭火措施，并根据需要采用自动报警、自动灭火等新技术。

68. 对职工群众普及消防知识以及对重点工种进行专门的消防训练和考核的要求是什么？

答：（1）重点单位区域内要有醒目的消防安全宣传标语和消防安全标志，并利用多种形式，经常对职工进行消防知识和消防法规的宣传教育。

（2）对新工人和变换工种的人员，要进行消防安全教育，经考试合格后才能上岗工作，对重点工种人员要进行安全技术培训。

（3）对职工群众进行定期的考核，并将考核成绩作为评比先进的一项内容。

（4）通过经常化、制度化的消防宣传教育使全体职工都知道本岗位生产过程中原材料的火灾危险性，懂得防火和灭火的基本方法，会报警和使用消防器材，能及时发现火险和扑救初起火灾。

69. 对防火档案和灭火作战计划的要求是什么？

答：（1）重点单位都要建立防火档案，并做到内容完整、图字清晰、随时记载、管好用活。

（2）公安、专职和义务消防队对重点单位和重点部位要制定出切合实际灭火作战计划，并经常进行实地演练。

70. 对消防工作定期总结评比、奖惩严明的要求是什么？

答：（1）把消防安全工作纳入单位总结评比之中，有明确的评比内容、条件和方法。

（2）对在消防工作中做出显著成绩的部门或个人给予表彰奖励；对违反消防规章制度，或造成火灾事故的责任者，视情节轻重，或批评教育，或给予经济处罚，或给予行政处分，或由司法部门依法处理。

71. 消防安全教育培训的基本要求有哪些？

答：（1）依据《社会消防安全教育培训规定》第十四条的要求，应根据本单位特点，建立健全消防安全教育培训制度，明确机构和人员，保障教育培训工作经费。

（2）应根据不同对象开展有侧重的培训，通过培训使员工懂得基本消防常识，懂得本岗位产生火灾的危险源，懂得本岗位预防火灾的措施，懂得疏散逃生方法；会报火警，会使用灭火器材灭火，会查改火灾隐患、会扑救初起火灾。

72. 对员工进行消防安全教育培训应遵守哪些规定？消防安全教育培训的内容有哪些？

答：（1）对员工进行消防安全教育培训应遵守如下规定：

1）定期开展形式多样的消防安全宣传教育。

2）对新上岗和进入新岗位的员工进行上岗前消防安全培训，经考试合格方能上岗。

3）对在岗的员工每年至少进行一次消防安全培训。

（2）依据《社会消防安全教育培训规定》第四条的要求，以及结合实际需要，消防安全教育培训的内容应符合全国统一的消防安全教育培训大纲的要求，主要包括国家消防工作方针、政策，消防法律法规，火灾预防知识，火灾扑救、人员疏散逃生和自救互救知识，以及其他应当教育培训的内容。

73. 对专门人员应进行消防安全专门培训，专门人员都包括哪些人员？

答：依据《消防安全管理规定》第三十八条的规定，下列人员属于专门人员，应接受消防安全专门培训：

（1）单位的消防安全责任人、消防安全管理人。

（2）专、兼职消防管理人员。

（3）消防控制室值班人员、消防设施操作人员，应通过消防行业特有工种职业技能鉴定，持有初级技能以上等级的职业资格证书。

（4）其他依照规定应当接受消防安全专门培训的人员。

74. 灭火和应急疏散预案及演练的重要意义和基本要求是什么？

答：（1）公安部第 61 号令第三十九条、第四十条规定，消防安全重点单位应制定灭火、应急疏散预案并定期进行演练。灭火应急疏散预案，是针对单位重点场所或部位可能发生的火灾事故，依据灭火战斗的指导思想、战术原则以及人员、设施情况而拟制的灭火疏散行动方案，与消防部队灭火作战计划、灭火演习方案相似。实践证明：单位通过制定预案和演练，一旦发生意外，能够按照预案确定的组织体系和人员分工，有序地组织实施火灾扑救和人员疏散，这不仅关系到单位财产损失的大小，更重要的是关系到人员的安全，尤其在公众聚集场所、学校、幼儿园、医院等人员集中场所，是保障人员紧急疏散、最大限度地减少人员伤亡的关键措施。

（2）灭火和应急疏散预案及演练的基本要求如下：

1）单位应制定灭火和应急疏散预案灭火和应急疏散预案，应包括发电厂厂房、车间、变电站、换流站、调度楼、控制楼、油罐区等重点部位和场所。

2）灭火和应急疏散预案应切合本单位实际及符合有关规范要求。

3）应当按照灭火和应急疏散预案，至少每半年进行一次演练，及时总结经验，不断完善预案。消防演练时，应当设置明显标识，并事先告知演练范围内的人员。

75. 制定单位灭火疏散应急预案的前提是什么？应了解单位的哪些基本情况？

答：（1）调查和研究事故对象是制定灭火疏散应急预案的前提。灭火疏散预案的制定是一项复杂而细致的工作，除了要对场所、内容等做大量的调查研究外，还要科学预测、综合分析发生火灾后可能出现的各种情况，研究制定相应的战术对策，正确部署灭火疏散人员及相关力量。实地调研的主要内容是了解单位的基本情况和进行火灾情况假设。

（2）制定单位灭火疏散应急预案应了解单位的下列基本情况：

1）单位的地理位置、周围的毗邻单位，与火灾相关的环境、道路、水源等。

2）单位的建筑设施情况、主要设备特点、生产工艺流程、火灾特点、一旦发生火灾火势的蔓延条件、蔓延方向、可能造成的后果等，以及气候、气象情况对灭火行动可能造成的影响。

3）草绘单位总平面图、建筑平面图、重点部位详图及有关图纸资料，并对照实地情况予以确认修改。

76. 制定单位灭火疏散应急预案应如何进行火灾情况假设？灭火疏散应急预案的主要内容有哪些？

答：（1）假设火灾情况就是对单位的要害部位可能发生的火灾做出有根据、符合客观规律的设想，是反映单位火灾情况、部署灭火疏散力量、实施灭火疏散指挥的重要依据。主要内容包括：

1）重点单位的要害部位，为了使预想的火灾情况更复杂一些，有时可多确定几个起火点。

2）重点部位可能发生火灾的物品，及发展蔓延的条件，燃烧面积和主要蔓延的方向。

3）一旦发生火灾后造成的危害和影响（如爆炸、倒塌、人员伤亡、人员被困等情况），以及火势发展变化的趋向和可能造成的严重后果等。

（2）灭火疏散部署是通过对火灾情况的正确分析和判断所形成的灭火战术和疏散手段的总体构思，是灭火疏散预案的核心部分。灭火疏散应急预案的内容应包括以下几个方面。

1）组织机构。包括灭火行动组、通信联络组、疏散引导组、安全防护救护组。

2）报警和接警处置程序。单位的某个部位发生火灾时，应立即进行报

“119”火警调度指挥中心，在报警时应说清楚着火的单位、着火的部位、着火的物质及有无人员被困，要说清楚单位在哪一条路、报警电话号码、报警人姓名：同时，还要报告本单位值班领导和有关部门。单位领导接警后，立即按预案调动各方面人员赶赴火场进行灭火。

3）应急疏散的组织程序和措施。发生火灾后，首先要了解火场有无被困人员及其所在的地点和抢救通道，以便进行安全疏散。当遇有居民住宅、集体宿舍和人员密集的公共场所起火，人员安全受到威胁时，或因发生爆炸燃烧，在建筑物倒塌的现场上或浓烟弥漫，充满毒气的房屋里，人员受伤、被困时，指挥人员必须采取稳妥可靠的措施，积极组织抢救和疏散。

4）扑救初起火灾的程序和措施。扑救初起火灾应及时、快捷，不然易造成重大事故。发现火灾时，指挥员通过火情侦查，迅速对火场情况做出正确的分析和判断，合理分配灭火力量和部署灭火任务。灭火措施主要是进行消防设施、器材的调集；进攻途径、水枪阵地的选择，供水的组织；救人、通信、疏散物资的方法等。预案在表述灭火部署和措施时要详细具体。叙述任务要按照先主要、后次要；力量部署时先志愿消防队，后专职消防队；先灭火战斗任务，后协调保障的顺序进行。扑救初起火灾的程序和措施除有文字表达外，还应有灭火疏散图来直观反映。灭火疏散图是依据单位基本情况，假设火灾情况、灭火部署的顺序标绘的。其内容和顺序是：绘制地图，标绘单位基本情况，按假设火灾情况标画火情态势，按灭火战斗部署标画各单位位置、运用的战术手段和协同保障等。

5）通信联络、安全防护救护的程序和措施。通信联络首先要保证应急救援专业组织与应急指挥机构之间各相关专业组织之间，现场指挥机构与上级之间的通信联络的畅通；必要时，还可指明重要的信号规定及重要标志的式样。安全防护救护中，要明确不同区域的人员分别应采取的最低防护等级、防护手段和防护时机；在某些特定的有化学物品的火灾事故中，还必须采取特殊的安全防护措施，负责安全救护的人员应清楚应急物资器材的储备量及储存位置、储备的品种，尤其要特别注意标明急救药品和生活必需品的储存状况及供给渠道。

77. 灭火、疏散预案演练的意义是什么？如何进行灭火、疏散预案演练？

答：（1）灭火、疏散预案演练是应急疏散预案内规定的所有任务单位、人员参加，为全面检查执行预案可能性而进行的演练，主要目的是验证各应急小组执行任务能力，检查他们的相互协调性，检验各类组织能否充分利用现有人力、物力来最大限度地消除事故后果的严重程度，这种演练完全可以展示应急准备及应急行动的各个方面。所以，演练设计应能全面检查各个组织及各关键岗位上的个人表现。

(2) 进行灭火、疏散预案演练应包含以下几个环节：

1) 建立演练领导机构。

2) 导演与调理。

3) 演练文件的编写。

4) 演练的实施。

78. 灭火、疏散预案演练建立的演练领导机构的主要职责是什么?

答：演习领导机构是演练准备与实施的指挥部门，对演练实施全面控制，其主要职责是：

(1) 确定演练目的、原则、规模、参演单位，确定演练的性质方法，选定演练的时间、地点，规定演练的时间尺度和公众的参与程度。

(2) 协调各参演单位之间的关系。

(3) 确定演练实施计划、情况设计与处置预案，审定演练准备工作计划、导演和调理计划及其他有关重要文件。

(4) 检查与指导演练准备工作，解决准备与实施过程中所发生的重大问题。

(5) 组织演练总结评价。

79. 进行灭火、疏散预案演练，导演与调理人员的主要职责是什么?

答：明确导演与调理人员是演练准备初始阶段的工作，导演与调理人员通常参与全部的准备工作。其主要职责是：

(1) 根据演练目的制定演练目标，选择演练场地，进行演练具体设计。

(2) 制定演练进程计划，进行总情况的构筑，拟制导演和调理计划、演练组织与准备工作计划等。

(3) 指导参演单位按演练要求进行演前训练，组织导演部分人员开展活动。

(4) 提出演练所需的通信、技术、物资器材，生活用品等项目清单及经费申请。

(5) 组织与指导参演单位预演，从中发现问题，并加以纠正。

(6) 指导演练实施，组织参演单位的演练总结与评价，并进行评估，提出演练成败的结论性报告。

(7) 对预案的修改和完善提供决策性的建议。

80. 如何进行灭火、疏散预案演练文件的编写?

答：演练中所需各类文件是组织与实施演练的基本依据，不同性质、规模的演习，需要编写的文件不同。有关文件大体包括：演练准备工作计划，演练实施（进程）计划、情况设计方案、处置方案示例，各种保障计划等，演练文件必须符合演练的目的和要求，力求简明和实用。

81. 如何进行灭火、疏散预案演练的实施？

答：（1）演练情况介绍。演练开始前，根据需要，演练领导机构应进行组织情况介绍，其内容主要包括：①演练的性质与规模；②事故情况设定的主要考虑，演练开始时间及持续时间的估计；③对非参演人员的安排，导演、调理人员及演练人员的识别，为保证演练不被误认为真实事故而应采取的措施，如果在演练期间，一旦发生真实事故，应采取的具体措施等。

（2）导演调理方法。演练实施中，对导演与调理工作的基本要求如下：①严格按导演调理计划指导参演者正确处置情况；②坚持因势利导，以情况诱导为主，行政干预为辅；③导演应注意控制演练态势，把握演练节奏，不要干预各种细节，注意的重心应放在协调演练与实际应急可能行动之间的关系，从演练效果出发，发挥整体效能，提高演练效率；④调理人员应抓住调理重点，选择调理时机与渠道，灵活地处理参演部门出现的问题，及时向导演提供必要的情况和建议。

（3）演练结束。各参演部门应按统一规定的信号或指示停止演练动作。在演练宣布结束后，所有演练活动应立即停止，并按计划清点人数，检查器材，查明有无伤病人员，并迅速进行适当处理，演练保障组织负责清理演练现场，尽快撤出保障器材，尤其要仔细查明危险品的清除情况，决不允许任何可能造成伤害的物品遗留在演练现场内。

（4）演练评价、修改预案。对演练进行评价的依据主要有：导演和调理人员的记录和他们的看法，消防机构有关专家的意见，参演单位的自我评估，上级领导与领导机关的指示等。评价范围应包括演练组织者参演的所有单位、演练保障单位等。评价可参照演练计划中所规定的各项具体指标进行，最后根据演练的总目标，得出总的评价结论。只要有条件，各种评价和总评价结论应尽可能量化。通过演练，对预案中暴露出来的问题要充分讨论，找出切实可行的解决办法，并补充到预案中去，使预案得到充实和完善，以达到提高单位自防自救能力的目的。

82. 防火检查的分类和法律依据是什么？防火检查的目的和作用是什么？

答：（1）防火检查的分类如下：

1）防火监督检查。指公安消防机构（应急管理消防部门）依法对单位进行的监督检查。

2）防火安全检查。指社会各单位内部相关机构和人员依照有关规定进行的，旨在消除火灾隐患、减少各类火灾事故的安全检查活动。

（2）防火检查的法律依据是《中华人民共和国消防法》“第十六条　机关、团体、企业、事业等单位应当履行下列消防安全职责：（五）组织防火检查，及时消除火灾隐患。”的规定。

（3）防火检查的目的和作用如下：

1）全面了解被检查单位和场所的消防安全状况。

2）及时发现被检查单位和场所存在的不安全因素和火灾隐患，提出整改措施。

3）及时处罚和纠正违反消防法规的行为。

4）为调查火灾原因和处理火灾事故责任提供依据。

5）为制定灭火作战计划提供依据。

6）对本单位消防安全制度、消防安全操作规程的落实和遵守情况进行检查。

7）通过检查发现本单位内部所存在的火灾隐患并督促和组织整改。

8）为应急消防救援（公安消防）机构提供本单位消防建设情况的第一手资料，协助消防机构开展消防监督检查工作。

9）对本单位消防目标管理责任制的落实情况进行日常检查。

83. 如何开展单位的防火检查工作？防火检查的方法是怎样的？

答：（1）一般情况下，可按以下消防安全检查制度开展防火检查工作：

1）实行逐级防火责任制，通常应当规定单位领导每月检查、部门领导每周检查、班组领导每日巡查、岗位职工每日自查。

2）检查之前应当预先编制相应的防火检查表，规定检查内容要点、检查依据和检查合格标准。

3）检查结果应当有记录，对于查出的火灾隐患应当及时整改等。

（2）防火检查的方法如下：

1）做好本单位对检查内容的常规检查，发现火灾隐患及时处理。

2）通过询问等方式了解本单位人员的消防知识和消防技能的掌握情况。

3）协助主管消防机构共同开展消防检查、消防培训等工作，做好消防机构监督检查的协调、处理。

84. 对已经通过消防设计审核和消防验收合格的项目的使用、改变情况进行消防监督检查的内容有哪些？

答：（1）总平面布局和平面布置中涉及消防安全的防火间距、消防车道、消防水源等。

（2）建筑物的火灾危险性类别和耐火等级。

（3）建筑防火防烟分区和建筑构造。

(4) 安全疏散通道和安全出口。

(5) 火灾自动报警和自动灭火系统。

(6) 防烟、排烟设施和通风、空调系统的防火设备。

(7) 建筑内部装修防火材料。

(8) 其他经消防设计审核、验收的内容。

85. 对消防安全管理进行消防监督检查的内容有哪些?

答: (1) 消防安全管理制度、消防安全操作规程的制定和落实情况。

(2) 防火安全责任制及消防安全责任人的落实情况。

(3) 职工及重点工种人员消防安全教育和培训情况。

(4) 防火检查制度的制定和落实情况以及火灾隐患的整改情况。

(5) 消防控制室值班人员在岗情况和设备运行记录情况。

(6) 消防安全重点部位的确定和管理情况。

(7) 易燃、易爆危险物品和场所防火防爆措施的落实情况。

(8) 防火档案的建立健全情况。

(9) 每日防火巡查的实施情况和巡查记录情况。

(10) 消防设施定期检查测试维修保养制度的建立和落实情况，消防器材配置有效使用情况。

(11) 消防安全重点单位灭火预案和应急疏散预案的制定和定期组织演练情况。

86. 消防安全检查的内容主要包括哪些方面?

答: 社会各单位应当根据本单位的实际情况确定符合本单位行业特点的检查内容。一般情况下的安全检查内容可包括以下几个方面:

(1) 火源管理。

(2) 电气防火管理。

(3) 易燃易爆危险品防火管理。

(4) 消防设施和器材管理。

(5) 火灾事故调查。

(6) 单位内部重点部位的防火管理。

87. 火源管理方面消防安全检查的要求是什么?

答: (1) 确定厂区内的用火管理区域范围。

(2) 对于储存或处理可燃气体、液体、粉尘的设备，动火检修前应当进行清洗、置换等安全处理。

(3) 规定火炉取暖场所和吸烟场所的具体防火要求。

(4) 划分动火作业级别，规定动火作业审批权限和手续，实行“四不动火”制度，即预防措施不落实不动火，没有经过批准的动火证不动火，现场没有消防安全监护人员不动火，大风天不在户外动火。

88. 电气防火管理方面消防安全检查的要求是什么？

答：（1）敷设电气线路、安装和维修电气设备必须由正式电工来承担。

（2）电加热设备必须有专人负责使用和监管，离开时要切断电源。

（3）能够产生静电易引起火灾爆炸的设备，必须安装消除静电的装置和采取消除静电的措施。

（4）遭到雷击容易引起火灾爆炸的场所，应当安装避雷装置。

（5）爆炸危险场所应遵照国家的有关规定安装相应的防爆电气设备。

（6）对于电气线路和设备应当有专人负责监管、定期检查等。

89. 易燃易爆危险品防火管理方面消防安全检查的要求是什么？

答：（1）规定本单位易燃易爆危险品的类别和品种。

（2）规定收发易燃易爆危险品的手续。

（3）制定各类易燃易爆危险品的防火和灭火措施。

（4）规定专人负责保管易燃易爆危险物品。

90. 消防设施和器材管理方面消防安全检查的要求是什么？

答：（1）消防设施和器材不得随意挪作他用。

（2）消防设施和器材应当定期进行检验，发生损坏应当及时维修或更换。

（3）灭火药剂失效以后应当及时更换新药剂。

（4）消火栓不得埋压，道路应当畅通无阻。

（5）消防器材的配置种类、数量及配置地点应当由专人负责，配置地点应当有明显标志等。

91. 火灾事故调查方面消防安全检查的要求是什么？

答：对于本单位内部发生的火灾，该单位消防工作人员应积极协助公安消防机构保护火灾现场，调查火灾原因，对于火灾事故责任者提出处理意见，并提出具体的防范措施和改进措施。对于火灾事故的处理应坚持“四不放过”原则，即没有查清火灾原因不放过、单位领导和火灾事故责任者没有受到处理不放过、责任者和单位职工没有受到教育不放过、没有防范措施和改进措施不放过。

92. 单位内部重点部位防火管理方面消防安全检查的要求是什么？

答：单位内部消防安全重点部位大致包括：汽油库、汽车库、变配电室、化验室、锅炉房、仓库以及易燃易爆危险物品的岗位等。各单位可根据本单位消防重点部位的情况制定检查内容，开展消防安全检查。

93. 对单位每日防火巡查的要求和巡查内容是如何规定的？

答：（1）单位应进行每日防火巡查，并确定巡查的人员、内容、部位和频次。

（2）每日防火巡查应包括下列内容：

1）用火、用电有无违章；安全出口、疏散通道是否畅通，安全疏散指示标志、应急照明是否完好；消防设施、器材情况。

2）消防安全标志是否在位、完整；常闭式防火门是否处于关闭状态，防火卷帘下是否堆放物品影响使用等消防安全情况。

3）防火巡查人员应当及时纠正违章行为，妥善处置发现的问题和火灾危险，无法当场处置的，应当立即报告。发现初起火灾应立即报警并及时扑救。

4）防火巡查应填写巡查记录，巡查人员及其主管人员应在巡查记录上签名。

94. 对单位每月防火检查的要求和检查内容是如何规定的？

答：（1）单位应至少每月进行一次防火检查。

（2）每月防火检查应包括下列内容：

1）火灾隐患的整改以及防范措施的落实：安全疏散通道、疏散指示标志、应急照明和安全出口；消防车通道、消防水源；用火、用电有无违章情况。

2）重点工种人员以及其他员工消防知识的掌握：消防安全重点部位的管理情况；易燃易爆危险物品和场所防火防爆措施的落实以及其他重要物资的防火安全情况。

3）消防控制室值班和消防设施运行、记录情况：防火巡查；消防安全标志的设置和完好、有效情况；电缆封堵、阻火隔断、防火涂层、槽盒是否符合要求。

4）消防设施日常管理情况：是否放在正常状态；建筑消防设施每年检测；灭火器材配置和管理；动火工作执行动火制度；开展消防安全学习教育和培训情况。

5）灭火和应急疏散演练情况等需要检查的内容。

6）发现问题应及时处置，防火检查应当填写检查记录，检查人员和被检查部门负责人应当在检查记录上签名。

95. 对单位消防安全定期监督检查的要求和监督检查内容是如何规定的？

答：（1）应定期进行消防安全监督检查。

（2）消防安全监督检查应包括下列内容：

1）建筑物或者场所依法通过消防验收或者进行消防竣工验收备案。

2）新建、改建、扩建工程，消防设施与主体设备或项目同时设计、同时施工、同时投入生产或使用，并通过消防验收。

3）制定消防安全制度、灭火和应急疏散预案，以及制度执行情况。

4）建筑消防设施定期检测、保养情况，消防设施、器材和消防安全标志。

5）电气线路、燃气管路定期维护保养、检测。

6）疏散通道、安全出口、消防车通道、防火分区、防火间距。

7）组织防火检查，特殊工种人员参加消防安全专门培训，持证上岗情况。

8）开展每日防火巡查和每月防火检查，记录情况。

9）定期组织消防安全培训和消防演练。

10）建立消防档案，确定消防安全重点部位等。

11）对人员密集场所，还应检查灭火和应急疏散预案中承担灭火和组织疏散任务的人员是否确定。

（3）防火检查应当填写检查记录，记录包括发现的消防安全违法违章行为、责令改正的情况等。

第四节　物质燃烧与火灾

96. 什么是火？什么是燃烧？燃烧必须具备的条件有哪些？它们之间有什么关系？

答：（1）火是一种以释放热量并伴有烟或火焰或两者兼有为特征的燃烧现象。

（2）燃烧是指可燃物与氧化剂作用发生激烈的放热化学反应的过程，通常伴有火焰、发光或发烟现象。燃烧过程中的化学反应十分复杂，有化合反应，也有分解反应。有的复杂物质燃烧，先是物质受热分解，然后发生氧化反应。燃烧是可燃物质与氧或其他氧化剂反应的结果，但是这种氧化反应速率不同，或成为燃烧，或成为一般氧化反应。剧烈的氧化反应，瞬时放出大量的热和光。

（3）任何物质发生燃烧，都有一个由未燃状态转向燃烧状态的过程。这一过程的发生必须具备可燃物、助燃物（氧化剂）、着火源（温度、引火源）三个条件。

（4）只有这三个条件同时具备，才可能发生燃烧现象，无论缺少哪一个条件，燃烧都不能发生。但也不是说，只要上述三个条件同时存在，就必然发生燃烧现象，还必须是在这三个因素相互作用时才能发生燃烧。

97. 什么是可燃物？什么是助燃物？燃烧的五个阶段是怎样的？

答：（1）凡是能与空气中的氧或其他氧化剂发生化学反应的物质称为可燃物。可燃物按其物理状态分为气体、液体和固体三类：

1）气体可燃物。凡是在空气中能燃烧的气体都称为气体可燃物。可燃气体在空气中燃烧，要求与空气的混合比在一定范围，并需要一定的温度（着火温度）引发反应。常见的气体可燃物有氢、一氧化碳、乙炔、甲烷等。

2）液体可燃物。凡是在空气中能燃烧的液体都称为液体可燃物。液体可燃物大多数是有机化合物，分子中都含有碳、氢原子。常见的液体可燃物有原油、柴油、汽油、润滑油等。

3）固体可燃物。凡遇明火、热源能在空气中燃烧的固体物质称为固体可燃物，在固体物质中，有一些燃点较低、燃烧剧烈的，称为易燃固体。常见固态可燃物有木材、纸张、谷物、电缆、塑料等。

（2）能帮助支持可燃物燃烧的物质，即能与可燃物发生反应的物质称为助燃物（氧化剂），最常见的助燃物是氧气。

（3）燃烧现象有五个阶段，也可以说燃烧的生命周期分为五个阶段，即燃烧初起阶段、燃烧发展阶段、猛烈燃烧阶段、燃烧下降阶段和燃烧熄灭阶段。

98. 气体物质的燃烧过程是怎样的？

答：（1）扩散燃烧。扩散燃烧是指可燃气体从喷口（管口或容器泄漏口）喷出，在喷口处与空气中的氧边扩散混合边燃烧的现象。其燃烧速度取决于可燃气体的喷出速度，一般为稳定燃烧。管路、容器泄漏口发生的燃烧，天然气井口发生的井喷燃烧均属扩散燃烧。

（2）预混燃烧。预混燃烧是指可燃气体与氧在燃烧前混合，并形成一定浓度的可燃混合气体，被火源点燃所引起的燃烧。这类燃烧往往是爆炸式的燃烧，也叫动力燃烧，即通常所说的气体爆炸。爆炸式燃烧后火焰返至漏气处，然后转变为稳定式的扩散燃烧。

99. 液体物质的燃烧过程是怎样的？

答：易燃和可燃液体在燃烧过程中，并不是液体本身在燃烧，而是液体受热时蒸发出来的气体被分解氧化达到燃点而燃烧，故液体接受热量越多，气体蒸发量越大，燃烧速度越快。可燃、易燃液体的蒸发与可燃气体的燃烧特点相同，也分为扩散燃烧和预混燃烧。

100. 固体物质的燃烧过程是怎样的？

答：（1）蒸发燃烧。蒸发燃烧是指熔点较低的可燃固体，受热后熔融，然后像可燃液体一样蒸发成蒸汽而燃烧。

（2）分解燃烧。分子结构复杂的固体可燃物，在受热时分解出其组成成分及与加热温度相应的热分解产物，这些分解产物再氧化燃烧，称为分解燃烧。如天然高分子材料中的木材、纸等。

（3）表面燃烧。有些固体可燃物的蒸气压非常小或者难于发生热分解，不能发生蒸发燃烧或分解燃烧，当氧气包围物质的表层时，呈炽热状态发生无火焰燃烧，称为表面燃烧。

（4）阴燃。阴燃是指某些固体可燃物在空气不流通、加热温度较低或可燃物含水分较多等条件下发生的只冒烟、无火焰的燃烧现象。如成捆堆放的棉、麻、纸张、秸秆及大量堆放的煤、杂草、湿木材等，受热后易发生阴燃。

101. 什么是着火？什么是着火源？着火有几种方式？

答：（1）着火是可燃物燃烧过程中的重要阶段，它通常指燃烧系统从缓慢、基本无化学反应到稳定、强烈放热反应的过渡状态。着火过程是燃烧过程中的预备阶段，其特点是具有极高的反应加速度，整个过程在极短的时间内完成。

（2）着火源是指供给可燃物与氧或助燃物发生燃烧反应的能量，常见的是热能，其他还有化学能、电能、机械能和核能等转变成的热能。根据着火的能量来源不同，着火源可分为：明火；高温物体；化学热能；电热能；机械热能；生物能；光能。

（3）着火有两种方式：一是自燃着火（常简称为自燃），包括化学自燃和热自燃；二是强迫火（简称点燃或点火）。

102. 什么是自燃着火？有什么特点？

答：（1）把一定体积的可燃混合气预热到某一温度，在该温度下，混合物反应自动加速，反应速率急剧增大直到着火，这种现象称为自燃着火，简称自燃。

（2）着火以后，可燃混合气燃烧释放的能量已能够使燃烧过程自行继续下去，而不需要外部再供给能量。自燃着火参数主要有自燃温度、点火延迟期和点火极限浓度。使可燃物发生自燃的最低温度即为自燃点。通常，自燃点取为在标准的测试装置中，使可燃物着火的最低器壁温度。

103. 什么是强迫着火？有什么特点？

答：（1）在可燃混合气中某处用点火热源点着与其相邻的一层可燃物，而后燃烧自动地传播到可燃混合气其余部分，这种由外加点火热源引发局部火焰并相继发生火焰传播的现象称为强迫着火。点火热源可以是电热线圈、电火花、炽热体和点火火焰等。

（2）强迫着火是在局部可燃物（点火热源附近）内进行，而自燃着火则是在全部可燃物内同时进行，并且各处温度、反应物浓度、反应速率均相等。强迫着火与自燃着火类似，其参数亦有点火温度、点火延迟期和点火极限浓度，但它们的影响因素要比自燃着火更为复杂。除了可燃混合气的化学性质、浓度、温度、压力外，点火方法、点火能和混合气流动的性质亦可影响点火，而且后者的影响更为显著。

104. 什么是熄火？怎样可以实现熄火？

答：（1）熄火是可燃系统从强烈的放热反应转变为缓慢的、基本无化学反应状态的现象。

（2）可以通过隔离可燃物与氧气、洒水降温等途径实现熄火的目的。

105. 什么是燃烧产物？燃烧产物对灭火工作的影响有哪些？

答：（1）物质在燃烧时生成的气体、蒸汽和固体物质称为燃烧产物，其中，散发在空气中能被人们看见的燃烧产物称为烟雾，它实际上是由燃烧产生的悬浮固体、液体粒子和气体的混合物，其粒径一般在 0.01～10μm 之间。

（2）燃烧产物与灭火工作有密切的关系，它对灭火工作存在以下有利的方面：

1）在一定条件下有阻燃作用。完全燃烧的燃烧产物都是不燃的惰性气体，如水蒸气。

2）燃烧产物为火情侦察提供依据。

（3）燃烧产物与灭火工作有密切的关系，它对灭火工作也造成以下不利方面：

1）引起人员中毒、窒息。燃烧产物中有不少为毒性气体，对人体有麻醉、窒息、刺激作用。

2）会使人员受伤。燃烧产物的烟气中载有大量的热，人在这种高温、湿热环境中极易被烫伤。

3）影响视线。燃烧产生大量烟雾，影响人的视线，使能见度大大降低，人们在浓烟中往往辨不清方向，给灭火、人员疏散工作带来困难。

4）成为火势发展、蔓延的因素。燃烧产物有很高的热能，极易造成轰燃或因对流或热辐射而引起新的火点。

106. 什么是爆炸？爆炸有几种形式？什么是爆炸物品？在火电厂中存在哪些爆炸危险？

答：（1）爆炸是物质从一种状态通过物理或化学变化突然变成另一种状态，并放出巨大能量而做机械功的过程。

（2）爆炸可分为物理爆炸、化学爆炸和核爆炸三种形式。

1）物理爆炸是由于压力增加超过容器或设备所能承受的极限压力而引起

的爆炸，例如，装有压缩气体的钢瓶受热增压，超出承受强度而引起的爆炸等。高压消防瓶就有爆炸的危险。

2）化学爆炸是物质发生氧化或分解等化学反应，使温度、压力增加或使二者同时增加而引起的爆炸。化学爆炸可以是可燃气体遇火源而引起的，也可以是粉尘或粉末与空气的混合物遇点火源引起的，但更多的是炸药及爆炸性药品所引起的爆炸。化学爆炸的主要特点是反应速度极快，释放出大量的热和产生大量的气体，只有三者都同时具备的化学反应才称作化学爆炸。

3）核爆炸（nuclear explosion）是指能量由核裂变或核聚变所产生的一种爆炸。核武器或核装置的爆炸威力，即在几微秒的瞬间释放出的能量，用释放相当能量的TNT炸药的重量表示，称为TNT当量。核爆炸的同时发生着化学反应，并同时伴随着剧烈的物理发光发热和辐射等物理现象。

（3）凡是在外界作用下（如摩擦、撞击、震动、高温或其他外界因素的激发）能发生剧烈的化学反应，瞬时产生大量的气体和热量，使周围的压力急剧上升，发生爆炸，对周围环境造成破坏的，同时伴有光、声、烟雾等效应的物品，均为爆炸物品。爆炸物品具有化学不稳定性，在一定外因的作用下，能以极快的速度发生猛烈的化学反应，瞬间产生的大量气体和热量在短时间内无法散开去，致使周围温度迅速升高和产生巨大的压力而引起爆炸。

（4）在火电厂中，存在煤粉、氢气和液氨的爆炸危险。

107. 为什么液氨会有爆炸危险？

答：氨（NH_3）是无色有刺激性恶臭的气体。有毒，空气中的最高容许浓度为30mg/m^3。易溶于水、乙醇和乙醚，水溶液呈碱性。爆炸极限为15.7%～27.4%。在适当压力下可液化成液氨，同时放出大量的热；当压力减低时，则气化而逸出，同时吸收周围大量的热。储氨钢瓶受到损伤时，气体外逸会危及人畜健康与生命，遇水则变为有腐蚀性的氨水。受热后瓶内压力增大，有爆炸的危险。空气中氨蒸气浓度达15.7%～27.4%时，遇火星会引起燃烧爆炸，有油类存在时，更加增加燃烧的危险。

108. 为什么氢气会有爆炸危险？

答：氢气是无色无臭气体，极易燃烧，燃烧时火焰呈蓝色。氢氧混合燃烧时，火焰温度可达2000℃，爆极限为4.15%～74.2%。当有氢气泄漏时，氢气上升滞留屋顶，不容易自行排出，遇到火星时会引起爆炸。

109. 什么是粉尘？什么情况下粉尘不会爆炸？什么情况下粉尘有爆炸危险？

答：（1）粉尘是固体物的微小颗粒，粉尘本身是可燃的。可燃粉尘包括有机粉尘和无机粉尘两大类。当条件具备时，可燃粉尘会爆炸。常见可爆粉尘有以下几类：一是金属粉尘，主要有铝粉、镁粉、钛粉和铁粉等：二是化学物质粉尘，主要有硫矿粉、煤粉、醋酸纤维素、酚醛树脂和聚苯乙烯等；三是食品和木材等物质颗粒粉尘。

（2）在一般条件下，并非所有的可燃粉尘都能发生爆炸。爆炸极限范围内的混合物累积的粉尘是不能爆炸的，只有悬浮的粉尘才可能发生爆炸。粉尘在空气中能否悬浮及悬浮时间长短取决于粉尘的动力稳定性，而它主要与粉尘粒径、密度和环境温度、湿度等有关。悬浮粉尘只有当其浓度处于一定的范围内才能爆炸。这是因为浓度太小，燃烧放热太少，难以形成持续燃烧而无法爆炸；而浓度太大，混合物中氧气浓度就太小，也不会发生爆炸。

（3）悬浮于空气中的可燃粉尘之所以能发生爆炸，一是粉尘具有较大的表面积和化学活性，许多固体物质处于块状时不易燃烧，但成为粉状就很容易燃烧；二是由于氧化表面的增加，强化了粉尘的热过程，加速了气体产物的释放；三是粉尘受热后能放出大量的可燃气体，如挥发分为20%～26%的焦煤，在高温下可以放出290～350L的气体。粉尘爆炸通常会引发火灾。

110. 粉尘爆炸的过程是怎样的？影响粉尘爆炸性能的因素有哪些？

答：（1）粉尘的爆炸可视为由以下三步发展形成。第一步是悬浮的粉尘在热源作用下迅速地气化而产生出可燃气体；第二步是可燃气体与空气混合而燃烧；第三步是粉尘燃烧放出的热量以热传导和火焰辐射的方式传给附近原来悬浮的或被吹扬起来的粉尘，这些粉尘受热汽化后使燃烧循环地进行下去。随着每个循环的逐次进行，其反应速度逐渐加快，通过剧烈的燃烧，最后形成爆炸。这种爆炸反应以及爆炸火焰速度、爆炸波速度、爆炸压力等将持续加快和升高，并跳跃式发展。

（2）影响粉尘爆炸性能的因素有以下五点：

1）颗粒度。粉尘的颗粒度越小，相对表面积越大，燃烧速度越快，爆炸极限越大。颗粒度大于10^{-3}cm的粉尘，一般无爆炸危险性。

2）挥发分。粉尘含挥发性物质越多，爆炸危险性越大。

3）水分。粉尘中的水分有减弱和阻碍爆炸的性能，所以增加水分，可以使粉尘的爆炸危险性降低。

4）灰分。粉尘中含灰分增加，其爆炸性随之减小。因为灰分有吸收粉尘、加速粉尘的沉降和降温等作用。

5）火源强度。火源的温度越高，释放的热量越多，与混合物接触时间越长，爆炸极限就越大。每一种粉尘都有一个最低点火能量，低于这个能量，粉尘与空气的混合物就不能起爆。

111. 火灾类别是怎样划分的？

答：（1）GB 50140—2005《建筑灭火器配置设计规范》按燃烧物质及特性，将火灾划分为A、B、C、D、E五个类别。

A类火灾：指含碳固体可燃物，如木材、棉、毛、麻、纸张等物质的火灾。

B类火灾：指甲、乙、丙类液体，如汽油、煤油、柴油、甲醇、乙醚、丙酮等物质的火灾。

C类火灾：指可燃气体，如煤气、液化石油气、天然气、甲烷、丙烷、乙炔、氢气等燃烧的火灾。

D类火灾：指可燃金属，如钾、钠、镁、钛、锂、铝镁合金等燃烧的火灾。

E类火灾：指带电物体和精密仪器等物质燃烧的火灾。

（2）GB/T 4968—2008《火灾分类》根据可燃物的类型和燃烧特性，将火灾分为A、B、C、D、E、F六大类。

A类火灾：指固体物质火灾，这种物质通常具有有机物质性质，一般在燃烧时能产生灼热的余烬，如木材、干草、煤炭、棉、毛、麻、纸张、塑料（燃烧后有灰烬）等火灾。

B类火灾：指液体或可熔化的固体物质火灾，如煤油、柴油、原油、甲醇、乙醇、沥青、石蜡等火灾。

C类火灾：指气体火灾，如煤气、天然气、甲烷、乙烷、丙烷、氢气等火灾。

D类火灾：指金属火灾，如钾、钠、镁、钛、锆、锂、铝镁合金等火灾。

E类火灾：指带电火灾，物体带电燃烧的火灾。

F类火灾：指烹饪器具内的烹饪物（如动植物油脂）火灾。

112. 什么是A类火灾？

答：普通固体可燃物燃烧而引起的火灾，按火灾分类法属于A类火灾。

固体物质是火灾中最常见的燃烧对象，木材及木制品、纤维板、胶合板、纸张、纸板、家具，合成橡胶、合成纤维、合成塑料，电工产品、建筑材料、装饰材料等，种类极其繁杂。固体物质火灾危险性差别很大，评定时要从多方面进行综合考虑。其主要理化参数有熔点、自燃点、比表面积、氧化特性、密度、导热性、热惯性等。

113. 什么是B类火灾？

答：油脂及一切可燃液体燃烧引起的火灾，按火灾分类法属于B类火灾。

（1）油脂包括原油、汽油、煤油、柴油、重油、动植物油；可燃液体主要有酒精、苯、乙醚、丙酮等各种有机溶剂。原油罐、汽油罐是B类火灾的重点保护对象。

（2）液体燃烧是液体蒸气与空气进行的燃烧，液体在火灾中受热首先变成蒸气，蒸气与空气燃烧变成产物。轻质液体的蒸发纯属相变过程。重质液体蒸发时还伴随热分解过程。原油罐火灾中的喷溅和可燃液体的蒸气云爆炸，是B类火灾中的两种特殊燃烧现象，破坏极其严重。

（3）评定可燃液体火灾危险性的理化参数是闪点。闪点小于28℃的可燃液体属甲类火险物质，如汽油闪点大于或等于28℃；小于60℃的可燃液体属乙类火险物质，如煤油；闪点大于或等于60℃的可燃液体属丙类火险物质，如柴油、植物油。

114. 什么是C类火灾？

答：可燃气体燃烧引起的火灾，按火灾分类法属于C类火灾。按可燃气体与空气混合时间，可燃气体燃烧分为预混燃烧和扩散燃烧。可燃气体与空气预先混合好后的燃烧称为预混燃烧，可燃气体与空气边混合边燃烧称为扩散燃烧。预混燃烧由于混合均匀，燃烧充分、完全不产生碳粒子，燃烧速度快，失去控制的预混燃烧会产生爆炸，这是C类火灾最危险的燃烧方式。扩散燃烧由于是边混合边燃烧，混合不均匀，燃烧不充分、不完全，产生碳粒子，火焰呈黄色，燃烧速度受混合快慢及混合比控制。

115. 什么是D类火灾？什么是E类火灾？

答：（1）D类火灾是指可燃金属燃烧引起的火灾，如锂、钠、钾、钙、锶、镁、铝、钛、镐、锌、钚、铪、钍和铀火灾。

（2）E类火灾是带电火灾，指带电的电气设备及其他物体燃烧的火灾。

116. 什么是火灾的热传播过程？室内火灾的发展过程是怎样的？室外火灾的发展过程是怎样的？什么是轰燃？

答：（1）火灾发生、发展的整个过程始终伴随着热传播过程，热传播是影响火灾发展的决定性因素，热传播除了火焰直接接触外，还有三个途径，即传导、对流和辐射。

（2）室内火灾发展过程一般用温度表示，不同结构的建筑，火灾时其温度变化情况是不一样的。一般建筑火灾，温度变化过程如图1-1所示。

1）火灾初起阶段。火灾初起时，随着火苗的发展，燃烧产物中有水汽、二氧化碳，还产生少量的一氧化碳和其他气体，有热量散发，火焰温度可能在500℃以上，室温略有增加，这一阶段火势发展的快慢随着引起火灾的火源可燃物的特点不同而呈现不同的趋势。

2）火灾发展阶段（也称为自由燃烧阶段）。当温度升至A点附近，辐射热急剧增加，辐射面积增大，燃烧会扩大到整个室内，并有可能出现轰燃。

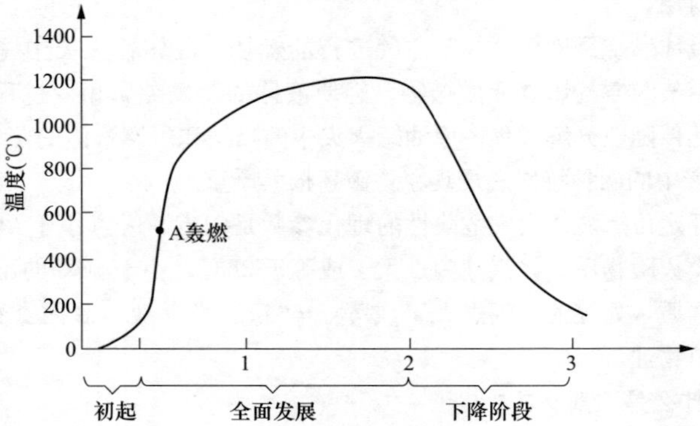

图 1-1　室内火灾温度变化过程

火灾发生后，周围环境温度逐步上升，物质分解生成烟和毒性气体，并随热气流上升到顶部；热的烟粒子向四周辐射热量，引起室内可燃物热分解，产生大量可燃气体，室内的上层气温达 400～600℃即发生轰燃，火灾达到全面发展阶段，系统处于高温状态。火焰包围所有可燃物，燃烧速度最快，环境温度明显上升，温度可达 700℃以上。

3）火灾下降阶段。随着燃烧的进行，可燃物减少；如果通风不良，有限空间内氧气被渐渐耗尽，则可燃物不再发出火焰，已燃烧的可燃物呈阴燃状态，室内温度降至 500℃左右，但是，这样的高温仍能使可燃物分解出较轻的气体，如氢气、甲烷等。这时，如因不合理的通风，突然引入较多的新鲜空气，则仍有发生爆燃的危险。如果火灾烧穿门窗屋顶，则在可燃物全部燃尽后，才进入下降阶段。

（3）室外火灾一般无明显发展阶段之分。室外火灾由于供氧充足，起火后很快便会发展到猛烈阶段。

（4）图 1-1 中 A 点处标记的轰燃，目前还无通用的定义。一般认为，它是由局部可燃物燃烧迅速转变为系统内所有可燃物表面同时燃烧的火灾特性。实验结果表明，在室内的上层温度达到 400～600℃时会引起轰燃。室外火灾，特别是森林火灾的轰燃现象，对扑救人员的生命威胁最大。

117. 影响火灾变化的因素有哪些？现行火灾等级标准的划分是怎样的？

答：（1）影响火灾变化的因素有：可燃物数量及空气流量；可燃物的蒸发潜热；爆炸；气象条件（气温、相对湿度及风）；扩散。

（2）根据 2007 年 6 月 26 日公安部下发的《关于调整火灾等级标准的通知》，火灾等级标准由原来的特大火灾、重大火灾、一般火灾三个等级调整为特别重大火灾、重大火灾、较大火灾和一般火灾四个等级（“以上”包括本数，“以下”不包括本数）。

1）特别重大火灾，是指造成30人以上死亡，或100人以上重伤，或一亿元以上直接财产损失的火灾。

2）重大火灾，是指造成10人以上、30人以下死亡，或50人以上、100人以下重伤，或5000万元以上、一亿元以下直接财产损失的火灾。

3）较大火灾，是指3人以上、10人以下死亡，或10人以上、50人以下重伤，或1000万以上、5000万以下直接财产损失的火灾。

4）一般火灾，是指3人以下死亡，或10人以下重伤，或1000万元以下直接财产损失的火灾。

118. 发生火灾事故的调查处理权限是如何规定的？

答：（1）发生造成人员死亡或产生社会影响的一般火灾事故的，由事故发生地县级人民政府负责组织调查处理。

（2）发生较大火灾事故的，由事故发生地设区的市级人民政府负责组织调查处理。

（3）发生重大火灾事故的，由事故发生地省级人民政府负责组织调查处理。

（4）发生特别重大火灾事故的，由国务院或国务院授权有关部门负责组织调查处理。

119. 什么是对待火灾事故的“四不放过”原则？

答：（1）事故原因没有查清不放过。

（2）事故责任者和广大群众没有受到教育不放过。

（3）事故没有制定出防范措施不放过。

（4）事故责任人员没有受到处理不放过。

120. 为防止火灾事故，应贯彻落实哪些法律法规和规章制度？

答：为防止火灾事故应贯彻落实以下法律法规和规章制度：

（1）《中华人民共和国消防法》（中华人民共和国主席令第29号）。

（2）《机关、团体、企业、事业单位消防安全管理规定》（中华人民共和国公安部令第61号）。

（3）《建设工程消防监督管理规定》（公安部令第106号）。

（4）《消防安全重点单位微型消防站建设标准（试行）》（公消〔2015〕301号）。

（5）《电力设备典型消防规程》（DL 5027—2015）。

（6）《火灾自动报警系统设计规范》（GB 50116—2017）。

（7）《火灾自动报警系统施工及验收规范》（GB 50166—2017）。

(8)《火力发电厂与变电站设计防火规范》(GB 50229—2019)。

(9)《建筑设计防火规范》(GB 50016—2014)。

(10)《建筑灭火器配置设计规范》(GB 50140—2005)。

(11)《建筑灭火器配置验收及检查规范 》(GB 50444—2008)。

(12)《水电工程设计防火规范》(GB 50872—2014)。

(13)《国家电网公司关于强化本质安全的决定》(国家电网办〔2016〕624 号)。

(14)《国网运检部关于印发输变配设备设施电气火灾综合治理工作方案的通知》(运检技术〔2017〕18 号)。

第五节 消 防 常 识

121. 什么是消防?

答: 消防是指包括防火与灭火在内的同火灾做斗争的一种专项工作。消防具有两个意思:消指救火,防指防火,消防是火灾预防和灭火救援的统称。

122. 常用灭火方法有哪些?

答: 由物质燃烧原理引出的灭火方法如下:

(1) 冷却灭火法。即根据可燃物质发生燃烧时,必须达到一定的温度这个条件,将灭火剂直接喷洒在燃烧的物质上,使可燃物的温度降低到燃点以下,从而使燃烧停止。

(2) 隔离灭火法。即将已着火物体与附近的可燃物隔离或疏散开,从而使燃烧停止。

(3) 窒息灭火法。即采取适当措施防止空气流入燃烧区,使燃烧物质缺乏或断绝氧气而熄灭。

(4) 抑制灭火法。即使燃烧过程中产生的游离基消失,形成稳定分子,从而使燃烧反应停止。消防工作中常采用此方法,常使用的灭火器有干粉、1211 灭火器等。

123. 常用防火方法有哪些?

答: 由物质燃烧原理可知,一切防火措施都是为了防止产生燃烧的条件,防止燃烧条件互相结合、互相作用,由此引出的防火方法如下:

(1) 控制可燃物。可燃物是燃烧过程的物质基础,所以,对可燃物质的使用要谨慎小心。在选材时,尽量用难燃或不燃的材料代替可燃材料。例如:用水泥代替木料建筑房屋,用防火漆浸涂可燃物以提高耐火性能;对于具有火灾、爆炸危险性的厂房,采用抽风或通风方法以降低可燃气体、蒸气和粉尘在空气中的浓度；凡是能发生相互作用的物品，要分开存放等。

（2）隔绝空气。使用易燃易爆物的生产过程应在密封的设备内进行，对有异常危险的生产，可充装惰性气体保护，隔绝空气储存某些化学危险品，如金属钠存于煤油中，黄磷存于水中，二硫化碳用水封闭存放等。

（3）清除着火源。如采取隔离火源、控制温度、接地、避雷、安装防爆灯、遮挡阳光等措施，防止可燃物遇明火或温度升高而起火。

（4）阻止火势、爆炸波的蔓延。为阻止火势、爆炸波的蔓延，就要防止新的燃烧条件形成，从而防止火灾扩大，减少火灾损失。具体措施有：在可燃气体管路上安装阻火器、安全水封；机车、轮船、汽车、推土机的排烟和排气系统戴防火帽；在压力容器设备上安装防爆膜、安全阀；在建筑物之间留防火间距、筑防火墙等。

124. 我国“预防为主、防消结合”的消防工作方针是怎样的？

答：消防工作实行“预防为主、防消结合”的方针。这一方针不仅是人民群众长期同火灾作斗争的经验总结，也正确反映了消防工作的客观规律，体现了“防”和“消”的辩证关系。重点强调单位全面负责消防的安全责任，这是《中华人民共和国消防法》明确规定的。

（1）预防为主。要在同火灾的斗争中，把预防火灾的工作作为重点，放在首位，防患于未然。

（2）防消结合。在做好预防工作的同时，把“消”作为“防”的一部分，辅助预防不足的措施，使“防”和“消”的工作紧密结合为一体。

125. 消防工作的性质是怎样的？

答：消防工作是人类在同火灾作斗争的过程中，逐步形成和发展起来的一项专门工作，它是由国家行政管理部门管辖的社会安全保障性质的措施。消防工作是一项社会性很强的工作，只有依靠全社会的力量，在全社会成员的关心、重视、支持、参与下才能搞好。消防工作具有社会性，消防管理已渗透到人类生产生活的一切领域之中，从而决定了消防工作的社会性；消防安全管理涉及各行各业，乃至千家万户，在生产、工作和生活过程中，人们对消防安全管理稍有疏漏，对生产一时失神、失控、失误，就有可能酿成火灾，这就决定了消防工作的经常性；纵观多年来火灾事故教训，尽管致灾原因复杂，但可以看出绝大多数火灾乃源于一人一事一时之误，这使我们进一步明确了一条真理，只有人民群众的广泛积极参与，才能控制、消除火灾事故的发生，这就决定了消防工作的群众性。

126. 消防工作的特点和任务是什么？

答：（1）消防工作具有广泛的社会性、群众性，是一项专业性很强的工作，涉及各行各业、千家万户乃至每个家庭和个人，它同时又是一项知识性、科学性很强的工作，与科学技术息息相关。所以说，消防工作具有社会性、经常性、行政性和技术性等特点。

（2）消防工作的任务是保卫社会主义现代化建设，保护公共财产和公民生命财产的安全。

127. 什么是消防工作的“四知道、五熟悉”要求？

答：（1）四知道。知道单位基本情况、地址、电话等；知道单位重点防火部位；知道单位防火负责人；知道单位志愿消防组织。

（2）五熟悉。熟悉单位消防水源、道路、设施；熟悉单位的建筑情况；熟悉单位工艺流程；熟悉火灾危险性程度；熟悉单位的防范措施。

128. 消防工作“四懂”的内容是什么？要求“四懂”的目的是什么？

答：（1）四懂。一懂本岗位生产经营过程中的火灾危险性；二懂本岗位生产经营过程中的防火措施；三懂本岗位生产经营过程中的灭火方法；四懂组织疏散逃生的方法。

（2）“四懂”的目的是要求每个在岗职工，不但要懂得生产技术和经营管理，还必须要把本岗位生产、经营、工作中的火灾危险性搞清楚，同时懂得本岗位有哪些预防火灾的措施、具体办法、具体条文、具体内容，自觉地在本岗位生产、经营、工作中严格执行。在做好本岗位防火工作的基础上，万一本岗位发生了火灾，能采用针锋相对的灭火方法，即什么物质着火，采用什么方法扑救，而且会使用消防器材，发生火灾知道怎样组织疏散人员安全逃生。

129. 消防工作“四会”的内容是什么？要求“四会”的目的是什么？

答：（1）四会。一会报火警（火警电话“119”）；二会使用消防器材；三会扑救初起火灾；四会逃生自救。

（2）要求“四会”的目的是：①发生火灾时除利用身边就近的灭火器材进行灭火外，能迅速向应急管理消防队报火警；②对单位所配备的消防器材，每个员工都要学会正确的使用方法，做到道理上会讲、拿起来会用，同时要搞清楚每种消防器材的功能：③要求每个在岗员工都要会扑救初起火灾，因为初起阶段是扑灭火灾的最佳时机，初起时火源面积不大，火焰放出的辐射热小，烟和气体的对流速度比较缓慢，只要灭火方法得当，比较容易扑灭，甚至一个灭火器、一盆水、一锹土就能解决，从而避免火灾带来的损失；④逃生穿过浓烟时，切不可迎烟雾直立身体行走，要用湿毛巾、手帕或撕碎衣服捂住口，人的身体尽量贴近地面，弯腰低位或用手足爬行寻找安全出口。

130. 遇到火情时应怎样正确报警？

答：(1) 用电话拨打“119”报警。

1) 报警时，要讲清楚起火单位、村镇名称和所处城区、街巷、门牌号码；要讲清楚是什么东西着火，火势大小，是否有人被围困，有无爆炸危险品等情况；要讲清楚报警人的姓名、单位和所用的电话号码，注意倾听消防队询问情况，并准确、简洁地给予回答，待对方明确说明时方可挂断电话。

2) 报警后立即派人到单位门口、街道交叉路口迎候消防车，并带领消防车迅速赶到火场。

(2) 向周围群众报警。

1) 在人员相对集中的场所，如工厂车间、办公楼、居民宿舍区等，可用大声呼喊和敲打发出声响器具的方法报警。

2) 向群众报警时，应尽量使群众明白什么地方、什么东西着火，是通知人们前来灭火还是紧急疏散逃生。向灭火人员指明起火点的位置，向需要疏散人员指明疏散逃生的通道和方向。

131. 火灾条件下人员伤亡的原因是什么?

答：火灾条件下人员伤亡的原因多数是由于烟气中毒、高热或缺氧，在充满烟气的房间、楼道、楼梯间，如果站起来做一两次呼吸，一氧化碳就会将你窒息。而火场上出现有毒的烟气、高热或严重缺氧的时间，由于种种条件的不同而有早有晚，少则 5～6min，多则 10～20min，这是影响安全疏散，决定允许疏散时间的重要因素。

火灾烟气流动的动力源一般有两种：一是烟气温度急剧升高所形成的浮力；二是建筑物内的楼梯间、电梯井、管道井、垃圾井的烟囱效应所产生的热对流。据资料记载，火灾猛烈阶段，烟气水平扩散速度为 0.5～0.8m/s，烟气沿楼梯间垂直扩散速度为 3～4m/s。

发生火灾时，烟气的流动速度远远快于大火的蔓延速度，火场上人被烈火包围时，想尽一切办法防止烟气的侵袭。

132. 火场逃生自救方法有哪些?

答：(1) 要了解和熟悉环境。当你走进商场、宾馆、酒楼、歌舞厅等公共场所时，要留心太平门、安全出口、灭火器的位置，以便在发生意外时及时疏散和灭火。

(2) 要迅速撤离。一旦听到火灾警报或意识到自己被火围困时，要立即想办法撤离。

(3) 要保护呼吸系统。逃生时可用毛巾或餐巾布、口罩、衣服等将口鼻捂严，否则会有中毒和被热空气灼伤呼吸系统软组织窒息致死的危险。

(4) 要从通道疏散，如疏散楼梯、消防电梯、室外疏散楼梯等。也可考虑利用窗户、阳台、屋顶、避雷线、落水管等脱险。

（5）要利用绳索滑行。用结实的绳子或将窗帘、床单被褥等撕成条，拧成绳，用水沾湿后将其拴在牢固的暖气管道、窗框、床架上，被困人员逐个顺绳索滑到下一楼层或地面。

（6）低层跳离适用于二层楼。跳前先向地面扔一些棉被、枕头、床垫、大衣等柔软的物品，以便“软着陆”，然后用手扒住窗户，身体下垂，自然下滑，以缩短跳落高度。

（7）借助器材。通常使用的有缓降器、救生袋、网、气垫、软梯、滑竿、滑台、导向绳、救生舷梯等。

（8）暂时避难。在无路逃生的情况下，可利用卫生间等暂时避难。避难时要用水喷淋迎火门窗，把房间内一切可燃物淋湿，延长时间。在暂时避难期间，要主动与外界联系，以便尽早获救。

（9）要利用标志引导脱险。在公共场所的墙上、顶棚上、门上、转弯处都设置“太平门”“紧急出口”“安全通道”“火警电话”和逃生方向箭头等标志，被困人员按标志指示方向顺序逃离，可解“燃眉之急”。

（10）提倡利人利己。遇到不顾他人死活的行为和前拥后挤现象，要坚决制止。只有有序地迅速疏散，才能最大限度地减少伤亡。

133. 影响安全疏散逃生的错误做法有哪些？

答：（1）有的单位单纯为了防盗而把消防疏散楼梯的门上锁，火灾时人员疏散受阻，失去原设计的意义。

（2）一座建筑物，产权单位租给几家使用，由于产权单位管理不善，有的租赁单位各行其是、便利自己，将共用的疏散通道、楼梯、安全门封堵，或占用疏散通道使其变窄，火灾时，不能做到畅通无阻，影响安全疏散。

（3）发生火灾时，不迅速自救逃生，离开火场烟雾区，而是贪恋财物，只顾收拾东西，甚至已经跑出烟雾区，又返回去拿现金、首饰等贵重物品，而被烟毒袭击窒息死亡。

（4）柱楼房的人，平时逃生自救知识缺乏、头脑不冷静，不能充分利用地形地物逃生、自救，而是采取了盲目跳楼的错误做法。

（5）逃生穿过浓烟时，迎烟雾直立身体行走，这种姿势容易使上呼吸道受烟雾里毒气的袭击而窒息。

134. 什么是消防系统？消防系统是如何形成和发展的？

答：（1）早期的防火、灭火均是靠人的体力实现的，当人们发现火灾时，有号召力的人员立即组织所能动员的人力并在统一指挥下采取一切可能措施迅速灭火，这是早期消防系统的雏形。随着科学技术的发展，人们逐步学会使用仪器监视火情，用仪器发出火警信号，然后在有关领导的统一指挥下，用灭火器械去灭火，这便是较为发达的消防系统。

(2) 消防系统是人们经历了一次次火灾教训后研究和发明的控制火灾、战胜火灾的最有效的方法，无论从消防器件、线制还是类型的发展上，都大体经历了从传统型到现代型的过程。传统型主要指开关量多线制系统，而现代型主要是指可寻址总线制系统及模拟量智能系统。

(3) 智能建筑、高层建筑及其群体的出现，展示了高科技的巨大威力，消防系统作为智能大厦中的子系统之一，必须与建筑业同步发展，这就使得从事消防的工程技术人员努力将现代电子技术、自动控制技术、计算机技术及通信网络技术等较好地运用，以适应智能建筑的发展。

(4) 目前，自动化消防系统在功能上可实现自动检测现场、确认火灾，发出声、光报警信号，启动灭火设备自动灭火、排烟、封闭火区等，还能实现向城市或地区消防救援队发出救灾请求，及时进行通信联络。

(5) 在结构上，组成消防系统的设备、器件结构紧凑，反应灵敏，工作可靠，同时还具有良好的性能指标，智能化设备及器件的开发与应用，使自动化消防系统的结构趋向于微型化和多功能化。

(6) 自动化消防系统的设计，已经大量融入微机控制技术、电子技术、通信网络技术及现代自动控制技术，并且消防设备及仪器的生产已经系列化、标准化。

总之，现代消防系统，作为高科技的结晶，为适应智能建筑的需求，正以日新月异的速度发展着。

135. 现代消防系统的构成是怎样的?

答: 现代消防系统一般主要由三大部分构成：一是感应机构，即火灾自动报警系统；二是执行机构，即灭火自动控制系统；三是避难诱导系统（后两部分也可称为消防联动系统）。

(1) 火灾自动报警系统由探测器、手动报警按钮、报警器和警报器等构成，以完成检测火情并及时报警的作用。

(2) 现场消防设备种类繁多，从功能上可分为三大类：第一类是灭火系统，包括各种介质，如液体、气体、干粉的喷洒装置，是直接用于灭火的；第二类是灭火辅助系统，是用于限制火势、防止灾害扩大的各种设备；第三类是信号指示系统，用于报警并通过灯光与声响来指挥现场人员的各种设备。

(3) 对应于这些现场消防设备的相关的消防联动控制装置主要有：

1) 室内消火栓灭火系统的控制装置。

2) 自动喷水灭火系统的控制装置。

3）卤代烷、二氧化碳等气体灭火系统的控制装置。

4）电动防火门、防火卷帘等防火分割设备的控制装置。

5）通风、空调、防烟、排烟设备及电动防火阀的控制装置。

6）电梯的控制装置、断电控制装置。

7）备用发电控制装置。

8）火灾事故广播系统及其设备的控制装置。

9）消防通信系统，火警电铃、火警灯等现场声光报警控制装备。

10）事故照明装置等。

在建筑物防火工程中，消防联动系统可由上述部分或全部控制装置组成。

136. 现代消防系统的功能是什么？现代消防系统是如何分类的？

答：（1）现代消防系统的主要功能是：自动捕捉火灾探测区域内火灾发生时的烟雾或热气，从而发出声光报警并控制自动灭火系统，同时联动其他设备的输出接点，控制事故照明及疏散标记、事故广播及通信、消防给水和防排烟设施，以实现监测、报警和灭火的自动化。

（2）消防系统的类型，按报警和消防方式可分为两种：

1）自动报警、人工消防。中等规模的旅馆在客房等处设置火灾探测器，当火灾发生时，在本层服务台处的火灾报警器发出信号（即自动报警），同时在总服务台显示出某一层（或某分区）发生火灾，消防人员根据报警情况采取消防措施（即人工灭火）。

2）自动报警、自动消防。这种系统与上述的不同点在于，在火灾发生时自动喷水进行消防，而且在消防中心的报警器附近设有直接通往消防部门的电话。消防中心在接到火灾报警信号后，立即发出疏散通知（利用紧急广播系统），并启动消防泵和电动防火门等消防设备，从而实现自动报警、自动消防。

137. 什么是智慧消防？公安部为什么要发出《关于全面推进“智慧消防”建设的指导意见》？

答：（1）“智慧消防”是指运用物联网、大数据等技术手段，将消防设施、社会化消防监督管理、灭火救援等各要素，通过物联网信息传感与通信等技术有机链接，实现实时、动态、互动、融合的消防信息采集、传递和处理，全面促进与提高消防监督与管理水平，增强灭火救援的指挥、调度、决策和处置能力，提升消防管理智能化、社会化水平，满足火灾防控“自动化”、灭火救援指挥“智能化”、日常执法工作“系统化”、部队管理“精细化”的实际需求，实现智慧防控、智慧作战、智慧执法、智慧管理，最大限度做到“早预判、早发现、早除患、早扑救”，打造从城市到家庭的“防火墙”。智慧消防是智慧城市安全领域的重要组成部分。

（2）中华人民共和国公安部于 2017 年 10 月 10 日以公消〔2017〕297 号文发出《关于全面推进“智慧消防”建设的指导意见》，这是为深入贯彻落实中央政法委和公安部党委关于提升政法及公安工作现代化水平的部署要求，加速推进现代科技与消防工作的深度融合，全面提高消防工作科技化、信息化、智能化水平，实现信息化条件下火灾防控和灭火应急救援工作转型升级而提出的。

138. 全面推进“智慧消防”建设的基本原则是什么？

答：（1）突出精准防控。按照“纵向贯通、横向交换、条块融合”的原则，统一数据标准、规范数据来源，对消防内部、外部数据资源进行汇聚和挖掘分析，为火灾风险研判、灭火救援指挥、队伍管理分析、消防宣传服务和领导指挥决策等提供信息支撑。

（2）突出协同共治。建设消防安全治理工作平台，推进面向政府部门、社会单位、中介组织和社会公众的消防社会化发展进程，创新社会消防安全治理新模式，形成多元共治、齐抓共管、全民参与、全社会共享的社会消防安全治理新格局。

（3）突出服务实战。按照“信息互通、快速便捷、辅助指挥”的原则，建立覆盖全国的应急通信系统，提升应急通信网络覆盖能力，搭建“一张图”的实战指挥平台，整合灭火应急救援基础信息和社会资源，做到灭火救援预案随机调阅查询、作战全程评估和灾害事故发展趋势预判，确保部队指挥作战响应迅捷、决策科学、处置高效。

（4）突出服务民生。全面提升消防移动业务工作效能和移动信息化服务水平，为消防基层基础工作向深度、广度延伸提供保障，为社会公众个性化消防安全需求提供服务，做到让数据多跑路、群众少跑腿。

（5）突出警地融合。牢固树立“警力有限、民力无穷、科技力无尽”的理念，坚持走“军民联合、警地融合”的道路，充分发挥消防研究所的作用，加强与龙头企业、高等院校、科研机构等的深度合作，借助社会优势资源，借助“外力”联合开展项目攻关和关键技术研究，充分运用先进实用的消防科技成果。

139. 全面推进“智慧消防”建设的工作目标和五大重点项目是什么？

答：（1）全面推进“智慧消防”建设的工作目标是综合运用物联网、云计算、大数据、移动互联网等新兴信息技术，加快推进“智慧消防”建设，全面促进信息化与消防业务工作的深度融合，为构建立体化、全覆盖的社会火灾防控体系，打造符合实战要求的现代消防警务勤务机制提供有力支撑，全面提升社会火灾防控能力、队伍灭火应急救援能力和队伍管理水平，实现“传统消防”向“现代消防”的转变。

(2) 在全面推进“智慧消防”建设的基础上，按照“急需先建、内外共建”的方式，抓好“五大项目”建设，实现动态感知、智能研判、精准防控，为消防工作和部队建设提供信息化支撑。

1) 建设城市物联网消防远程监控系统。

2) 建设基于“大数据”“一张图”的实战指挥平台。

3) 建设高层住宅智能消防预警系统。

4) 建设数字化预案编制和管理应用平台。

5) 建设“智慧”社会消防安全管理系统。

140. 全面推进“智慧消防”建设的工作要求是什么?

答: (1) 强化组织领导。各总队要成立由主管负总责的“智慧消防”建设工作领导小组，建立实体化运行机制，统筹“智慧消防”建设规划、项目把关、指挥决策和对外协调。要针对“五大项目”逐项制定具体实施方案和工作计划，建立完善保障奖惩机制，统一规划、统一部署、协调推进，确保项目有效推进，取得实效。

(2) 强化顶层设计。按照公安部消防局《消防信息化“十三五”总体规划》要求，坚持以块为主、条块结合，公安部消防局负责制定下发相关指导意见、消防大数据平台建设技术方案，总队负责本地“五大项目”的统筹规划与协调建设，支队负责本地“五大项目”的业务支撑与实战应用。

(3) 强化建设保障。要充分利用“智慧城市”试点建设的契机，积极争取地方政府和有关部门多层次、多渠道立项，加大建设投入，落实资金预算，纳入重点保障。要在政府的统一领导下，引导鼓励社会资本参与“五大项目”建设，按照政府购买服务或外包租赁等方式，落实有关建设经费。

(4) 强化考核评估。要将“五大项目”建设纳入年底重点工作任务，按照项目化管理的方式，对目标任务推进落实情况实施过程评估、督导、考核。对工作成绩突出的单位和个人给予表彰奖励，对任务推进缓慢、工作成效不明显的要及时约谈。

141. 火灾自动报警系统设计、施工及验收的“十大重点”是什么?

答: (1) 火灾时，普通动力电、自动扶梯、排污泵、康乐设施、厨房用电等应立即切断；而另外的正常照明、生活水泵、安防系统、客梯等，应延迟切断或者手动选择性切断，以利于人员疏散。

(2) 大楼，无论有多少个声光报警器，无论有多少个广播，在火灾时候都应全部启动，应让每一个部位、每一个角落都同时知道发生了火灾，以便快速撤离。

(3) 施工人员，穿 24V 电源线时都应穿耐火型铜芯线，即 NH 开头的线，截面不低于 1.5mm²，信号线可以降低要求，用阻燃型的，即 ZR 开头的。

(4) 以后的住宅楼，住户内入口处的 1.3～1.5m 处，都应装家用的独立报警系统，在卧室及厨房内应设置烟感探测器及可燃气体探测器。

(5) 厂家编联动关系时，不应再用一个探头来联动消防设施，应用该区域内的任两个探头或者任一个探头加任一个手报来联动启动。

(6) 消防联动 24V 电源，无论距离有多远，在现场用万用表测量，电压不能低于 22.8V，如低于此数，应在现场另加 24V 电源。

(7) 回路，编的最大号不允许超过 200，超过此数，另加回路。且在回路上应加隔离器，一个隔离器只能带 32 个点。

(8) 主机，无论国产的还是进口的，所带的探头、按钮及模块总数，不能超过 3200 点，超过此数，应增加主机。

(9) 水泵、风机，都不允许用变频方式启动，都得是一步直接启动，其控制柜里面不允许加变频器。

(10) 模块，不允许装在强电配电柜（箱）内，应装在专用模块盒里。

142. 变电站火灾报警装置及消防器材综合排查治理的重点及要求是什么？

答：(1) 检查站内火灾报警装置是否设置主/备电源，并具备自动切换功能；火灾探测器报警功能是否正常，火灾报警信号应上传至调控中心和警卫室。

(2) 检查变电站消防水泵启/停泵和主/备泵切换功能是否正常；检查消防用电设备电源末级配电箱处主/备电源切换功能是否正常；消防电机是否配置独立的电源。

(3) 检查消防水池外观是否良好，寒冷地区防冻措施是否满足要求；检查室内外消火栓出水是否正常，消火栓静压是否满足要求。

(4) 检查消防器材摆放位置、配置类型是否符合电力消防典型规程要求；检查灭火器外观是否整洁、压力是否合格、是否在有效期内，是否定期检查并试验。

143. 变电站内电缆及电缆通道综合排查治理的重点及要求是什么？

答：(1) 检查站用电动力电缆是否采用铠装防火电缆并独立敷设。站用电动力电缆不应与其他电缆混沟，不同站用变压器低压电缆不宜同沟敷设。不具备独立敷设条件的，应采取加装防火隔板、喷涂防火涂料、修缮防火墙、填充防火沙等隔离措施。

(2) 检查直流系统电缆是否采用阻燃电缆，两组蓄电池的电缆是否分别铺设在独立通道内。应尽量避免与交流电缆并排铺设，在穿越电缆竖井时，两组蓄电池电缆应加穿金属套管。不具备独立敷设条件的，宜采取加装电缆防火槽盒、喷涂防火涂料等措施。

(3) 检查电缆沟是否设置防火墙，墙体有无破损，封堵是否良好，并设置醒目的防火墙标识。防火墙应每隔60m设置一堵。

(4) 检查控制室、电缆夹层、控制柜、仪表盘、保护盘等处的电缆孔洞是否用防火堵料封堵密实，电缆竖井中是否分层设置防火隔板。

(5) 检查电缆通道、夹层是否整洁畅通，是否堆积易燃、易爆物。变电站夹层宜安装温度、烟气监视报警器。

(6) 检查电力电缆外护套有无破损、龟裂现象。电缆终端套管表面有无破损、异味和异常声响，终端套管表面有无脏污及放电、灼伤痕迹。

(7) 检查电力电缆防火槽盒、防火阻燃带有无脱落现象，防火设施是否配置充足。电缆接地箱外观无损坏、缺失，接地良好。

144. 单位消防工程验收的重要意义是什么？单位消防工程设计的审核资料都有哪些？

答：(1) 消防设施是快速、有效灭火的重要设施，必须与主体设备（项目）同时设计、同时施工、同时投入生产或使用。有关负责设计、基建、验收等部门分别负责把关，重点把好验收关。没有达到消防要求，没有通过验收，该主体设备（项目）不能投入生产或使用。该项工作主要由本单位基建部门负责，消防管理部门应做好督促工作。

(2) 单位消防工程设计的审核资料主要有：

1) 新、改、扩建工程项目消防工程设计应填写《建筑工程设计消防审核申报表》《建筑内部装修防火审核申报表》等表格。

2) 提交新、改、扩建建筑工程立项批文、规划许可证、总平面图、消防设计说明；建筑平、立、剖面图，全套室内、外消防系统设计图纸（含水、电、暖、通风、空调、火灾自动报警、自动灭火、防烟、排烟设施图）。

3) 图纸必须有设计证号、设计单位名称及设计人员、审核人员的签名，盖设计专用章。

145. 建设单位应怎样组织对消防工程进行竣工验收？应准备哪些竣工验收资料？

答：(1) 建设单位应当组织土建、内装修、电气、通风、消防设施、防排烟等施工单位代表及技术人员和监理公司等相关人员配合验收工作，并介绍工程相关情况。

（2）新、改、扩建工程项目消防工程竣工验收资料包括以下内容：

1）建设项目批准文件。

2）建设工厂规划许可证。

3）消防审核意见书。

4）电气消防检测报告。

5）消防设施技术检测报告。

6）建筑工程涉及消防产品的各项资料，包括《消防产品 3C 认证证书》或《消防产品型式认可证书》以及国家级消防产品质检中心检验合格的且在有效期内的型式检验报告、产品合格证（产品出厂检验报告）。

7）《建筑工程设计消防验收申报表》。

8）竣工验收报告。

9）建筑工程消防概况。

10）其他需要准备的资料。

第六节　消防工程监督管理与消防产品管理

146. 国家对消防工程是如何实行监督管理的？

答：（1）在应急管理部成立之前，由公安部对消防工程实行监督管理。2012 年 7 月 17 日，公安部下发第 119 号令公布新修订的《建设工程消防监督管理规定》，自 2012 年 11 月 1 日起施行。这是为了加强建设工程消防监督管理，落实建设工程消防设计、施工质量和安全责任，规范消防监督管理行为，依据《中华人民共和国消防法》《建设工程质量管理条例》而制定。

（2）2019 年新修订《消防法》对消防工程监督管理的规定是：

第九条　建设工程的消防设计、施工必须符合国家工程建设消防技术标准。建设、设计、施工、工程监理等单位依法对建设工程的消防设计、施工质量负责。

第十条　对按照国家工程建设消防技术标准需要进行消防设计的建设工程，实行建设工程消防设计审查验收制度。

第十一条　国务院住房和城乡建设主管部门规定的特殊建设工程，建设单位应当将消防设计文件报送住房和城乡建设主管部门审查，住房和城乡建设主管部门依法对审查的结果负责。

前款规定以外的其他建设工程，建设单位申请领取施工许可证或者申请批准开工报告时应当提供满足施工需要的消防设计图纸及技术资料。

第十二条 特殊建设工程未经消防设计审查或者审查不合格的，建设单位、施工单位不得施工；其他建设工程，建设单位未提供满足施工需要的消防设计图纸及技术资料的，有关部门不得发放施工许可证或者批准开工报告。

第十三条 国务院住房和城乡建设主管部门规定应当申请消防验收的建设工程竣工，建设单位应当向住房和城乡建设主管部门申请消防验收。

前款规定以外的其他建设工程，建设单位在验收后应当报住房和城乡建设主管部门备案，住房和城乡建设主管部门应当进行抽查。

依法应当进行消防验收的建设工程，未经消防验收或者消防验收不合格的，禁止投入使用；其他建设工程经依法抽查不合格的，应当停止使用。

第十四条 建设工程消防设计审查、消防验收、备案和抽查的具体办法，由国务院住房和城乡建设主管部门规定。

147. 建设单位应如何接受国家消防工程监督管理？

答：（1）建设单位应当将消防设计文件报送公安机关消防机构审核，消防机构依法对审核的结果负责。

（2）建设单位应将消防设计文件报公安机关消防机构备案，消防机构按照设定的比例进行抽查。

（3）建设工程竣工后，建设单位还应当向国家消防机构申请消防验收或备案抽查。

（4）依法应当进行消防验收的建设工程，未经国家消防机构验收或者消防验收不合格的，禁止投入使用。

（5）其他建设工程经依法抽查不合格的，应当停止使用。

148. 什么是消防设计审核？建设工程消防设计审核的内容主要有哪些？

答：（1）消防设计审核是公安机关消防机构依法对建设工程的消防设计图纸及资料进行技术审核的一项重要工作。各级公安机关消防机构按照国家现行消防技术标准规范对建设工程的消防设计图纸和资料进行审核。

（2）公安机关消防机构根据建设工程项目的性质、规模和特点，可对方案编制与初步设计、施工图与内装修图分别进行消防设计审核。

149. 目前建设工程消防监督管理的分级和分工是怎样的？

答：《建设工程消防监督管理规定》指出，直辖市、地级市、县级公安机关消防机构分工承担辖区建设工程的消防设计审核、消防验收和备案抽查工作，具体分工由省级公安机关消防机构确定，对外公布并报公安部消防局备案。省、自治区公安机关消防机构不直接承担审核、验收和备案抽查任务，但应负责监督检查和指导下级公安机关消防机构开展建设工程消防监督管理工作，负责组织建设工程消防设计专家评审工作。县（市、区、旗）公安机关消防机构主要负责备案抽查工作，确需承担建设工程的消防设计审核、消防验收工作的，应当配备相应人员，同时要严格落实审验分离，主责承办、技术复核等执法工作制度。

150. 消防机构是如何进行方案与初步设计审核的？是如何进行施工图与装修图设计审核的？

答：（1）公安机关消防机构一般是与政府其他职能部门相互配合，共同对建设工程的方案设计和初步设计进行审核。审核的主要内容包括：规划选址是否符合城市消防安全布局，与周围建筑的防火间距，消防水源、消防下通道等是否符合要求。

（2）公安机关消防机构对建设工程施工图与装修图的以下内容行审核：总平面布局和平面布置中涉及消防安全的防火间距，消防车道、消防水源，建筑的火灾危险性类别和耐火等级，消防给水和自动灭火系统等。

151. 消防设计审核的范围和实施步骤是怎样的？

答：（1）大型发电、变配电工程属于特殊建设工程，在消防设计审核范围内。

（2）消防设计审核的实施步骤如图 1-2 所示。

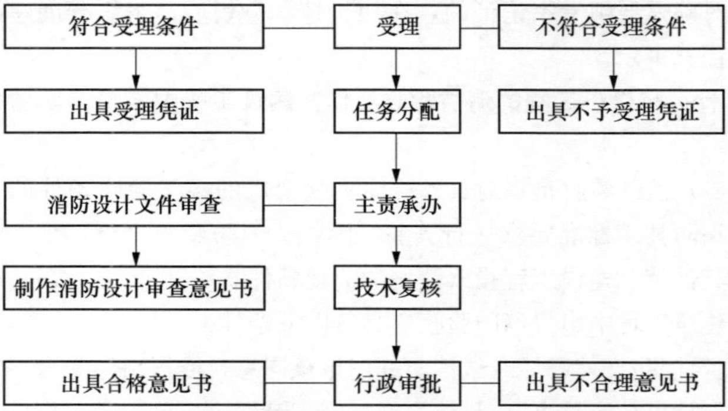

图 1-2 消防设计审核的实施步骤

152. 为什么要进行特殊的消防设计审核——专家论证？

答：建设工程的消防设计必须符合国家工程建设消防技术标准。但建设工程功能的复杂性、多样性造成了一些建设工程消防设计中出现超越现行国家工程建设消防技术标准的情况，另外，还有一些建设工程采用了新技术、新工艺、新材料或者没有现行国家工程建设消防技术标准规定可以参照，因此，为了解决这些工程实际中的问题，就必须组织专家论证。

153. 建设单位应向公安机关消防机构提交哪些相关材料?

答: 需组织消防技术论证的建设工程，由建设单位向公安机关消防机构提出对消防技术方案进行技术审定申请，并提交下列相关材料：

（1）建筑工程项目概况。

（2）消防设计说明及其图纸。

（3）需要技术论证的主要问题及理由。

（4）拟参考采用的国内地方标准，国外有关技术标准（中英文文本）。

（5）拟采用的新技术、新材料、新工艺、新设备的技术说明和应用情况。

154. 怎样组织开展建设工程消防技术论证和审定工作?

答:（1）省级人民政府公安机关消防机构应当在收到申请材料之日起 30 日内同同级住房和城乡建设行政主管部门召开专家评审会，对建设单位提交的消防技术方案进行评审。

（2）国家、省一级公安机关防机构收到建设单位申请及相关资料后，对建设工程消防设计进行初步技术分析，并做出是否组织专家论证的决定。

（3）对不需要组织专家论证的，在初步技术分析后通报不予受理专家论证理由，并还报送材料。

（4）对确需要组专家论证的，在初步技术分析后，组织开展建设工程消防技术论证和审定。

155. 什么是建设工程的消防验收工作? 建筑工程中申报消防验收应具备什么条件?

答:（1）消防验收是指对具备法律法规规定的竣工验收条件的建设工程是否符合消防技术标准要求进行查验、测试。消防验收合格，是大型人员密集场所和其他特殊建设工程投入使用的前提条件。

（2）建筑工程中申报消防验收应具备以下条件：

1）建筑消防设计已经通过消防部门审核同意，取得结论为合格的“建设工程消防设计审核意见书”，且按原设计施工，变更部分内容，程序符合法规及技术规范。

2）申报工程现场已施工完毕，具备法定竣工条件，建设单位已依法组织建筑消防自检自验。

3）取得消防设施技术服务机构对申报建筑的消防设施的检测报告，结论为合格。

4）申报表上填写的各种消防产品（含防火阻燃材料和防火建筑相关产品）的规格型号并附检测报告，结论符合消防安全规定和法规要求。

5）符合其他有关法律法规及相关文件、规范对竣工建筑消防安全的要求。

156. 如何组织消防验收工作？消防验收的步骤是怎样的？

答：（1）消防验收的组织如下：

1）消防验收由公安机关消防机构组织实施，建设、设计、施工、监理、消防技术服务等单位予以配合。

2）对大型建设工程进行验收，应当成立验收工作小组，由公安机关消防机构的领导或者部门领导任组长，消防验收、设计审核、消防监督、产品管理和灭火救援等专业技术人员参加。

3）所有人员分为工程资料审查、消防设施功能测试、建筑防火检查等若干验收小组，每个验收小组的消防专业技术人员不少于2人。

（2）消防验收的步骤如图1-3所示。

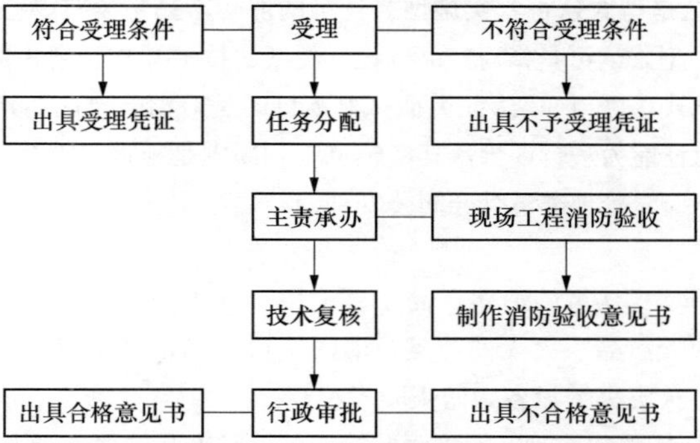

图1-3 消防验收步骤

157. 什么是消防产品的市场准入管理制度？

答：消防产品实行市场准入管理制度。消防产品的市场准入管理是指为保证消防产品的质量合格，只允许具备规定条件的生产者才能进行生产经营活动、具备规定条件的产品才能进行生产销售的监督活动。根据《消防法》的规定，消防产品必须符合国家标准；没有国家标准的，必须符合行业标准。禁止生产、销售或者使用不合格的消防产品以及国家明令淘汰的消防产品。依法实行强制性产品认证的消防产品，由具有法定资质的认证机构按照国家标准、行业标准的强制性要求认证合格后，方可生产、销售、使用。实行强制性产品认证的消防产品目录，由国务院产品质量监督部门会同国务院应急管理部门制定并公布。新研制的尚未制定国家标准、行业标准的消防产品，应当按照国务院产品质量监督部门会同国务院应急管理部门规定的办法，经技术鉴定符合消防安全要求的，方可生产、销售、使用。依照规定经强制性产品认证合格或者技术鉴定合格的消防产品，国务院应急管理部门消防机构应当予以公布。现行消防产品的市场准入管理仍根据产品的不同分为四种，即强制性产品认证、型式认可、强制检验和阻燃制品标识。

158. 什么是强制性产品认证？实施强制性认证的消防产品有哪些？

答：（1）强制性产品认证是指通过制定强制性产品认证的产品目录和实施强制性产品认证程序，对列入目录中的产品实施强制性的检测和审核。强制性认证又称 3C 认证，消防产品强制性认证的实施范围和规则是由国家认证认可监督管理委员会会同公安部消防局制定、调整，由国家认证认可监督管理委员会发布并共同实施的。

（2）实施强制性认证的消防产品主要是以下四大类：火灾报警类产品、消防水带类产品、自动喷水灭火系统类产品、消防车类产品。

159. 什么是型式认可？实施型式认可的消防产品主要有哪些？

答：（1）型式认可是指对产品的设计图纸、技术标准、型式试验和样品质量的认可。型式认可与 3C 认证类似，根本目的是对消防产品生产企业的产品质量和质量保证能力进行评价，其实施范围和规则是根据《消防法》制定，由国家认证认可监督管理委员会会同公安部消防局制定、调整，由公安部消防局发布并实施的。

（2）实施型式认可的消防产品主要是以下九大类：灭火剂类产品，防火门产品，消火栓产品，灭火器产品，消防接口产品，消防枪、炮产品，建筑防火构配件，火灾报警设备，防火阻燃材料。

160. 什么是强制检验？实施强制检验的消防产品主要有哪些？

答：（1）强制检验是指消防产品进入市场前，由生产者将产品送国家消防产品质量监督检验中心完成产品的型式检验，以取得合格的型式检验报告作为进行全国销售的市场准入依据。

（2）强制检验的实施范围是除产品质量认证制度和型式认可制度所包含的产品以外的其他所有消防产品，实施强制检验的消防产品有：消火栓箱及内配器材，防火卷帘及配套设施，消防供水设备，防烟、排烟设备，气体灭火系统，消防员救生及防护设备，防火板等耐火隔热产品。

161. 什么是阻燃制品？什么是阻燃制品标识？

答：（1）阻燃制品是指由阻燃材料制成的产品及多种产品的组合，包括阻燃建筑制品、阻燃织物、阻燃塑料橡胶、阻燃泡沫塑料、阻燃家具及组件和阻燃电线电缆等。

（2）阻燃制品标识（简称标识）是指表明阻燃制品组件的燃烧性能，已按照公安部消防局制定的《阻燃制品标识管理办法（试行）》等有关规定经检验合格的标志。

162. 从什么渠道可以获得消防产品的认证、认可或强制检验市场准入等信息？

答：所有消防产品的认证、认可或强制检验市场准入情况均由公安部消防局在中国消防产品信息网上公布。在中国消防产品信息网上无法查实的认证、认可证书或型式检验报告均不得作为消防产品市场准入的依据。任何企业不得生产、销售未取得认证、认可证书或型式检验报告，型式检验报告到期、暂停、注销、撤销的消防产品，也不得以任何形式伪造认证、认可证书或型式检验报告，否则将受到法律的严惩。

163. 按照国家工程建设消防标准进行消防设计的新建、扩建、改建（含室内外装修、建筑保温、用途变更）工程应满足哪些要求？

答：（1）按照国家工程建设消防标准需要进行消防设计的新建、扩建、改建（含室内外装修、建筑保温、用途变更）工程，建设单位应当依法申请建设工程消防设计审核、消防验收，依法办理消防设计和工验收消防备案手续并接受抽查。

（2）建设工程或项目的建设、设计、施工、工程监理等单位应当遵守消防法规、建设工程质量管理法规和国家消防技术标准，应对建设工程消防设计、施工质量和安全负责。

（3）建（构）筑物的火灾危险性分类、耐火等级、安全出口、防火分区和建（构）筑物之间的防火间距，应符合现行国家标准的有关规定。

（4）建筑构件、材料和室内装修、装饰材料的防火性能必须符合有关标准的要求。

164. 什么是临时建筑？临时建筑应符合国家哪些有关规定？

答：（1）临时建筑是指单位因生产、生活需要临时建造使用而搭建的结构简易并在规定期限内必须拆除的建筑物、构筑物或其他设施。

（2）临时建筑应符合国家有关法规：

1）临时建筑不得占用防火间距。临时建筑占用防火间距，发生火灾时，既容易被着火建筑引燃，造成火势的蔓延，也可能妨碍消防扑救。

2）临时建筑应当经市、县人民政府有关主管部门批准。

3）临时建筑的防火设计应符合现行行业标准《施工现场临时建筑物技术规范》（JGJ/T 188）的要求。

165. 电缆隧道内应设置哪些安全标志？

答：（1）电缆隧道内应设置指向最近安全出口处的导向箭头。

（2）主隧道、各分支拐弯处醒目位置应装设整个电缆隧道平面示意图，并在示意图上标注所处位置及各出入口位置。

第七节　动　火　管　理

166. 什么是动火作业？什么是动火级别？什么是一级动火区？什么是二级动火区？

答：（1）动火作业，是指能直接或间接产生明火的作业，包括熔化焊接、压力焊、钎焊、切割、喷枪、喷灯、钻孔、打磨、锤击、破碎和切削等作业。

（2）根据火灾危险性、发生火灾损失、影响等因素将动火级别分为一级动火，二级动火两个级别。

（3）一级动火区。火灾危险性很大，发生火灾造成后果很严重的部位、场所或设备应为一级动火区。

（4）二级动火区。一级动火区以外的防火重点部位、场所或设备及禁火区域应为二级动火区。

167. 电力生产现场一级动火区应包括哪些部位、场所、设备？

答：（1）油罐区，锅炉燃油系统、汽轮机油系统、油管道及与油系统相连的汽水管道和设备、油箱等部位、场所、设备。

（2）氢气系统及制氢站，锅炉制粉系统，天然气调压站、液化气站，乙炔站，易燃易爆物品储存场所等部位、场所、设备。

（3）变压器等注油设备、油处理室，蓄电池室（铅酸）等部位、场所、设备。

（4）脱硫吸收塔内与塔外壁、防腐烟道内与烟道外壁、事故浆液箱等防腐箱罐内与箱罐外壁及与吸收塔相通管道等部位、场所、设备。

（5）脱硝系统液氨储罐及与其相通管道、液氨储罐防火堤内等部位、场所、设备。

（6）风力发电机组机舱内，生物质发电厂秸秆仓库或堆场内、垃圾焚烧发电厂垃圾贮坑底部、渗沥液溢水槽等危险性很大，发生火灾时后果很严重的部位、场所、设备。

168. 电力生产现场二级动火区应包括哪些部位、场所、设备？

答：（1）发电机、发电厂燃油码头、与燃油系统能加堵板隔离的汽水管道、油管道支架及支架上的其他管道，输煤系统等部位、场所、设备。

（2）电缆、电缆间、电缆通道，换流站阀厅，调度室、控制室、集控室、通信机房、电子设备间、计算机房、档案室等部位、场所、设备。

（3）循环水冷却塔，草原光伏电站，脱硫系统其他防腐箱罐，脱硝系统氨区内，风力发电机组塔筒内，生物质秸秆输送系统，垃圾焚烧发电厂堆放垃圾的贮坑内等部位、场所、设备。

169. 电力生产现场禁止动火条件都有哪些？

答：（1）油船、油车停靠区域。如果动火点距离油船、油车过近，由于风力作用很可能引燃油船、油车。

（2）压力容器或管道未泄压前。压力容器或管道未泄压前均带有压力，动火易引发对作业人员的人身伤害；如果是易燃易爆物的压力容器或管道未泄压前动火，则可能造成火灾、人员伤害等更加严重后果。

（3）存放易燃易爆物品的容器未清理干净，或未进行有效置换前。残存易燃易爆物品的容器遇到火种容易引发火灾或爆炸。

（4）作业现场附近堆有易燃易爆物品未作彻底清理或者未采取有效安全措施前。

（5）风力达五级以上的露天动火作业。由于风力、风向以及易燃易爆物泄漏等原因，动火极可能引燃易燃易爆物。

（6）附近有与明火作业相抵触的工种在作业。如机组排氢、喷漆等挥发的可燃气体和空气混合后，与明火将会引发火灾。

（7）遇有火险异常情况未查明原因和消除前。遇有火险异常情况未查明原因和消除前动火作业极易发生火灾事故。

（8）带电设备未停电前。不能在带电设备上动火；如果有必要在带电设备上动火作业，则必须将带电设备停电并采取一系列编制安全的组织措施和技术措施。

（9）按国家和政府部门有关规定必须禁止动用明火的。

170. 动火作业应落实的动火安全组织措施有哪些？在一级动火区或二级动火区进行动火作业必须使用何种工作票？为什么？

答：（1）动火作业应落实动火安全组织措施，动火安全组织措施应包括动火工作票、工作许可、监护、间断和终结等措施。

（2）在一级动火区进行动火作业必使用一级动火工作票。

（3）在二级动火区进行动火作业必使用二级动火工作票。

（4）在一级动火区或二级动火区进行动火作业必须使用动火工作票，这是保证动火安全的重要措施，可以避免由于动火作业引发火灾事故。应急管理部消防救援局对此也有相关的要求。

171. 动火工作票上的主要内容有哪些？

答：（1）动火工作负责人及所属班组。

（2）动火执行人姓名及动火执行人操作证编号。

（3）动火地点及设备名称。

（4）动火工作内容（必要时可附页绘图说明）。

（5）动火方式（可填写熔化焊接、切割、压力焊、钎焊、喷枪、喷灯、钻孔、打磨、锤击、破碎、切削等）。

（6）运行部门应采取的安全措施。

（7）动火部门应采取的安全措施。

（8）申请动火时间。

1）动火工作票签发人签名。

2）签发时间。

（9）审批。

1）审核人：单位消防管理部门负责人签名，单位安监部门负责人签名。

2）批准人：单位分管生产的领导或总工程师签名。

3）批准动火时间。

（10）运行部门应采取的安全措施已全部执行完毕。

1）运行许可动火时间。

2）运行许可人签名。

（11）应配备的消防设施和采取的消防措施、安全措施已符合要求。可燃性、易爆气体含量或粉尘浓度合格（测定值）。动火执行人、消防监护人、动火工作负责人、动火部门负责人、单位安监部门负责人、单位分管生产的领导或总工程师依次签名，表明允许动火时间。

（12）动火工作终结。动火工作结束时间，材料、工具已清理完毕，现场确无残留火种，参与现场动火工作的有关人员已全部撤离，动火工作已结束。动火执行人、消防监护人、动火工作负责人、运行许可人依次签名。

（13）备注。对应的检修工作票、工作任务单或事故抢修单编号（若无，填写“无”）。

172. 对动火工作票签发人、工作负责人和动火执行人的资格有哪些规定？

答：（1）发电单位、电网经营单位的一、二级动火工作票签发人、工作负责人应进行《电力设备典型消防规程》等制度的培训，并经考试合格。明确一、二级动火工作票的签发人和工作负责人应进行消防规程等制度的培训并考试合格，应熟悉动火工作职责、要求、流程等。

（2）动火工作票签发人由单位分管领导或总工程师批准。

（3）动火工作负责人由部门（车间）领导批准。动火工作负责人是动火工作的现场组织者和负责人，应熟悉现场的设备、系统、环境和安全措施等，同时对动火作业人持证情况、技术水平和精神状况等比较了解，所以动火工作票应由动火工作负责人填写。

（4）动火执行人必须持政府有关部门颁发的允许电焊与热切割作业的有效证件。动火执行人必须持政府有关部门颁发的允许电焊与气焊作业的有效证件，这些都是控制风险的重要措施。

173. 动火工作票签发人、工作负责人、审批人、监护人在动火工作中的职责是什么？

答：动火工作票签发人、工作负责人、审批人、监护人在动火工作中的职责不同，他们之间是相互联系、又相互把关的关系。因此，动火工作票签发人不准兼任该项工作的工作负责人。动火工作票的审批人、消防监护人不准签发动火工作票，因为一级动火是重要的动火工作，为了安全作业，设备运行部门必须认真审查作业的安全性和安全措施的正确性等，同时还要做好相应的设备停用和系统隔离等措施。因此，一级动火工作票应提前办理，正常情况一般提前 8h 办理。

174. 动火工作票所列各级审批人员及工作票签发人的主要安全责任应包括哪些内容？

答：（1）审查工作的必要性和安全性。

（2）审查申请工作时间的合理性。

（3）审查工作票上所列安全措施正确、完备。

（4）审查工作负责人、动火执行人符合要求。

（5）指定专人测定动火部位或现场可燃性、易爆气体含量或粉尘浓度符合安全要求。

175. 动火工作票所列工作负责人的主要安全责任应包括哪些内容？

答：（1）正确安全地组织动火工作。

（2）确认动火安全措施正确、完备，符合现场实际条件，必要时进行补充。

（3）核实动火执行人持允许进行焊接与热切割作业的有效证件，督促其在动火工作票上签名。

（4）向有关人员布置动火工作，交代危险因素、防火和灭火措施。

（5）始终监督现场动火工作。

（6）办理动火工作票开工和终结手续。

（7）动火工作间断、终结时检查现场无残留火种。

176. 动火工作票所列运行许可人的主要安全责任应包括哪些内容？

答：（1）核实动火工作时间、部位。

（2）工作票所列有关安全措施正确、完备，符合现场条件。

（3）动火设备与运行设备确已隔绝，完成相应安全措施。动火工作有的与运行有关，有的与运行无关，凡是需运行人员做隔离、冲洗等防火措施的动火工作，则其应在动火工作票上签字，并收执一份动火工作票。若动火工作与运行无关，则不必交运行人员签字和收执动火工作票。

（4）向工作负责人交代运行所做的安全措施。

177. 动火工作票所列消防监护人的主要安全责任应包括哪些内容?

答：（1）动火现场配备必要、足够、有效的消防设施、器材。

（2）检查现场防火和灭火措施正确、完备。

（3）测定或指定专人测定动火部位（现场）可燃性气体、可燃液体的可燃蒸气含量或粉尘浓度符合安全要求。

（4）始终监督现场动火作业的动态，发现违章立即制止，发现起火及时扑救。

（5）动火工作间断、终结时检查现场无残留火种。

178. 动火工作票所列动火执行人的主要安全责任应包括哪些内容?

答：（1）在动火前必须收到经审核批准且允许动火的动火工作票。

（2）核实动火时间、动火部位。

（3）做好动火现场及本工种要求做好的防火措施。

（4）全面了解动火工作任务和要求，在规定的时间、范围内进行动火作业。

（5）发现不能保证动火安全时应停止动火，并报告部门（车间）领导。

（6）动火工作间断、终结时清理并检查现场无残留火种。

179. 动火工作票制度中的工作票签发应遵守哪些规定?

答：（1）动火工作票应由动火工作负责人填写。动火工作票签发人不准兼任该项工作的工作负责人。动火工作票的审批人、消防监护人不准签发动火工作票。

（2）动火工作票一般应提前 8h 办理。

（3）动火工作票至少一式三份，若动火工作与运行有关时，还应增加一份。

1）一级动火工作票一份由工作负责人收执，一份由动火执行人收执，另一份由发电单位保存在单位安监部门，电网经营单位保存在动火部门（车间）。

2）二级动火工作票一份由工作负责人收执，一份由动火执行人收执，一份保存在动火部门（车间）。

3）若动火工作与运行有关时，还应增加一份交给运行人员收执。

（4）动火工作票应用钢笔或圆珠笔填写，内容应正确清晰，不应任意涂改，如有个别错、漏字需要修改，应字迹清楚，并经签发人审核签字确认。

（5）非本单位人员到生产区域内动火工作时，动火工作票由本单位签发和审批。

（6）承发包工程中，动火工作票可实行双方签发形式，但应符合资格要求，并由本单位审批。

（7）一级动火工作票的有效期为24h（1天），二级动火工作票的有效期为120h（5天），必须在批准的有效期内进行动火工作。需延期时应重新办理动火工作票。

180. 一级动火工作票审批要求是什么？

答：一级动火工作票审批要求如下：

（1）发电单位：由申请动火部门（车间）负责人或技术负责人签发，单位消防管理部门和安监部门负责人审核，单位分管生产的领导或总工程师批准，包括填写批准动火时间和签名。

（2）电网经营单位：由申请动火班组班长或班组技术负责人签发，动火部门（车间）管理负责人和安监负责人审核，动火部门（车间）负责人或技术负责人批准，包括填写批准动时间和签名。

（3）必要时应向当地应急管理消防部门提出申请，在动火作业前到现场进行消防安全检查和指导工作。

181. 什么是一级动火工作票的运行许可手续？一级动火工作票允许实施动火的条件有哪些？

答：（1）一级动火工作票经批准后，与运行设备有关的动火工作必须办理运行许可手续，在满足运行部门可动火条件后，运行许可人在动火工作票填写许可动火时间和签名，完成运行许可手续。

（2）一级动火工作票允许实施动火的条件如下：

1）发电单位：检查应配备的消防设施和采取的消防措施、安全措施已符合要求，可燃性、易爆气体含量或粉尘浓度合格，动火执行人、消防监护人、动火工作负责人、动火部门负责人、单位安监部门负责人、单位分管生产领导或总工程师分别在动火工作票签名确认，并由单位分管生产领导或总工程师填写允许动火时间。

2）电网经营单位：检查应配备的消防设施和采取的消防措施、安全措施已符合要求，可燃性、易爆气体含量合格，动火执行人、消防监护人、动火工作负责人、动火部门（车间）安监负责人、动火部门（车间）负责人或技术负责人分别在动火工作票签名确认，并由动火部门（车间）负责人或技术负责人填写允许动火时间。

182. 二级动火工作票审批的要求是什么？二级动火工作票允许实施动火的条件有哪些？

答：（1）二级动火工作票由申请动火班组班长或班组技术负责人签发，动火部门（车间）安监人员审核，动火部门（车间）负责人或技术负责人批准，包括填写批准动火时间和签名。

（2）二级动火工作票经批准后，允许实施动火的条件如下：

1）与运行设备有关的动火工作必须办理运行许可手续，在满足运行部门可动火条件后，运行许可人在动火工作票填写许可动火时间和签名，完成运行许可手续。

2）在检查应配备的消防设施和采取的消防措施、安全措施已符合要求，可燃性、易爆气体含量或粉尘浓度合格后，动火执行人、消防监护人、动火工作负责人、动火部门（车间）安监人员分别签名确认，并由动火部门（车间）安监人员填写允许动火时间。

183. 一级动火、二级动火的动火作业监护制度是如何规定的？哪些人员可以担任动火作业的消防监护人？

答：（1）一级动火时，消防监护人、工作负责人、动火部门（车间）安监人员必须始终在现场监护。一级动火火灾风险比较大，因此除了消防监护人和工作负责人，动火部门安监人员也应始终在现场监护。消防监护人和工作负责人应熟悉动火的设备和系统。

（2）一级动火在首次动火前，各级审批人和动火工作票签发人均应到现场检查防火、灭火措施正确、完备，需要检测可燃性、易爆气体含量或粉尘浓度的检测值应合格，并在监护下做明火试验，满足可动火条件后方可动火。一级动火危险性较大，各级审批人和动火工作票签发人均应到现场，进一步核对工作的安全性，确保安全措施落实到位。

（3）二级动火时，消防监护人、工作负责人必须始终在现场监护，应熟悉动火的设备和系统。

（4）消防监护人应由本单位专职消防员或志愿消防员担任。专职消防员和志愿消防员经过专门培训，应能胜任消防监护人职责。

184. 动火作业间断应符合哪些要求？

答：（1）动火作业间断，动火执行人、监护人离开前，应清理现场，消除残留火种。

(2) 动火执行人、监护人同时离开作业现场，间断时间超过 30min，继续动火前，动火执行人、监护人应重新确认安全条件。

(3) 一级动火作业，间断时间超过 2h，继续动火前，应重新测定可燃性、易爆气体含量或粉尘浓度，合格后方可重新动火。

(4) 一级、二级动火作业，在次日动火前必须重新测定可燃性、易爆气体含量或粉尘浓度，合格后方可重新动火。

185. 动火作业终结应符合哪些要求？

答：(1) 动火作业完毕，动火执行人、消防监护人、动火工作负责人应检查现场无残留火种等，确认安全后，在动火工作票上填明动火工作结束时间，经各方签名，盖“已终结”印章，动火工作告终结。若动火工作经运行许可的，则运行许可人也要参与现场检查和结束签字。

(2) 动火作业终结后，工作负责人、动火执行人的动火工作票应交给动火工作票签发人。发电单位一级动火一份留存班组，一份交单位安监部门。发电单位二级动火一份留存班组，一份交动火部门（车间）。电网经营单位一份留存班组，一份交动火部门（车间）。明确动火工作票的闭环管理。

(3) 动火工作票保存三个月，是为了有利于检查、统计、分析、总结。

186. 动火安全技术措施的一般要求有哪些？

答：动火作业应落实动火安全技术措施，动火安全技术措施应包括对管道、设备、容器等的隔离、封堵、拆除、阀门上锁、挂牌、清洗、置换、通风、停电及检测可燃性、易爆气体含量或粉尘浓度等措施。

187. 易燃易爆动火的基本安全技术措施有哪些？

答：(1) 凡对存有或存放过易燃易爆物品的容器、设备、管道或场所进行动火作业，在动火前应将其与生产系统可靠隔离、封堵或拆除。与生产系统直接相连的阀门应上锁挂牌，并进行清洗、置换，经检测可燃性、易爆气体含量或粉尘浓度合格后，方可动火作业。

(2) 动火点与易燃易爆物容器、设备、管道等相连的，应与其可靠隔离、封堵或拆除，与动火点直接相连的阀门应上锁挂牌，检测动火点可燃气体含量应合格。

(3) 在易燃易爆物品周围进行动火作业应保持足够的安全距离，确保通排风良好，使可能泄漏的气体能顺畅排走，如有必要，检测动火场所可燃气体含量应合格。

188. 对可燃性、易爆气体含量或粉尘浓度的检测要求是什么？

答：(1) 动火前可燃性、易爆气体含量或粉尘浓度检测的时间距动火作业开始时间不应超过 2h。可将检测可燃性、易爆气体含量或粉尘浓度含量的设备放置在动火作业现场进行实时监测。气体、可燃蒸汽含量或粉尘浓度检测的时间与开始动火作业间隔的时间不应过长，避免含量积累，可将检测设备放置在动火作业现场进行实时监测，以随时掌握可燃气体、可燃蒸汽含量或粉尘浓度，提高安全保障度。

（2）一级动火作业过程中，应每间隔 2～4h 检测动火现场可燃性、易爆气体含量或粉尘浓度是否合格，当发现不合格或异常升高时应立即停止动火，在未查明原因或排除险情前不得重新动火。一级动火工作危险性较大，环境较为复杂，在动火工作的过程中，随着时间的延长，空气中积累的可燃气体含量升高，当达到一定浓度时，继续动火极可能发生火灾和爆炸事故，故要求根据情况每间隔 2～4h 测定一次现场可燃气体含量是否合格。

（3）用于检测气体或粉尘浓度的检测仪应在校验有效期内，并在每次使用前与其他同类型检测仪进行比对检查，以确定其处于完好状态。

（4）气体或粉尘浓度检测的部位和所采集的样品应具有代表性，必要时分析的样品应留存到动火结束。气体检测既要确保检测数据的准确性，又要确保检测的有效性，因此所采的样品应具有代表性，分析样品保留到动火结束，便于事后分析。

189. 电气设备动火作业的安全技术措施是什么？高处动火作业应采取哪些安全措施？

答：（1）在可能转动或来电的设备上进行动火作业，应事先做好停电、隔离等确保安全的措施。

（2）高处动火应采取防止火花溅落措施，并应在火花可能溅落的部位安排监护人。高处动火由于风力作用等原因火花溅落区域往往比较大，可能引燃可燃物造成人员伤害或火灾，应采取防范措施，并应在火花可能溅落的部位安排监护人。

190. 运行区域动火作业的安全技术措施有哪些？动火作业前应进行的安全措施有哪些？在动火作业现场应采取的一般安全措施有哪些？

答：（1）处于运行状态的生产区域或危险区域，凡能拆移的动火部件，应拆移到安全地点动火。对有条件拆移构件动火作业的要求，如油管、阀门等，应拆下来移至安全场所，目的是减少风险。

（2）动火作业前应清除动火现场、周围及上、下方的易燃易爆物品。清除动火现场周围及上、下方的易燃易爆物品，防止动火时飞溅的火花引燃易燃物品，这里所指的易燃物品带有广义性，纸张、装饰材料、木制品、木块等都包括在其中。

（3）动火作业现场应配备足够、适用、有效的灭火设施、器材。这是防止火灾事故或防止事故扩大的必要措施。

191. 辨识动火作业现场危害因素和风险评估的一般流程是怎样的？风险发生的可能性有几种？在辨识危害因素、进行风险评估的基础上，下一步应进行哪些工作？

答：（1）必要时应对动火作业现场的危害因素进行辨识和风险评估。进行辨识危害因素和风险评估的一般流程为：选择活动/人员/设备—确定伴随的危害及风险—考虑现有的控制措施—评价结果—控制措施。风险评估要充分考虑事件发生的可能性和发生后的严重性。

（2）风险发生的可能性分为一定会发生、可能性很大、可能性很小、几乎不会四种。

（3）在辨识危害因素、进行风险评估的基础上，编制安全工作方案及火灾现场处置方案。

192. 什么情况下应阻止动火工作？

答：各级人员发现动火现场消防安全措施不完善、不正确，或在动火工作过程中发现有危险或有违反规定现象时，应立即阻止动火工作，并报告消防管理或安监部门。

193. 对动火执行人持证前训练过程中的基本要求是什么？

答：动火执行人在持证前的训练过程中，应有持证焊工在场指导。由于电焊、气焊、气割工作是与火、易燃易爆气体接触，容易发生火灾、爆炸等事故。因此，在持证前的训练中没有持证焊工在场时，不得进行焊割工作及动用气焊、电焊设备。

194. 对电焊机的基本要求是什么？

答：（1）电焊机必须具有良好的电气绝缘性能。

（2）电焊机外壳必须接地，接地线应牢固地接在被焊物体上或附近接地网的接地点上，防止产生电火花。

（3）严禁使用绝缘破损的电源线，防止发生人员触电事故。

（4）电焊机放置在室外应有避雷措施，防止受潮漏电起火。

195. 对电焊和气焊的基本要求有哪些？

答：（1）禁止使用有缺陷的焊接工具和设备。严禁使用已经损坏的漏气橡胶气管和焊割炬。

（2）气焊与电焊不应该上下交叉作业。通气的乙炔、氧气软管上方禁止动火作业。气焊与电焊在交叉作业时，产生明火、金属熔渣飞溅等，容易引燃附近易燃体着火。动火作业现场下方有通气的乙炔、氧气软管时，动火过程中飞溅的金属熔渣、火星可能烫坏橡胶软管，造成漏气，引发火灾事故。

(3) 严禁将焊接导线搭放在氧气瓶、乙炔气瓶、天然气、煤气、液化气等设备和管线上。不得把重物、热物压在软管上，也不得把软管放在运输道上。利用厂房金属结构、管道、轨道等作导体时，这些导体有可能在接触不良处产生电火花，引燃附近易燃体。焊接导线一旦漏电，可能引起易燃易爆容器发生燃烧及爆炸。

(4) 乙炔和氧气软管在工作中应防止沾染油脂或触及金属熔渣，禁止把乙炔和氧气软管放在高温管道和电线上，不得把软管和电焊用的导线敷设在一起。

196. 什么是“电焊和气焊的十不能焊割”要求？

答：(1) 不是电焊、气焊工不能焊割。

(2) 重点要害部位及重要场所未经消防安全部门批准，未落实安全措施不能焊割。

(3) 不了解焊割地点及周围有否易燃易爆物品等情况不能焊割。

(4) 不了解焊割物内部是否存在易燃、易爆的危险性不能焊割。

(5) 盛装过易燃、易爆的液体、气体的容器未经彻底清洗，排除危险性之前不能焊割。

(6) 用塑料、软木、玻璃钢、谷物、草壳、沥青等可燃材料做保温层、冷却层、隔热等的部位，或火星飞溅到的地方，在未采取切实可靠的安全措施之前不能焊割。

(7) 有压力或密闭的导管、容器等不能焊割。

(8) 焊割部位附近有易燃易爆物品，在未做清理或未采取有效的安全措施前不能焊割。

(9) 在禁火区内未经消防安全部门批准不能焊割。

(10) 附近有与明火作业有抵触的工种在作业（如刷漆、喷涂胶水等）不能焊割。

197. 有限空间焊接作业的基本要求是什么？

答：地下室、隧道及金属容器内等有限空间（也称为密闭空间、受限空间）焊割作业时，严禁通入纯氧气用作调节空气或清扫空间。氧气为强烈的助燃剂，若用氧气来通风，一旦可燃物遇到小火花就会迅速形成富氧燃烧。若与漏出的乙炔气混合，遇到火花还会引起爆炸。

198. 高空焊接作业的基本要求是什么？

答：高空进行焊接工作应按规定执行动火工作票制度，还应根据动火设备现场和金属熔渣飞溅、掉落区域的情况，做好防火措施：

(1) 清除焊接设备附近和下方的易燃、可燃物品，防止高温金属熔渣飞溅、掉落，引起易燃、可燃物品燃烧。

（2）将盛有水的金属容器放在焊接设备下方，收集飞溅、掉落的高温金属熔渣。水能迅速吸收高温金属熔渣放出的热量。

（3）将下方裸露的电缆和充油设备、可燃气体管道可能发生泄漏的阀门、接口等处，用石棉布遮盖。防止高温金属熔渣飞溅、掉落在裸露的电缆、泄漏的油类和可燃气体上，引起燃烧。

（4）下方搭设的竹木脚手架用水浇湿。特别是锅炉炉膛内搭设的竹木脚手架，动火前应用水浇湿，让其保持潮湿，防止被高温金属熔渣引燃。

（5）金属熔渣飞溅、掉落区域内，不得放置氧气瓶、乙炔气瓶。

（6）焊接工作全程应设专职监护人，发现火情，立即灭火并停止工作。

199. 对储存气瓶仓库的基本要求是什么？

答：（1）储存气瓶的仓库应具有耐火性能，门窗应向外开，装配的玻璃应用毛玻璃或涂以白漆；地面应该平坦不滑，撞击时不会发生火花。储存气瓶的仓库门窗应向外开，便于气瓶爆炸时泄压。门窗采用毛玻璃及涂白色油漆是为了防止阳光直晒气瓶，引起气瓶内气体膨胀而爆炸。

（2）储存气瓶库房与建筑物的防火间距应符合表1-1的规定。

表1-1　　储存气瓶库房与建筑物的防火间距　　单位：m

储存物品种类	储量（t）	耐火等级一级、二级	耐火等级三级	耐火等级四级	民用建筑、明火或散发火花地点
乙炔	≤10	12	15	20	25
乙炔	＞10	15	20	25	30
氧气		10	12	14	

（3）储存气瓶仓库周围10m以内不得堆置可燃物品，不得进行锻造、焊接等明火工作，也不得吸烟。气瓶仓库附近不得有明火，一旦气瓶内可燃气体泄漏，遇到明火就会发生燃烧爆炸。

200. 气瓶在储存气瓶仓库中应怎样储存？安放在露天的气瓶应满足哪些要求？为什么要这样规定？

答：（1）储气瓶仓库内应设架子，使气瓶垂直立放。空的气瓶可以平放堆叠，但每一层都应垫有木制或金属制的型板，堆叠高度不得超过1.5m。

（2）安设在露天的气瓶，应用帐篷或轻便的板棚遮护，以免受到阳光曝晒。强烈振动及撞击会引起气瓶发生爆炸。阳光曝晒导致乙炔气瓶内温度过高，会降低丙酮对乙炔的溶解度，使乙炔气瓶内乙炔压力急剧增加。

（3）乙炔气瓶禁止放在高温设备附近，应距离明火10m以上，使用中的乙炔气瓶应与氧气瓶保持 5m 以上距离。防止高温设备对乙炔气瓶的烘烤。焊接产生的火花和金属熔渣飞溅，水平距离一般不超过 3m。乙炔气瓶应距离明火 10m 以上，防止火花和金属熔渣引燃泄漏的乙炔气。使用中的氧气瓶、乙炔气瓶之间应保持 5m 以上距离，当气体外漏时，可以避免两种气体迅速混合，发生爆燃。

201. 使用中的氧气瓶和乙炔气瓶应怎样放置？为什么？

答：（1）使用中的氧气瓶和乙炔气瓶应垂直固定放置。

（2）乙炔气瓶压力为 1.5MPa，而纯乙炔在 0.2MPa 压力下就会发生爆炸。乙炔气瓶内充有丙酮、活性炭等物，丙酮能溶解乙炔，当气门开启时乙炔才逐渐泄出。如气瓶横放，液体丙酮就流到气门处，开启气门时，丙酮和乙炔就会流出，气门也有可能被活性炭等堵塞，故气瓶要直立放置。

202. 气焊作业工具应满足哪些要求？乙炔气泄漏火灾的处理应符合哪些要求？

答：（1）乙炔减压器与瓶阀之间必须连接可靠。严禁在漏气的情况下使用。乙炔气瓶上应有阻火器，防止回火，并经常检查，以防阻火器失灵。乙炔减压器与瓶阀之间连接不可靠，发生漏气，一旦触及明火会立刻燃烧，甚至爆炸。阻火器的目的是防止回火，如果阻火器失灵，回火时会发生爆炸。乙炔管道应装薄膜安全阀，安全阀应装在安全可靠的地点，以免伤人及引起火灾。

（2）乙炔气瓶瓶头阀、软管泄漏遇明火燃烧，应及时切断气源，停止供气。若不能立即切断气源，不得熄灭正在燃烧的气体，保持正压状态，处于完全燃烧状态，防止回火发生。用水强制冷却着火乙炔气瓶，起到降温的作用。将着火乙炔气瓶移至空旷处，防止火灾蔓延。

203. 电焊作业工具应满足哪些要求？

答：（1）交直流电焊机冒烟和着火时，应首先断开电源。电焊机冒烟或着火一般因绝缘老化、设备陈旧、维护不当或长期过负荷引起，当断开电源后，情况便会好转。如果要继续使用，则必须查出原因、消除隐患，否则禁止继续使用。

（2）着火时应用二氧化碳、干粉灭火器灭火，不得使用泡沫灭火器，在万不得已时才可用水灭火。

（3）电焊软线冒烟、着火，应断开电源，用二氧化碳灭火器或水沿电焊软线喷洒灭火。电焊软线冒烟、着火、断开电源后，火会自行熄灭。火势较大时，可用二氧化碳灭火器或水喷洒灭火。

第八节 灭火规则和灭火设施

204. 发生火灾时的第一要务是什么？为什么要这样规定？

答：（1）发生火灾时，必须立即扑救并报警，同时要快速报告单位有关领导。单位应立即实施灭火和应急疏散预案，及时疏散人员，迅速扑救火灾。设有火灾自动报警、固定灭火系统时，应立即启动报警和灭火。

（2）一般场所或设备起火初期，及时扑救和使用正确的扑救方法，可以将初期火势扑灭或限制火势的发展。立即启动火灾自动报警、固定灭火系统，发挥其报警及时、灭火迅速的功效。正确报警可以使公安消防部门派出足够数量的力量、配置以及与被燃物相适用的有效的灭火设施，同时快速到达失火现场。

205. 火灾报警应报告哪些内容？

答：火灾报警应报告如下内容：

（1）火灾地点。

（2）火势情况。

（3）燃烧物和大约数量、范围。

（4）报警人姓名及电话号码。

（5）应急消防救援（公安消防）部门需要了解的其他情况。

206. 消防队未到达火灾现场前，哪些人员可以担任临时灭火指挥人？

答：（1）运行设备火灾时由当值值（班）长或调度担任临时灭火指挥人。运行设备着火时，当值值（班）长或调度既是事故处理的指挥者，也是临时灭火指挥者，当检修设备、基建施工安装设备失火时，可由现场检修施工安装负责人担任临时灭火指挥人。

（2）其他设备火灾时由现场负责人担任临时灭火指挥人。其他设备和场所失火时，可由现场负责人担任临时灭火指挥人。

207. 消防救援队到达火灾现场后应如何移交灭火指挥权？

答：消防队到达火场时，临时灭火指挥人应立即与消防队负责人取得联系，并交代失火设备现状和运行设备状况，以有利于消防队更好地指挥灭火，然后协助消防队灭火。

208. 电气火灾灭火的最基本要求是什么？

答：（1）电气设备发生火灾，应立即切断有关设备电源，然后进行灭火，这是防止灭火人员触电的重要措施。

（2）对可能带电的电气设备以及发电机、电动机等，应使用干粉、二氧化碳、六氟丙烷等灭火器灭火；对油断路器、变压器在切断电源后可使用干粉、六氟丙烷等灭火器灭火，不能扑灭时再用泡沫灭火器灭火，不得已时可用干砂灭火；地面上的绝缘油着火，应用干砂灭火。

209. 如何在灭火过程中避免次生灾害的发生？

答：（1）参加灭火人员在灭火的过程中应避免发生次生灾害。建筑内的可燃物、装修材料和电缆等燃烧时会产生大量的高温浓烟和有毒气体，对人体十分有害，甚至威胁人的生命安全。

（2）灭火人员在空气流通不畅或可能产生有毒气体的场所灭火时，应使用正压式消防空气呼吸器，防止吸入有毒气体或窒息。

210. 建（构）筑物、电力设备或场所应怎样配置消防设施？对配置好的消防设施应遵守什么规定？对消防设施及其周围有哪些要求？

答：（1）建（构）筑物、电力设备或场所应按照国家、行业有关规定、标准及根据实际需要，配置必要的、符合要求的消防设施、消防器材及正压式消防空气呼吸器，并做好日常管理，确保其完好有效，在需要时能发挥应有的作用。

（2）消防设施应处于正常工作状态。不得损坏、挪用或者擅自拆除、停用消防设施、器材。消防设施出现故障，应及时通知单位有关部门，尽快组织修复。因工作需要临时停用消防设施或移动消防器材的，应采取临时措施和事先报告单位消防管理部门，并得到本单位消防安全责任人的批准，工作完毕后应及时恢复。《消防法》第二十八条要求任何单位、个人不得损坏、挪用或者擅自拆除、停用消防设施、器材，这是确保消防设施或消防器材在火灾时能有效发挥作用的措施，有故障应尽快组织修复。

（3）消防设施周围不得堆放其他物件。消防用砂应保持足量和干燥。灭火器箱、消防砂箱、消防桶和消防铲、斧把上应涂红色。

211. 生产场所应怎样设置火警电话号码？

答：（1）为了方便报警人使用固定电话或移动电话报警，除在电话机近旁，还应在现场布置的灭火器和消火栓箱上印有火警电话号码。

（2）火警电话号码不仅是消防救援队的火警电话，也包括本单位专职消防队或本单位消防管理、安监部门的电话号码。

212. 对处于寒冷地区容易冻结和可能出沉降地区的消防水系统应采取哪些措施？

答：寒冷地区容易冻结和可能出沉降地区的消防水系统等，应采取防冻和防沉降措施。

213. 消防设施在管理上应等同于单位的什么设备？

答：消防设施在管理上应等同于单位的主设备，包括维护、保养、检修、更新、落实相关所需资金等。消防设施是保障电力设备及其相关设施安全的重要设施，事关人身、电力设备和电网安全，因此，在管理上应等同于主设备。

214. 什么是新建、扩建和改建工程或项目中消防设施与主体设备或项目的“三同时”要求？

答：新建、扩建和改建工程或项目，需要设置消防设施的，消防设施与主体设备或项目应同时设计、同时施工、同时投入生产或使用，并通过消防验收。没有达到要求、验收通不过，该主体设备或项目不能投入使用。这即为平常所说的“三同时”要求。

215. 怎样为单位选用消防设施和消防器材？

答：(1) 消防设施和消防器材应选用符合国家标准或行业标准并经强制性产品认证合格的产品。消防产品必须符合国家标准。没有国家标准的，必须符合行业标准。

(2) 使用尚未制定国家标准、行业标准的消防产品，应当选用经技术鉴定合格的消防产品。未制定国家标准、行业标准的，应当符合消防安全要求，并符合保障人体健康、人身财产安全的要求和企业标准。

216. 建筑消防设施的值班、巡查、检测、维修、保养、建档等工作应遵守哪些规定？

答：建筑消防设施的值班、巡查、检测、维修、保养、建档等工作，应符合现行国家标准《建筑消防设施的维护管理》(GB 25201)的有关规定。定期检测、保养和维修，应委托有消防设备专业检测及维护资质的单位进行，其应出具有关记录和报告。建筑消防设施的检测、保养和维修人员，应当持有效证件上岗。

217. 怎样设置灭火器？

答：(1) 灭火器设置应符合现行国家标准《建筑灭火器配置设计规范》(GB 50140) 及灭火器制造厂的规定和要求。

(2) 环境条件不能满足时，应采取相应的防冻、防潮、防腐蚀、防高温等保护措施。不同类型、不同性能灭火器的设置环境条件也不相同。当环境条件不能满足时，就必须要有一定的保护措施，保证灭火器性能的完好。

(3) 灭火器应设置在明显、便于取用的位置。

218. 怎样选用灭火剂？

答：灭火剂的选用应根据灭火的有效性，对设备、人身和对环境的影响等因素确定。应选用灭火进程干净、对设备无破坏、对人体健康无害、对环境无不利影响的灭火剂。

219. 如何设置火灾自动报警系统?

答: 火灾自动报警系统应接入本单位或上级 24h 有人值守的消防监控场所，并有声光警示功能。消防监控场所可以单独设置，也可设在调度室、控制室、集控室和集控站等 24h 有人值守的场所。火灾自动报警接入本单位、上级确有困难的，也可接入 24h 有人值守的地方消防监控中心。

220. 火灾自动报警系统应符合哪些要求?

答:（1）火灾自动报警系统应具备防强磁场干扰措施，在户外安装的设备应有防雷、防水、防腐蚀措施。发电厂、变电站、配电装置多为高电压设备，电磁场较强，而火灾报警系统又是弱电系统，故应具备较强抗干扰能力。火灾自动报警系统的布线应与强电线路分开敷设。

（2）应慎重选择火灾自动报警系统的线缆和布线路径。

1）火灾自动报警系统的专用导线或电缆应采用阻燃型屏蔽电缆。

2）火灾自动报警系统的传输线路应采用穿金属管、经阻燃处理的硬质塑料管或封闭式线槽保护方式布线。

221. 敷设消防联动控制、通信和报警线路应满足哪些要求?

答:（1）消防联动控制、通信和报警线路采用暗敷设时宜采用金属管或经阻燃处理的硬质塑料管保护，并应敷设在不燃烧体的结构层内，且保护层厚度不宜小于 30mm。

（2）消防联动控制、通信和报警线路若采用明敷设时，应采用金属管或金属线槽保护，并应在金属管或金属线槽上采取防火保护措施。

（3）采用经阻燃处理的电缆可不穿金属管保护，但应敷设在有防火保护措施的封闭线槽内。

222. 配电装置室内探测器类型的选择、布置及敷设应符合哪些要求?

答:（1）配电装置室内探测器类型的选择、布置及敷设应符合国家有关标准的要求。

（2）探测器的安装部位应便于运行维护。有些单位的火灾探测器安装在主变压器室、站用变压器、电抗室、电容器室等设备间的顶部，由于安全距离的要求，在主设备运行时无法对火灾探测器进行试验、检测，探测器故障后也不能及时进行维护和检修，使火灾自动报警系统对相应探测区域失去控制。因此，火灾探测器的选择及安装应便于运行维护。

223. 配电装置室内装有自动灭火系统时，如何确定探测器的安装个数? 为什么建议火灾报警探测器宜多类型组合使用?

答:（1）配电装置室内装有自动灭火系统时，配电装置室应装设 2 个以上独立的探测器。

（2）火灾报警探测器宜多类型组合使用。同一配电装置室内 2 个以上探测器同时报警时，可以联动该配电装置室内自动灭火设备。鉴于火灾自动报警设备可能误报，且一旦误报而联动灭火设备，对于电力生产将产生重大影响，所以应两点同时报警联动灭火设备。为防止单一信号误报，建议火灾报警探测器宜组合使用，这样可以大大降低自动灭火设备的误动。

第二章

变电站消防

第一节　油浸式电力变压器及含油设备消防

224. 对多大容量的油浸式变压器应设置固定自动灭火系统?

答: (1) 变电站(换流站)单台容量为125MVA及以上的油浸式变压器应设置固定自动灭火系统及火灾自动报警系统;变压器排油注氮灭火装置和泡沫喷雾灭火装置的火灾报警系统宜单独设置。

(2) 火电厂包括燃机电厂单台容量为90MVA及以上的油浸式变压器应设置固定自动灭火系统及火灾自动报警系统。

(3) 水电厂室内油浸式主变压器和单台容量12.5MVA以上的厂用变压器应设置固定自动灭火系统及火灾自动报警系统;室外单台容量90MVA及以上的油浸式变压器应设置固定自动灭火系统及火灾自动报警系统。

225. 干式变压器是否也要设置固定自动灭火系统?

答: 干式变压器可不设置固定自动灭火系统。干式变压器属无油设备,可燃物大大减少,火灾危险性减低,建筑火灾危险性分类确定为丁类,故无需设置固定自动灭火系统。

226. 对油浸式变压器水喷雾灭火系统的要求有哪些?

答: 采用水喷雾灭火系统时,水喷雾灭火系统管网应有低点放空措施,存有水喷雾灭火水量的消防水池应有定期放空及换水措施,以便及时排除积水、避免锈蚀,不影响灭火。消防水池必须定期放空换水以保证水质。

227. 油浸变压器采用排油注氮灭火装置应如何防止灭火系统误动?

答: 排油注氮灭火系统应有防误动的措施,保证变压器不会因为排油注氮系统的误动而引起变压器气体继电器动作、变压器断路器跳闸误动作。可定期检查排油注氮装置氮气阀的电制动器,保证其运行可靠性,或采用电磁驱动。又可根据排油注氮的工作原理,在注氮系统加装联动机构,即将注氮管路与排油机构进行机械联锁。排油阀不开启时,注氮管路球阀也不开启,不管因何种原因氮气系统误启动,氮气都会被限阻,从而有效防止氮气误入变压器。当装置需要正常启动时,排油阀正常开启后,联锁带动注氮球阀,经数秒延时后,氮气阀后动,氮气可正常注入变压器保护变压器。

228. 对油浸变压器排油管路上的检修阀的要求是什么?

答: 排油管路上的检修阀处于关闭状态时，检修阀应能向消防控制柜提供检修状态的信号。消防控制柜接收到消防启动信号后，应能禁止灭火装置启动实施排油注氮动作。根据现行行业标准《油浸变压器抽油注氮灭火装置》(GA 835) 可知：检修阀关闭后，系统已经不具备排油功能，联动注氮会引起事故的扩大，因此，检修阀状态的信号应上传并禁止启动排油注氮系统。

229. 油浸变压器注氮灭火装置的消防控制柜面板、消防控制柜应具有哪些功能?

答: (1) 消防控制柜面板应具有如下显示功能的指示灯或按钮：指示灯自检、消音、阀门（包括排油阀、氮气释放阀等）位置（或状态）指示、自动启动信号指示、气瓶压力报警信号指示等。

(2) 消防控制柜同时接收到火灾探测装置和气体继电器传输的信号后，发出声光报警信号并执行排油注氮动作。

230. 油浸变压器注氮灭火装置的火灾探测器应怎样布线?

答: 火灾探测器布线应独立引线至消防端子箱。根据实际运行经验，变压器在运行时，无法对火灾探测器故障进行检修，探测器分别独立布线至端子箱，可保证其中一只或数只探测器故障后其余探测器仍可工作。故障的探测器应在主变压器检修或停电时及时更换。

231. 户外油浸式变压器之间设置防火墙时应符合哪些要求?

答: (1) 防火墙的高度应高于变压器储油柜，防火墙的长度不应小于变压器的储油池两侧各 1.0m。

(2) 防火墙与变压器散热器外廓距离不应小于 1.0m。

(3) 防火墙应达到一级耐火等级。

232. 设置有带油水分离措施的油浸变压器总事故油池应符合哪些要求?

答: 设置有带油水分离措施的总事故油池时，位于地面之上的变压器对应的总事故油池容量应按最大一台变压器油量的 60%确定；位于地面之下的变压器对应的总事故油池容量应按最大一台主变压器油量的 100%确定。主变压器位于地下时，总事故油池容量要求从严，要求为能容纳 100%的最大一台主变压器的油量考虑。如油池具有排水设施，兼有油水分离功能，可不另考虑消防水量。当总事故油池不具有油水分离功能时，容量还应考虑消防水量。

233. 事故油坑铺设卵石层的作用是什么? 应如何维护?

答: (1) 储油设施内应铺设卵石层，并对卵石层的厚度及卵石直径有明确规定，以起到隔火降温、防止绝缘油燃烧扩散的作用。

（2）事故油坑铺设有卵石层时，应定期检查和清理，以不被淤泥、灰渣及积土所堵塞。

234. 高层建筑内的电力变压器、油浸式消弧线圈等设备应如何设置（布置）？

答：（1）受条件限制电力变压器等设备需布置在高层建筑内时，不应布置在人员密集场所的上一层、下一层或贴邻，并应符合现行国家标准《高层民用建筑设计防火规范》（GB 50045）的相关规定。高层建筑内的电力变压器等设备，宜设置在高层建筑外的专用房间内。当受条件限制需与高层建筑贴邻布置时，应设置在耐火等级不低于二级的建筑内，并应采用防火墙与高层建筑隔开，且不应贴邻人员密集场所。

（2）高层建筑内的油浸式消弧线圈等设备，当油量大于 600kg 时，应布置在专用的房间内，外墙开门处上方应设置防火挑檐，挑檐的宽度不应小于 1.0m，而长度为门的宽度两侧各加 0.5m。变电站与其他建筑物结合建造时，为了节约用地，当电气设备油量小于 600kg 时，可以和别的电气设备安装在一起；当电气设备油量大于 600kg 时，必须设置独立的配电装置室。

235. 油浸式变压器、充有可燃油的高压电容器和多油断路器等用房应如何设置？

答：（1）油浸式变压器、充有可燃油的高压电容器和多油断路器等用房宜独立建造。当确有困难时可贴邻民用建筑布置，但应采用防火墙隔开，且不应贴邻人员密集场所。

（2）油浸式变压器、充有可燃油的高压电容器和多油断路器等受条件限制必须布置在民用建筑内时，不应布置在人员密集场所的上一层、下一层或贴邻，且应符合现行国家标准《建筑设计防火规范》（GB 50016）的相关规定。

236. 变压器防爆筒的出口端应朝向哪个方向？

答：变压器防爆筒的出口端应向下，并防止产生阻力，防爆膜宜采用脆性材料。目前，国产电力变压器防爆筒的结构管径是上粗下细，防爆膜是铝片，这样变压器内部气体排不出，容易使压力不断增大，最终使变压器爆裂。

237. 为什么室内的油浸式变压器宜设置事故排烟设施？

答：室内的油浸式变压器，宜设置事故排烟设施。火灾时，通风系统应停用。设置事故排烟机，能在火灾后尽快排除烟气，平时也可兼作通风降温用风机。火灾时，需停用通风系统，否则风助火势，将给灭火带来困难。

238. 室内或洞内变压器的顶部应注意什么问题？

答：室内或洞内变压器的顶部，不宜敷设电缆。

239. 怎样扑灭变压器火灾？

答：（1）室外变电站和有隔离油源设施的室内油浸设备失火时，可用水灭火。

（2）无放油管路时，不应用水灭火。避免燃烧的油随着消防水四处漫流而扩大火灾。

（3）发电机变压器组中间无断路器，若失火，在发电机未停止惰走前，严禁人员靠近变压器灭火。

240. 为什么变压器火灾报警是两点报警联动灭火设备？

答：变压器火灾报警探测器两点报警，或一点报警且重瓦斯保护动作，可认为变压器发生火灾，应联动相应灭火设备。鉴于火灾报警设备可能误报，且一旦误报而联动灭火设备，对于主变压器运行将产生重大影响，所以考虑两点报警联动灭火设备，这样可以大大降低误动作次数。

241. 油浸电抗器、电容器装置应怎样设置消防设施？

答：油浸电抗器、电容器装置应就近设置能灭油火的消防设施，并应设有消防通道。所指的能灭油火的消防设施，除一般采用的移动式干粉灭火器或消防砂箱外，还有移动式泡沫灭火器、手提式气体灭火器等。其放置位置应就近、顺路、方便。一般可放在电容器室外入口或户外电容器组附近。消防通道应与站内道路做统一考虑，并尽可能起到方便运行和搬运设备的作用。

242. 水喷雾灭火系统原理和应用是怎样的？对油浸变压器实行水喷雾防护有什么特点？

答：（1）水喷雾灭火系统由水源、供水设备、管道、雨淋报警阀（或电动控制阀、气动控制阀）、过滤器和水雾喷头等组成，向保护对象喷射水雾进行灭火或防护冷却的系统。水喷雾灭火系统是在自动喷水灭火系统的基础上发展起来的，主要用于火灾蔓延快且适合用水但自动喷水灭火系统又难以保护的场所。该系统是利用水雾喷头（在一定压力作用下，在设定区域内能将水流分解为直径1mm以下的水滴，并按设计的洒水形状喷出的喷头）在一定水压下将水流分解成细小水雾滴进行灭火或防护冷却的一种固定式灭火系统。水喷雾灭火系统不仅可扑救固体、液体和电气火灾，还可为液化烃储罐等火灾危险性大、扑救难度大的设施或设备提供防护冷却。水喷雾灭火系统的保护对象涵盖了电力、石油、化工等工业设施、设备。水喷雾灭火系统不得用于扑救遇水能发生化学反应造成燃烧、爆炸的火灾，以及水雾会对保护对象造成明显损害的火灾。

（2）变压器的火灾模式主要有初期绝缘子根部爆裂火灾、油箱局部爆裂火灾、油箱整体爆裂火灾三种。其中，以初期绝缘子根部爆裂火灾为主，油箱局部爆裂火灾多由绝缘子根部爆裂火灾发展而成。从三种火灾模式来看，固定灭火系统能够扑救的火灾为绝缘子根部爆裂火灾与变压器油沿油箱外壁流向集油池的变压器油箱局部爆裂火灾，油箱整体爆裂火灾是各种固定灭火系统无法保护的。所以，水喷雾灭火系统设计参数的确定立足于扑救绝缘子根部爆裂火灾与变压器油沿油箱外壁流向集油池的变压器油箱局部爆裂火灾。

水喷雾灭变压器火灾时，水雾蒸发形成的水气的窒息作用明显，可以较快控制火灾，变压器开孔较少时，变压器内部和外部未形成良好通风条件，火灾规模小，水喷雾可以成功灭火；而在变压器开孔较多时，内、外部易形成良好通风条件，火灾规模大，较大的喷雾强度也难以灭火。一般情况下，变压器初期火灾规模较小，可能会只有个别绝缘套管爆裂，此时若水喷雾灭火系统及时启动，则可有效扑灭火灾，但若火灾发展到一定规模时，如多个绝缘套管同时爆裂或油箱炸裂时，则水喷雾难以灭火，但此时靠水雾的冷却、窒息作用可以有效控制火灾，可为采取其他消防措施赢得时间。

第二节　变电站电缆消防

243. 防止电缆火灾延燃的措施有哪些？

答：防止电缆火灾延燃的措施应包括封、堵、涂、隔、包、水喷雾、悬挂式干粉等，各单位应结合实际情况应用。目前，悬挂式干粉措施在电缆层和电缆隧道中多有应用，具有体积小巧、安装方便、报警迅速等特点。靠近充油设备的电缆沟，应设有防火延燃措施，盖板应封堵。

244. 对电缆涂料、堵料的要求是什么？什么情况下必须用防火堵料严密封堵？

答：（1）电缆涂料、堵料应符合现行国家标准《防火封堵材料》（GB 23864）的有关规定，且取得型式检验认可证书，耐火极限不低于设计要求。发电厂的电缆沿一定长度可涂以耐火涂料或其他阻燃物质。防火涂料在涂刷时要注意稀释液的防火。防火封堵应符合现行行业标准《建筑防火封堵应用技术规程》（CECS 154）的有关规定。

（2）凡穿越墙壁、楼板和电缆沟道而进入控制室、电缆夹层、控制柜及仪表盘、保护盘等处的电缆孔、洞、竖井和进入油区的电缆入口处必须用防火堵料严密封堵。这也是电缆防火封堵位置和封堵的要求。

245. 在已完成电缆防火措施的电缆孔洞等处新敷设或拆除电缆，应做好哪些防火措施？

答：在已完成电缆防火措施的电缆孔洞等处新敷设或拆除电缆，必须及时重新做好相应的防火封堵措施，以免造成火灾事故扩大。这里强调必须及时重新做相应的防火措施，而且应从制度、流程、监督等环节加以控制。

246. 架空敷设电缆时，电缆是否可以直接搁置在蒸汽管道上？电缆与其他管道的防火间距应为多少？

答：（1）架空敷设电缆时，严禁将电缆直接搁置在蒸汽管道上。

（2）架空敷设电缆时，电力电缆与蒸汽管净距应不少于1.0m，控制电缆与蒸汽管净距应不少于0.5m，与油管道的净距应尽可能增大。这些措施主要防止电缆过热损坏绝缘，甚至造成电缆起火。

247. 电缆夹层、隧（廊）道、竖井、电缆沟内应采取哪些电缆防火措施？

答：电缆夹层、隧（廊）道、竖井、电缆沟内应保持整洁，不得堆放杂物，电缆沟洞严禁积油，以防止火种管理不当引燃杂物、易燃物，引发电缆火灾。

248. 哪些部位和孔、门不得正对着电缆？

答：汽轮机机头附近、锅炉灰渣孔、防爆门以及磨煤机冷风门的泄压喷口，不得正对着电缆，否则必须采取罩盖、封闭式槽盒等防火措施。

249. 在电缆夹层、隧（廊）道、沟洞内灌注电缆盒的绝缘剂时，熔化绝缘剂工作应如何进行？

答：在电缆夹层、隧（廊）道、沟洞内灌注电缆盒的绝缘剂时，熔化绝缘剂工作应在外面进行。对电缆盒灌注绝缘剂时，因其绝缘物的材料都是易燃品，所以其熔化过程必须在电缆的通道外面加热。

250. 在多个电缆头并排安装的场合中，应在电缆头之间采取哪些消防措施？为什么电力电缆中间接头盒的两侧及其邻近区域，应增加防火包带等阻燃措施？

答：（1）在多个电缆头并排安装的场合中，应在电缆头之间加隔板或填充阻燃材料。在多个电缆头并排安装的场合，其中一个电缆头爆炸会波及并排的其他电缆头，因此要求各电缆头之间加装隔板或填充阻燃材料，避免一个故障电缆头牵连其他正常电缆头。

（2）电力电缆中间接头盒的两侧及其邻近区域，应增加防火包带等阻燃措施。电力电缆中间接头盒是整个电缆绝缘薄弱环节，大多数故障都发生在这里，因此是消防的重点部位。为了减缓电缆火势的蔓延，规定电缆中间接头盒的两侧及其邻近区段应增加防火包带等阻燃措施。

251. 施工中动力电缆与控制电缆应采取哪些消防措施？

答：施工中动力电缆与控制电缆不应混放、分布不均及堆积乱放。在动力电缆与控制电缆之间，应设置层间耐火隔板。动力电缆与控制电缆混放，一旦发生火灾将扩大事故。

252. 火电厂汽轮机、锅炉房、输煤系统宜使用何种电缆？并应满足哪些要求？

答：（1）火电厂汽轮机、锅炉房、输煤系统宜使用铠甲电缆或阻燃电缆，不适用普通塑料电缆。

（2）并应符合下列要求：

1）新建或扩建的300MW及以上机组应采用满足现行国家标准《电线电缆燃烧实验方法　第5部分：成束电缆燃烧试验方法》（GB 12666.5）中A类成束燃烧试验条件的阻燃型电缆。

2）对于重要回路（如直流油泵、消防水泵及蓄电池直流电源线路等），应采用满足现行国家标准《电线电缆燃烧实验方法　第6部分：电线电缆耐火特性试验方法》（GB 12666.6）中A类耐火强度试验条件的耐火型电缆。

253. 为什么要对电缆隧道进行合理的防火分隔？

答：电缆隧道属地下空间，自然环境相对密闭，电缆运行时不断释放热能，为改善隧道内小气候和工作环境，整个隧道内设置了必要的通风系统。设置通风系统意味着将电缆隧道分隔成若干段独立的防火分区，如果不采取一些措施（如封堵技术）整个隧道就只能视为一个防火分区，电缆起火时整个电缆隧道内就会迅速充满火灾，因此，对电缆隧道有必要进行合理的防火分隔。同时，为防止电缆因自身故障或外部火源造成电缆引燃或沿电缆延燃，应依据《城市电力电缆线路设计技术规定》（DL/T 5221）对电缆进出隧道设置防火设施。

254. 电缆隧道的哪些部位宜设置防火分隔？

答：（1）电缆进出隧道的出入口及隧道分支处。

（2）电缆隧道位于电厂、变电站内时，间隔不大于100m处。

（3）电缆隧道位于电厂、变电站外时，间隔不大于200m处。

（4）长距离电缆隧道通风区段处，且间隔不大于500m。

（5）电缆交叉、密集部位，间隔不大于60m处。电缆交叉、密集部位指单摞超过4层、相邻两摞超过3层且间距不足1.5m、相邻两摞3层且间距不足1.0m的情况。

255. 防火分隔采用的防火墙以及防火墙上的防火门应符合哪些规定？

答：防火墙耐火极限不低于3.0h，防火门应采用甲级防火门（耐火极限不宜低于1.2h），且防火门的设置应符合现行国家标准《建筑设计防火规范》（GB 50016）的有关规定。

256. 发电厂电缆竖井中宜采取哪些消防设施？电缆隧道内电缆的阻燃防护和防止延燃措施应符合哪些规定？

答：（1）发电厂电缆竖井中，宜每隔 7.0m 设置阻火隔层。发电厂为防止电缆因自身故障或外部火源造成沿竖井延燃，应在竖井适当间隔处设置防火设施。

（2）电缆隧道内电缆的阻燃防护和防止延燃措施应符合现行国家标准《电力工程电缆设计规程》（GB 50217）的有关规定。电缆隧道内电缆发生火灾扑救难度大、损失大，因此电缆隧道内电缆的阻燃防护和防止延燃措施应符合国家有关标准。

257. 怎样扑灭隧（廊）道、通风不良场所的电缆头着火？

答：进行扑灭隧（廊）道、通风不良场所的电缆头着火时，应使用正压式消防空气呼吸器及绝缘手套，并穿上绝缘鞋。电缆（特别是塑料电缆）失火后，燃烧时会分解出氯化氢等有毒的气体，所以在电缆隧（廊）道或通风不良场所灭火时，应戴好正压式消防空气呼吸器，且应正确使用。

第三节 五室[1]消防

258. 五室消防的基本要求是什么？

答：（1）为了保障重要场所的安全，各室应建在远离有害气体源、存放腐蚀及易燃易爆物的场所。

（2）各室的隔墙、顶棚内装饰，应采用难燃或不燃材料。建筑内部装修材料应符合现行国家标准《建筑内部装修设计防火规范》（GB 50222）的有关规定，地下变电站宜采用防霉耐潮材料。建筑物内装修（如采用木材、胶合板及塑料板等易燃材料建造或装饰）会使建筑物本身可燃物增多，耐火性能相应降低，极易引燃成灾。

（3）各室严禁吸烟，禁止明火取暖，控制各种溶剂数量，严防火灾事故。

（4）室内使用的测试仪表、电烙铁、吸尘器等用毕后必须及时切断电源，并放到固定的金属架上。电烙铁等电气设备用完后不拔掉插头或没有采取隔热措施就与可燃物接触，都可能引发起火。

（5）各室配电线路采用阻燃措施或防延燃措施，防止扩大火势；严禁任意拉接临时电线，防止增设的电气设备使配电线路过负荷等引发起火。

259. 五室发生火灾报警的处理要求是什么？

---

[1] 五室指调度室、控制室、计算机室、通信室、档案室。

答：各室一旦发生火灾报警，应迅速查明原因，及时消除警情。若已发生火灾，则应切断交流电源，开启直流事故照明，关闭通风管防火阀，采用气体等灭火器进行灭火。

260. 对控制室、调度室的专门消防要求是什么？

答：（1）控制室、调度室应有不少于两个疏散出口，以利于人员疏散。

（2）严禁将带有易燃、易爆、有毒有害介质的氢压表、油压表等一次仪表装入控制室、调度室，严格控制火灾隐患。

261. 对计算机室的专门消防要求是什么？

答：（1）计算机室维修必用的各种溶剂，包括汽油、酒精、丙酮、甲苯等易燃溶剂应采用限量办法，每次带入室内不超过100mL。

（2）严禁将带有易燃、易爆、有毒有害介质的氢压表、油压表等一次仪表装入计算机室。

262. 对档案室的专门消防要求是什么？

答：（1）档案室收发档案材料的门洞及窗口应安装防火门窗，其耐火极限不得低于0.75h。

（2）档案室与其他建筑物直接相通的门均应做防火门，其耐火极限应不小于2.0h；内部分隔墙上开设的门也要采取防火措施，耐火极限要求为1.2h。

263. 空调系统设备和管道保冷、保温材料的防火应符合哪些规定？

答：设备和管道的保冷、保温宜采用不燃材料，当确有困难时，可采用燃烧产物毒性较小且烟密度等级不大于50的难燃材料。防火阀前后各2.0m、电加热器前后各0.8m范围内的管道及其绝热材料均应采用不燃材料。如果保温材料靠近电加热器，长时间受热就会起火，并且能沿着通风管迅速蔓延，扩大灾情。目前，不燃材料有超细玻璃棉、玻璃纤维、岩棉、矿渣棉等。难燃材料有自熄性聚氨酯泡沫塑料、自熄性聚苯乙烯泡沫塑料等。

264. 空调系统通风管道防火阀的装设应符合哪些规定？

答：通风管道装设防火阀应符合现行国家标准《建筑设计防火规范》（GB 50016）的相关规定。防火阀既要有手动装置，同时要在关键部位装易熔片或风管式感温、感烟装置。防火阀宜装设在易于检修处，并应符合现行国家标准《防火阀试验方法》（GB 15930）的有关规定。易溶片及其他感温原件应装在容易感温的部位，其作用温度应比通风系统正常的最高温度约高25℃，一般可采用70℃。

265. 通风、空调系统通风管应装设防火阀的部位主要有哪几种情况？

答：(1) 防火分隔处。

(2) 通风管穿越通风、空调机房或其他防火重点控制房间的隔墙和楼板处。

(3) 垂直通风管与每层水平通风管交接处的水平管段上。

266. 对非生产用空调机的运行要求是什么？

答：非生产用空调机在运转时，值班人员不得离开，工作结束时该空调机必须停用。设备长期连续运行，可能发生绝缘击穿，稳压电源短路等过热而起火。

267. 对空调系统的消防要求是什么？

答：空调系统应采用闭路联锁装置。防火阀动作信号应引入消防控制场所。

第四节　蓄电池室消防

268. 为什么规定在蓄电池室严禁吸烟和带入任何火种？

答：严禁在蓄电池室内吸烟和将任何火种带入蓄电池室内。蓄电池室门上应有“蓄电池室”“严禁烟火”或“火灾危险，严禁火种入内”等标志牌，突出火种对蓄电池室的危险性。因为氢气遇上明火就会产生爆炸，所以规定在蓄电池室严禁吸烟和带入任何火种。

269. 对蓄电池室的采暖方式和采暖器具的要求是什么？

答：蓄电池室采暖宜采用电采暖器，严禁采用明火取暖。若确有困难需采用水采暖时，散热器应选用钢质，管道应采用整体焊接。采暖管道不宜穿越蓄电池室楼板。北方地区天气寒冷，蓄电池室如要采暖，则从散热器的选型到系统安装都必须考虑防漏水措施。设备选用时宜优先考虑电采暖器：若采用水系统采暖时，散热器不应采用承压能力差的铸铁材质。管道与散热器的连接，以及管道与管件间的连接必须采用焊接，而且还要求暖气管不能用法兰丝扣接头和阀门等接头，唯恐漏汽、漏水影响运行。绝对禁止明火取暖。

270. 蓄电池室的门的朝向是怎样的？

答：蓄电池室门应向外开。

271. 蓄电池组在蓄电池室内应怎样布置？

答：蓄电池室每组宜布置在单独的室内，如确有困难，应在每组蓄电池之间设耐火时间大于 2.0h 的防火隔断。每组蓄电池布置在单独的室内是最为有利的，当不能满足时，在一个房间内两组蓄电池之间设置隔断，并达到防火 2h 的要求，则可以避免一组蓄电池着火时对另外蓄电池产生直接的影响。

272. 酸性蓄电池室应如何采取防酸措施?

答: 酸性蓄电池室装修应考虑防酸措施，如涂刷耐酸材料、铺设防酸地砖等。

273. 哪些蓄电池室内应安装防爆型探测器?

答: 普通酸性蓄电池室、全钒液流电池室等会产生氢气等爆炸性气体的蓄电池室内应安装防爆型探测器。

274. 蓄电池室的通风装置应如何设置?

答: 蓄电池室应装有通风装置，通风道应单独设置，不应通向烟道或厂房内的总通风系统，离通风管出口处10m内有引爆物质场所时，则通风管的出风口至少应高出该建筑物屋顶2.0m。若排出氢气处10m内（含10m）有引爆氢气的热源或火星，则排气管风口不能水平排向大气，应垂直排放，且出风口高度至少应高于其建筑物屋顶2.0m。

275. 对安装在蓄电池室的电器有哪些要求?

答:（1）蓄电池室应使用防爆型照明和防爆型排风机。蓄电池内可能存有残留的氢气，因此排风机等电气设备应采用防爆型。

（2）开关、熔断器、插座等应装在蓄电池室的外面。低压开关没有防爆型的，所以只能装到蓄电池室外面。此外，熔丝在熔断过程中会产生火花，所以也应装在室外。

（3）蓄电池室的照明线应采用耐酸导线，并用暗线敷设。其电缆应用绝缘良好的胶质软线。因为蓄电池室具有腐蚀性的硫酸蒸汽，所以要求导线应具有耐酸性。

276. 蓄电池检修用照明灯应采用什么型式?

答: 蓄电池检修用行灯应采用12V防爆灯。检修蓄电池室时，应采用低压防爆行灯，这是蓄电池室的特定条件所要求的。

277. 凡是进出蓄电池室的电缆、电线，在穿墙处应采取什么措施?

答: 凡是进出蓄电池室的电缆、电线，在穿墙处应用耐酸瓷管或聚氯乙烯硬管穿线，并在其进出口端用耐酸材料将管口封堵。使用耐酸瓷管或聚氯乙烯硬管，是为了防止硫酸蒸汽对它的腐蚀，进出口端用耐酸材料；将管口封堵，是为了避免氢气或硫酸蒸汽外逸。

278. 什么情况下蓄电池室应立即停止充电?

答:（1）当蓄电池室受到外界火势威胁时，蓄电池应立即停止充电，因为充电时会产生氢气。如果充电刚结束，则应对蓄电池继续排气，把积聚在蓄电池室内的氢气排放干净，避免引起燃烧。

（2）蓄电池室火灾时，应立即停止充电并灭火。

279. 蓄电池室通风装置的电气设备或蓄电池室的空气入口处附近火灾时应怎样处置？

答：蓄电池室通风装置的电气设备或蓄电池室的空气入口处附近火灾时，应立即切断该设备的电源。

280. 怎样为锂电池、钠硫电池房间配置消防设施？

答：锂电池、钠硫电池应设置在专用房间内，建筑面积小于 $200m^2$ 时，应设置干粉灭火器和消防砂箱。建筑面积不小于 $200m^2$ 时，宜设置气体灭火系统和自动报警系统。

参照《电力储存用电池规程》（JEAC 5006—2000）相关规定，钠硫电池建筑面积≥$200m^2$ 时，宜设置气体灭火系统和自动报警系统；当钠硫电池建筑面积＜$200m^2$ 时，只需设置灭火器和消防砂箱。钠硫电池室发生明火火灾时，不应使用水和二氧化碳灭火器，由于金属钠燃点低且遇水即燃，所以禁止使用水来灭火；另外，由于金属粉末燃烧时容易造成飞扬，使粉尘和空气形成爆炸性混合物，当达到爆炸下限时，遇火源会发生猛烈爆炸，所以不得使用类似压力灭火剂（如二氧化碳），防止吹散。同时注意通风排烟防止硫中毒，并且注意疏散隔离，有效地控制火势不扩大蔓延。对已经引燃的相邻易燃可燃物品要首先扑救，但要慎用水灭火。锂和钠同属可燃性固体，锂电池的消防要求可参照钠硫电池。

第五节 其他电气设备消防

281. 发生油断路器火灾时为什么严禁直接切断起火断路器电源，而应切断其两侧前后一级的断路器电源，然后进行灭火？

答：油断路器火灾时，严禁直接切断起火断路器电源，应切断其两侧前后一级的断路器电源，然后进行灭火。当断路器失火时，要灭火必须先切断断路器两侧的电源，但该断路器已失火，可能不能起遮断作用，因为其可能拒动，也可能断路后灭不了弧反而爆炸引起人员伤亡，所以要依靠前后一级的断路器来切断电源，然后再灭火。这是灭火的基本措施。

282. 对着火的油断路器应使用哪种灭火器灭火？

答：(1) 首先采用气体、干式灭火器等进行灭火，不得已时可用泡沫灭火器灭火。

(2) 如仅套管外部起火，亦可用喷雾式消防水枪扑救。此时虽可用喷雾式消防水枪灭火，但套管可能会爆裂，所以这是不得已采用的手段，此灭火方式也适用于各种电气设备。

(3) 断路器内部燃烧爆炸使油四溅，扩大燃烧面积时，除用灭火器灭火外，可用干砂扑灭地面上的燃油，用水或泡沫灭火器扑灭建筑物上的火焰。这种灭火措施也适用于其他电气设备的灭火。

283. 户内、户外布置的单台电力电容器应采取什么消防设施？

答：(1) 户内布置的单台电力电容器油量超过 100kg 时，应有储油设施或挡油栏。

(2) 户外布置的电力电容器与高压电气设备需保持 5.0m 及以上的距离，防止事故扩大。

284. 集合式电容器室内布置或室外布置时应采取哪些消防设施？

答：(1) 集合式电容器室内布置时，基坑地面宜采用水泥砂浆抹面并压光，在其上面铺以 100mm 厚的细砂。

(2) 集合式电容器室外布置时，基坑宜采用水泥砂浆抹面，在挡油设施内铺以卵石（或碎石）。

285. 哪些穿墙套管应作为消防的重点对象？

答：500kV 的穿墙套管，其内部的绝缘体充有绝缘油，应作为消防的重点对象，需备有足够的消防器材和登高设备。

286. 干式变压器、电流互感器宜配置什么类型的灭火器？

答：干式变压器、电流互感器等电气设备宜配置移动式干粉灭火器。干式变压器分为氯氟化硫变压器和金属结构变压器。电流互感器分为油浸式互感器和干式互感器。根据电气设备介质的火灾特性，宜配置移动式干粉灭火器。

287. 怎样扑灭电力电容器的火灾？

答：电力电容器发生火灾时，应立即断开电源，并把电容器投向放电电阻或放电电压互感器。失火时，虽然把电力电容器的电源切断了，但由于电容器的特性，在其内部还储有电荷，如不对它放电干净，势必会造成消防人员触电危险，所以切断电源后的电容器应投向放电电阻或放电电压互感器，以策安全。

288. 怎样为电力生产现场选择低压配线以满足消防的要求？

答：低压配线的选择，除按其允许载流量应大于负荷的电流总和外，常用导线的型号及使用场所应符合表 2-1 的规定。

表 2-1　　常用导线的型号及使用场所

导线型号	导线型号所表示的意义	使用场所
BLX	棉纱编织，橡皮绝缘线（铝芯）	正常干燥环境
BX	棉纱编织，橡皮绝缘线（铜芯）	正常干燥环境

续表

导线型号	导线型号所表示的意义	使用场所
RXS	棉纱编织，橡皮绝缘双绞软线（铜芯）	室内干燥环境，日用电器用
RS	棉纱总编织，橡皮绝缘软线（铜芯）	室内干燥环境，日用电器用
BVV	铜芯，聚氯乙烯绝缘，聚氯乙烯护套电线	潮湿和特别潮湿的环境
BLVV	铝芯，聚氯乙烯绝缘，聚氯乙烯护套电线	潮湿和特别潮湿的环境
BXF	铜芯，聚丁橡皮绝缘电线	多尘环境（不含火灾及爆炸危险尘埃）
BLV	铝芯，聚氯乙烯绝缘电线	多尘环境（不含火灾及爆炸危险尘埃）
BV	铜芯，聚氯乙烯绝缘电线	有腐蚀性的环境
ZL11	铜芯，纸绝缘铝包一级防腐电力电缆	有腐蚀性的环境
ZLL11	铝芯，纸绝缘铝包一级防腐电力电缆	有腐蚀性的环境
BBX	铜芯，玻璃丝编织橡皮线	有火灾危险的环境
BBLX	铝芯，玻璃丝编织橡皮线	有火灾危险的环境
ZL	铜芯，纸绝缘铝包电力电缆	有火灾危险的环境
ZLL	铝芯，纸绝缘铝包电力电缆	有火灾危险的环境

第三章

变电站消防标准化建设

第一节　无人值守变电站消防

289. 消防控制室应设置在什么地方？消防控制室应具有哪些功能？

答：（1）在运维班驻点所在地设置消防控制室。消防控制室是设有火灾自动报警控制设备和消防控制设备，用于接收、显示、处理火灾报警信号，远方控制联动相关消防设施的专门处所。

（2）消防控制室功能如下：

1）消防控制室内设置的消防设备应包括火灾报警控制器、消防联动控制器、消防控制室图形显示装置、消防专用电话总机、消防应急广播控制装置、消防应急照明和疏散指示系统控制装置、消防电源监控器等设备或具有相应功能的组合设备。

2）消防控制室应设有用于火灾报警的外线电话。

290. 火灾报警装置信号上送手机 APP 是怎样实现的？

答：火灾报警主机智能远程预警以电子信息为载体，可将分散在各地的变电站内的火灾报警主机实现远程联网，实时采集变电站内前端感知设备，包括：烟感探测器、温感探测器、手动报警装置等设备报警信息和运行状态信息，提前发现前端消防设施存在的各种故障隐患，降低火灾风险。远程预警系统在接收到来自消防报警主机的报警信息后，会将消防报警信息进行具体报文的抓取与分析，将分析后的火灾告警详细点位、类型、分区号、报警信号或是联动信号等第一手消防信息传送到系统后台，系统后台收到报警信息后，立即将这些具体的报警消息通过语音电话、手机短信、微信等方式通知单位消防管理人员。

291. 火灾告警信号与城市智慧消防报警系统如何实现联动？

答：变电站火灾自动报警系统应与当地城市智慧消防报警系统统一联网、集中监控，实时监控联网运维单位火灾报警系统及其相关消防设备的运行状态。一旦发现火灾告警、设备异常等状况，能通过城市“智慧消防”手机 APP 快速推送通知、手机短信等形式，通知相关消防管理人员及消控室值班人员，保证火灾事故异常的及时响应和快速决策处置。

292. 变电站内一键火灾报警装置可设置在什么地方？有哪些要求？

答：（1）在变电站保安室和消防控制室内可设置一键火灾报警装置。

（2）一键火灾报警装置要求如下：

1）在当地消防单位备案各变电站地址，一键火灾报警系统与变电站地址一一对应。

2）一键火灾报警系统应为独立的专用电话线路。

3）一键火灾报警系统可实现实时对讲通话功能。

293. 消防维保管控系统由哪些部件组成？具有哪些功能？

答：（1）消防维保管控系统由消防维保管理软件、智能维保 APP、维保标签（二维码或 RFID 码）、移动终端（或个人手机）等组成。

（2）消防维保管控系统利用移动互联网和近场感应技术，使用移动终端（手机）规范各类消防设施设备的维保工作，实现维保全过程管理、维保数据的无纸化、电子化，维保过程事后可追溯、可分析。智慧消防的相关数据自动进入大数据云平台进行管理，各级管理人员可通过软件调取维保的各类报告、报表、数据并开展不同维度的大数据分析，实现信息可追溯、可分析。

294. 变电站智慧消防系统大数据高级应用功能体现在哪些方面？

答：变电站智慧消防系统应具备对各类消防数据和信息进行分析，为变电站消防设施设备管理、设施巡检、单位管理、消防监督、应急处置等提供决策建议的功能。

（1）对变电站各类消防设施设备信息进行分析，自动推送配置、检测、试验、更换等工作任务。

（2）对变电站视频监控系统图像识别、消防水系统水压水位、阀门启闭状态、防火门开关状态等状态数据进行自动分析和判断，并推送检修维护策略。

（3）对变电站消防告警和故障信号进行分析，自动推送缺陷处理、事故应急处置等工作任务。

（4）对变电站消防系统维保工作数据进行分析，自动推送维保检修工作评价、维保工作任务。

295. 无人值守变电站消防报警及处置系统的功能设想是什么？

答：无人守变电站消防报警及处置系统是利用物联网技术和先进的消防处置产品，对无人值守变电站设施进行火灾监控和早期处置的消防系统。系统能够实现对于设备机房和电缆沟槽等处的火灾探测、信息传输、分析预警、视频确认、灭火处置等功能。

296. 无人值守变电站消防报警及处置系统的实现方法是怎样的?

答: 无人值守变电站消防报警及处置系统设计适用于无人值守变电站设备机房和电缆沟槽的智慧消防系统。整体系统由探测层、传输层、服务层、操作层和处置层等部分组成，其总体架构如图 3-1 所示。

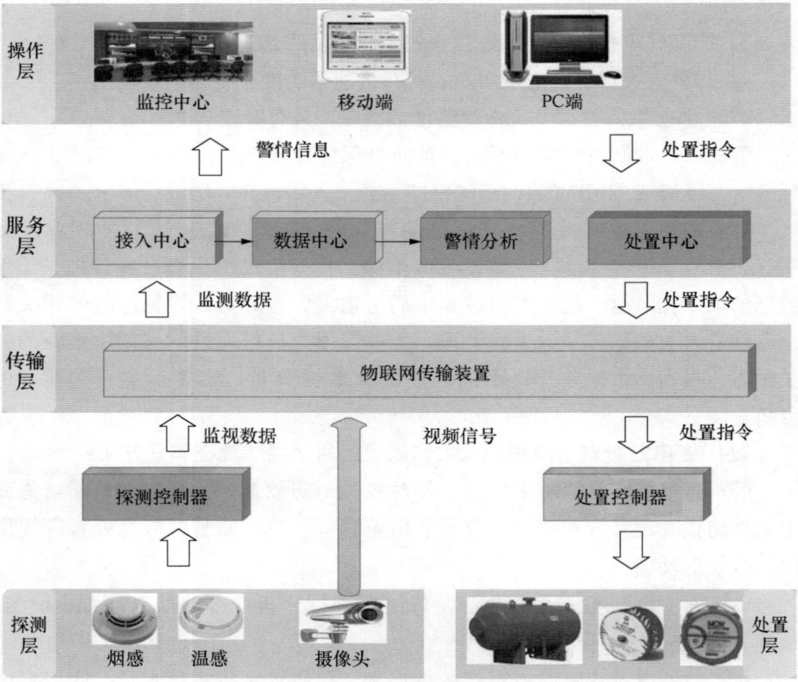

图 3-1　无人值守变电站智慧消防总体结构示意图

(1) 探测层：利用安装于电器柜内部的消防温度探测器、消防感烟探测器等探测设备对火灾报警数据进行采集。利用火焰探测仪对机房内的火焰特征进行探测。

(2) 传输层：对探测层所采集的数据进行汇总和编码后，通过有线或无线网络传输到远程云平台服务器，并对从服务层接收到的火灾处置指令进行传输。

(3) 服务层：由接入中心、数据中心、警情分析和处置中心四部分组成，各部分以服务的形式提供接口。接入中心负责对各个区域传输来的数据进行接入和存储。

1）数据中心通过对接入中心数据库进行数据抽取、转换和加载，将所有接入数据保存在数据仓库中，并按不同的维度进行分析和处理。

2）警情分析中心通过预设的逻辑对报警数据进行判断和分析，并甄别出有效的火情信息向相关人员进行推送。

3）处置中心负责接收值班人员的灭火处置指令，并向相应区域的设备进行传送。

（4）操作层：由监控室大屏、PC 端电脑和手机等移动端设备构成，分别为不同人员提供系统访问和操作。操作人员可以通过操作层查看经筛选后的火灾报警信息，并调取相应的现场摄像头传递的图像对现场情况进行确认。如果确认发生火灾，可以直接在操作层进行灭火指令的下达。为火灾的前期处置提供有效的手段。

（5）处置层：由各种现场火灾处置设备组成，包括固定式感温自启动水基灭火装置（电启＋信号反馈）、帝一铭灭火神器（电启＋信号反馈）、声光报警器等部分组成。其中，帝一铭灭火神器（电启＋信号反馈）为安装在配电柜内部的自动灭火设备，在其探测到火灾特征后会自动启动，它既可以现场遇明火后自动启动，也可根据远程处置指令进行手机端、PC 端启动。

297. 无人值守变电站消防报警及处置系统管理模块的组成和功能是什么？

答：（1）系统管理模块由用户管理、权限管理、基础数据管理、区域管理、设备管理、运维管理、日志管理等功能组成。

（2）系统管理模块功能如下：

1）设备管理功能。对无人值守变电站内的消防设备进行统一管理，包括检测设备、灭火设备、网络摄像头等。支持对设备信息的增删查改。设备信息包括设备类型、编号、安装时间、维护周期等。

2）运维管理功能。对设备维护信息进行管理，包括检修计划、设备检修、设备巡检及报损/报废管理等功能。

3）基础信息管理。管理无人值守变电站的基本信息，包括变电站信息、机房信息、电器柜信息等。支持对信息的增删改查维护。

4）系统管理还实现系统的用户管理、权限管理、角色管理、数据标准接口、日志以及系统参数设置等功能。

298. 无人值守变电站消防报警及处置系统火灾探测子系统的作用是什么？

答：探测层的主要作用是对无人值守变电站保护区域内的各类火灾易发部位进行火灾特征探测，以及时发现火灾隐患，便于及时报警和处置。可根据变电站配电室实际情况进行实地调研后确定探测位置。一般来说，最少应确定系统对电气柜内部、机房空间和电缆沟槽 3 个部位进行火灾探测。

299. 怎样实现电气柜体内部火灾探测？

答：电气柜内的火灾探测主要是通过自动灭火产品的反馈来实现。在每个电气柜柜体内部安装两枚灭火装置（电启+信号反馈），该装置带有火灾探测功能，并在确定探测到火灾特征信号后自动启动。装置启动后不仅可以立即将柜体内部火灾有效扑灭，还可通过反馈接口发出反馈信号，该信号给无线输入输出模块发送给智能网关，智能网关会将信号转发给监控平台，并通过监控平台向各类接警终端发出报警信息。

300. 怎样实现机房空间火灾探测？

答：配电室机房内部空间采用无线独立式感烟探测器和能量型火焰探测器进行火灾探测。当房间内发生火灾时，感温探测器可以根据温度变化情况确定火灾特征，并通过无线方式向智能网关发送报警信号。机房空间内所使用的 3 种探测器都是采用无线方式进行工作的，因此，具有安装时施工方便且便于进行维护保养的显著优点。

（1）感烟探测器可以根据室内烟雾浓度判断火灾特征，并在确定火灾发生通过无线方式向智能网关发送报警信号。

（2）能量型火焰探测器可以对室内的红外信号进行探测，并对不同频点的红外能量分配形态进行实时分析。当特定频点的红外能量发生异常时，设备就可以判断为火焰信号发生，从而发出报警信号，该信号也是通过无线方式发送到智能网关。

301. 怎样实现电缆沟槽火灾探测？

答：电缆沟槽内安装固定式感温自启动水基灭火装置 MCW/PT4 型。该装置具有火灾探测功能，当探测到火灾温度时会自启动进行扑救，且在启动后会通过反馈接口发送出反馈信号至智能网关。

302. 火灾报警信息传输及处理子系统是如何工作的？

答：当火灾探测子系统中的任意位置、任意类型的探测器发出火灾报警信号后，这些信号都会被现场的智能网关设备所接收。智能网关会对接收到的火灾报警信号进行分析和处理，根据种类和数量等因素确定现场的警情级别，并根据不同级别警情分别按不同方案进行处理。

在接收到报警信号及确定警情级别后，智能网关设备会通过无线或有线网络（根据现场实际情况确定）将报警信息及报警位置、设备类型、报警内容等数据传送到监控平台，监控平台会将相应的信息发送到值班电脑、值班员手机、分管领导手机等预先设置的接警设备上，供不同类型的管理人员在不同的地方，通过不同的方式及时获取警情信息。

303. 接警及火情确认子系统是如何工作的？

答：接警人员通过 PC 电脑或手机接收到警情信息后，可以根据不同的警情级别进行不同的操作。比如，可以选择“看视频”按钮调取现场的视频信号进行查看，以确定是否发生了火灾。

当接警人员确定现场确实有火灾发生后，可以通过“一键灭火”功能远程启动火灾现场相应位置预先设置的灭火装置，在人员难以及时到达现场的情况下对现场火情进行第一时间处置，以达到“救早灭小”，阻止火情蔓延，减少火灾损失的目的。

304. 灭火处置子系统是如何工作的？

答：根据无人值守变电站配电房的实际情况，系统配置了两种主要的灭火处置设备。一种灭火装置（电启＋信号反馈），它主要安装于电缆竖井及电气柜体内部，对柜体内的初发火灾进行处置。另一种是固定式感温自启动水基灭火装置 MCW/PT4 型（电启＋信号反馈），用于对电缆沟槽内的火灾进行探测及处理。

这两种装置都带有自动启动、远程电控启动和启动反馈功能。

305. 无人值守变电站消防报警及处置系统有哪些功能特点？

答：该系统具有即时预警、主动通知、分级判断、火灾定位、自动反馈等功能特点。

（1）即时预警：通过现场安装的消防探测器探测火情信号并及时发出信号通知和现场报警，多方面进行预警，保障人员能够在火情出现初期及时接收到报警信号并尽快做出处理，以防火势蔓延造成大的损失。

（2）主动通知：系统配有电话和短信通知功能。在出现火情时，可通过系统自动拨打对应人员电话，确保对应人员能够知晓现场报警情况。

（3）分级判断：自动报警系统内设报警级别分为一级报警和二级报警。每个探测区间由一个烟感、一个温感和一个火焰探测器组成，当有且仅有一个探测器报警时，系统判断为一级报警，通知对应一级管理人员；当两个探测器同时报警时，系统判断为现场发生火灾，自动通知所有人员（主管人员和领导等）。

（4）火灾定位：系统可根据探测器安装位置，将火灾报警信息定位到具体探测区间，通过系统通知可以让人员迅速确定火灾位置，提高火灾处置效率。

（5）自动反馈：为确保自动报警系统的正常运行，系统还具备故障自动反馈功能。当设备出现故障时（如探测器出现通信问题），系统会发出故障报警，通知人员尽快处理，保障系统的正常运行。

第二节　变电站消防设备选用和配置

306. 固定式感温自启动水基灭火装置的灭火原理是什么？

答：火灾发生的 3 个基本因素是氧气、温度、可燃物，因此，控制火灾必须控制其中一个因素，这种灭火装置是通过同时控制这 3 个基本因素实现灭火。

（1）窒息：通过灭火装置启动后产生的较大冲击力，实现窒息灭火。

（2）冷却：灭火装置启动后，灭火剂迅速扩散到可燃物表面及其四周，使温度降低从而达到冷却灭火。

（3）分离、抑制：通过物理和化学作用使可燃物分离，同时灭火剂使得可燃物性能发生变化，减少可燃面积，阻止继续燃烧。

307. 固定式感温自启动水基灭火装置的特点有哪些？

答：（1）主动预防、自动灭火。一旦出现火情，只要该灭火装置接触到火源或者感应到高温，即刻启动灭火，达到实现无人值守变电站自动灭火的目的。

（2）启动迅速，灭火高效。该装置接触火源 3～5s 启动，5～8s 即可实现灭火。

（3）性能稳定，维护成本低。该灭火装置保质期内免维护。

（4）环保、节能、无毒、无污染。因为该泡沫剂灭火装置主要成分为多功能泡沫（植物中提取的植物蛋白），不含有毒有害及腐蚀成分且 24h 内自动降解，不会对设备造成二次污染。

（5）安装简单、使用方便。该灭火装置本身体积较小，体积仅 4L，帝一铭灭火装置针对于配电柜安装直接放置即可。

（6）抑烟效果显著。该灭火装置具有优异的吸附浓烟功能，在配电房等封闭场所，人员很容易因吸收浓烟过多导致昏厥甚至死亡，且浓烟还会影响人们逃生视线，会对周边环境带来影响。

（7）灭火空间大，灭火种类多。4L 泡沫剂灭火装置保护直径 1.6m，保护面积 2.2m^2，帝一铭灭火装置保护空间达 1m^3。泡沫剂灭火装置适用于扑救固体、液体及部分金属类火灾。

308. 独立式光电感烟火灾探测报警器有哪些特点？

答：独立式光电感烟火灾探测报警器采用高品质元件，结合先进电子技术及精良工艺而制成。一旦烟雾浓度达到报警设定值，探测器将发出声光报警信号，提醒立即采取有效措施；或启动联动装置，排除险情，有效避免火灾、爆炸、中毒等恶性事故的发生。采用微处理器控制，高可靠，低误报；现场声、光报警。

309. 独立式感温火灾探测报警器有哪些特点？

答：独立式感温报警器，采用NTC温度传感器设计，用于检测火灾导致的异常热量，及时告知用户，以免火灾灾害的进一步扩大。内置低功耗远距离全球开放免许可证的RF无线通信模块，既可以单独使用，也可以将多个感温报警器或者其他报警器组成互联互保系统。检测到异常热量时，除了其自身会发出高分贝的告警音，同时处于同一系统的智能网关也会发出告警音，并且还会将这一险情推送至智能终端如智能手机。

310. 火焰探测器的特点是什么？

答：火焰探测器可应用于需要对火焰实施监控的场所，快速发现可能引起火灾的燃烧火焰，及时发出火灾警报，通过两个工作于不同波段的红外热释电传感器将火焰燃烧参数转换为电信号，之后将信号输入工业计算芯片进行比较、运算和处理，配合专用智能控制软件，可以及时发出火灾警报，采用铝压铸隔爆壳体具有良好的防爆和防护特性、耐腐蚀、抗老化，可以长期工作。

311. 智能网关的作用是什么？

答：智能网关是火灾探测预警及处置的集中控制装置，当火灾探测子系统中的任意位置任意类型的探测器发出火灾报警信号后，这些信号都会被现场的智能网关设备所接收，智能网关会对接收到的火灾报警信号进行分析和处理，显示火警信息并提供处置功能。

第三节 变电站智慧消防应用配置及安装

312. 变电站火灾自动报警系统的组成是怎样的？各部分的功能是什么？

答：变电站火灾自动报警系统由火灾报警控制器（联动型）、火灾探测器、手动火灾报警按钮、声光报警器、消防模块、消防电话和应急广播、消防应急照明和疏散指示系统等部件组成。

（1）火灾报警控制器：是火灾自动报警系统中的核心组成部分。

（2）火灾探测器：能够对火灾参数（如烟、温、光、火辐射）响应并自动产生火灾报警信号的器件。变电站内火灾探测器主要包括点型光电感烟探测器、线型光束感烟探测器、缆式线型感温火灾探测器（感温电缆）、点型感温探测器、紫外火焰探测器等。

(3) 手动火灾报警按钮：手动产生火灾报警信号的触发器件。

(4) 声光报警器：用以发出区别于环境声光的火灾警报信号的装置，以声光音响方式向报警区域发出火灾警报信号，警示人员采取安全疏散、灭火救灾措施。

(5) 各类消防模块：主要包括输入模块、输入/输出模块、短路隔离模块等。

(6) 消防电话和应急广播。

(7) 消防应急照明和疏散指示。

313. 变电站火灾报警控制器的配置标准是什么？

答：(1) 火灾报警控制器应设置在有专人值班的值班室。

(2) 火灾报警控制器主电源采用220V交流供电并有明显的永久性标志，有条件的接入UPS电源，严禁使用电源插头和漏电开关。

(3) 控制器应配有蓄电池，电池供电时间不少于8h，具备主备电源自动切换功能。

(4) 火灾报警主机应安装牢固、平稳、无倾斜；配电线路清晰、整齐、美观、避免交叉，并牢固固定，专用导线或电缆应采用阻燃型屏蔽电缆，传输线路应采用穿金属管、经阻燃处理的硬质塑料管或封闭式线槽保护方式布线。配电线路宜与其他配电线路分开敷设在不同电缆井、沟内；确有困难时，消防配电线路应采用矿物绝缘类不燃性电缆，且分两侧敷设。

(5)“消防装置故障”信号、“消防装置总告警”或“消防火灾总告警”信号，应接入本地监控后台和调控中心，具备条件的应接入智能辅控一体化平台。

(6) 火灾报警控制器应有保护接地，并具备明显接地标志。采用专用接地装置，接地电阻不应大于4Ω。

314. 变电站火灾探测器的设置原则和配置标准是什么？

答：(1) 火灾探测器的设置原则：

1) 主控制室、通信机房、继保室、配电装置室应设置点式感烟或吸气式感烟。

2) 220kV及以上变电站和无人值班变电站的电缆层、电缆竖井和电缆隧道应设置缆式线型感温、分布式光纤、点式感烟或吸气式感烟。

3) 电抗器室、电容器室应设置点式感烟或吸气式感烟（如有含油设备，应采用感温)。

4) 换流站阀厅应设置点式感烟或吸气式感烟＋其他早期火灾探测报警装置（如紫外弧光探测器）组合。

5）蓄电池室应设置防爆感烟和可燃气体探测器。

6）油浸式变压器（单台容量 125MVA 及以上）应设置缆式线型感温＋缆式线型感温或缆式线型感温＋火焰探测器组合。油浸式变压器（单台容量 125MVA 以下）应设置缆式线型感温或火焰探测器。

（2）火灾探测器配置标准：

1）室内安装的烟感探测器、温感探测器按面积大小进行适当配置，安装位置应便于日常维护。

2）主变压器、开关室、电容器室、电抗器室、接地变压器室和主变压器室等层高较高场所或正下方有带电设备的房间，采用便于更换的火灾探测装置。

3）感温电缆应在被探测物上呈"S"形紧贴敷设，并采用固定卡具进行固定，感温电缆宜采用具有抗机械损伤能力的带金属结构层产品。

315. 变电站手动火灾报警按钮的配置标准是什么？

答：（1）手动火灾报警按钮，应设置在室外出入口处或走廊通道，安装高度应在 1.3～1.5m。

（2）安装应牢固，无明显松动，不倾斜，其标识应粘贴在按钮正下方。

（3）手动报警按钮的复归钥匙应按照生产类钥匙进行管理，在变电站内钥匙箱进行定置保管。

316. 变电站声光报警器配置标准是什么？

答：（1）声光报警器，应设置在室外出入口处或走廊通道，一般安装在手动火灾报警按钮正上方，安装高度应大于 2.2m。

（2）安装应牢固，无明显松动，不倾斜，其标识应粘贴在报警器正下方。

（3）声光报警器安装高度适宜，四周无遮挡物，易观察识别。

317. 变电站火灾报警区域消防模块的配置标准是什么？

答：（1）每个报警区域内的模块宜相对集中设置在本报警区域内的金属模块箱中，本报警区域内的模块不应控制其他报警区域的设备。

（2）消防模块应安装牢固、无倾斜，配线清晰、整齐、美观，并牢固固定。

（3）消防模块严禁设置在配电（控制）柜（箱）内。

（4）消防模块，应命名准确，标识清晰。

318. 变电站消防电话和应急广播的配置标准是什么？

答：（1）变电站内配置有消防电话和应急广播的，广播的控制装置、消防电话总机应设置在专人值班场所。

（2）变电站配有消防电话总机的，各生产设备房间（区域）应设置消防专用电话分机，分机应固定安装在明显且便于使用的部位。消防专用电话网络应为独立的消防通信系统。

（3）消防应急广播、消防电话的正下方应有标识，消防电话的标识应有别于普通电话。

319. 变电站消防应急照明和疏散指示系统的配置标准是什么？

答：（1）消防应急照明和消防安全疏散指示标志，应设置在疏散通道、安全出口处。

（2）消防应急照明的自带蓄电池应满足不少于 20min 照明时间。

（3）疏散指示应设置在疏散走道及其转角处距地面高度 1.0m 以下的墙面或地面上。

（4）消防应急照明和疏散指示系统的联动控制设计，应由消防联动控制器联动消防应急照明配电箱实现。

（5）当确认火灾后，由发生火灾的报警区域开始，顺序启动全楼疏散通道的消防应急照明和疏散指示系统。

320. 变电站消防点位布置图的配置标准是什么？

答：（1）变电站火灾报警控制器旁应配置消防点位布置图。

（2）消防点位布置图应体现功能房间布局、点位编号、点位类型等信息，布置图中的信息应准确、直观，可采用塑封图、泡沫板、亚克力板等形式。

（3）变电站消防点位有更新时，布置图应同步更新。

第四节　变压器固定灭火系统建设基本要求

321. 变电站单台容量为 125MVA 及以上的油浸式变压器应设置哪些灭火装置？

答：变电站单台容量为 125MVA 及以上的油浸式变压器应设置合成型泡沫喷雾系统、水喷雾灭火系统或其他固定式灭火装置。

322. 主变压器泡沫喷淋灭火系统的配置标准是怎样的？

答：主变压器泡沫喷淋灭火系统由开式喷头、管道系统、火灾探测器（感温电缆）、报警控制组件和泡沫罐等组成，期配置标准示意图如图 3-2 所示。

（1）泡沫喷淋灭火系统应同时具备自动、手动和应急机械手动启动方式。在自动控制状态下，系统自接到火灾信号至开始喷放泡沫的延时不宜超过 60s。

（2）喷头的设置应使泡沫覆盖变压器油箱顶面和变压器进出绝缘套管升

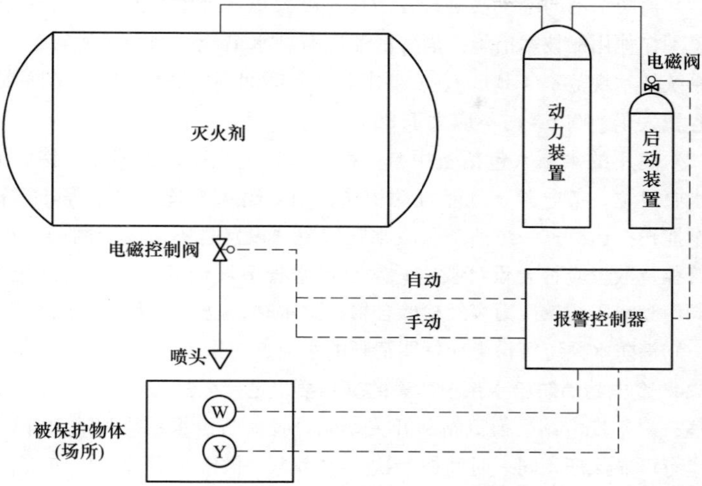

图 3-2 主变压器泡沫喷淋灭火系统配置标准示意图

高座孔口。

(3) 灭火系统的储液罐、启动源、氮气动力源应安装在专用房间内，专用房间的室内温度应保持在 0℃以上。

(4) 供液管道管材，湿式部分宜采用不锈钢管，干式部分宜采用热镀锌钢管。

(5) 合成型泡沫喷淋灭火系统灭火剂用量应按扑救一次火灾计算，具体用量按设计规范计算。

(6) 应加装主变压器消防设备开关防误联锁箱，实现火灾报警信号与主变压器断路器位置接点进行联锁控制，保证其动作可靠性。

(7) 每台主变压器的“消防火灾告警”信号应独立上传至本地后台和调控中心。安装了主变压器防误联锁控制箱的，主变压器固定灭火装置启动信号与控制回路异常信号原则上应接入公用测控装置，若公用测控屏点位不能满足全部信号接入时，可接入对应主变压器测控屏，并同时上送本地后台与调控中心。如上送点位不足，异常信号可分类合并上送，但启动信号应按主变压器台数分别上送。

323. 主变压器水喷淋灭火系统的配置标准是怎样的?

答: 主变压器水喷淋灭火系统由水源、供水设备、供水管网、雨淋报警阀组、洒水喷头等组成，能在被保护对象发生火灾时喷水的自动灭火系统。

（1）消防水池的容量，应符合当地实际要求，合用水池应采取确保消防用水量不作他用的技术措施，消防水池应有补水措施，满足《消防给水及消火栓系统技术规范》（GB 50974）要求，补水时间不宜超过 48h，消防水池有效总容积大于 $2000m^3$ 时不应大于 96h。

（2）使用的水泵（包括备用泵、稳压泵）应完整、无损坏，铭牌清晰；消防水泵设主、备电源，且能自动切换；消防给水系统在主泵停止运行时，备用泵能切换运行；一组消防泵吸水管应单独设置且不应少于两条；水泵出水管管径及数量应符合设计要求；水泵出水管上设试验和检查用的压力表、放水阀门和泄压阀，压力表经检验合格；放水阀、泄压阀状态指示标识清楚。

（3）消防水系统管道上应标明清晰的水流方向指示。

324. 变电站消防给水系统建设的基本要求是什么？

答：（1）变电站、换流站和开关站应设置消防给水系统和消火栓。消防水源应有可靠保证，同一时间按一次火灾考虑，供水水量和水压应符合有关标准。变电站、换流站和开关站内的建筑物耐火等级不低于二级，体积不超过 $3000m^3$，且火灾危险性为戊类时，可不设消火给水。

（2）向环状管网输水的进水管不应少于两条，当其中一条发生故障或检修时，其余的进水管应能满足消防用水总量的供给要求。

（3）消防给水系统应按二级负荷供电。

（4）消防给水系统的阀门应有明显的启闭和日常工作状态标志。

（5）消防用水可由城市给水管网、天然水源或消防水池供给。利用天然水源时，其保证率应不小于 97%，且应设置可靠的取水设施。

（6）配有消防水池的变电站，由两台消防泵（一用一备）通过水管从消防水池抽水，经气压罐加压后输送到消防管网，最终送至室外、室内的消火栓。除消防泵外，可装设两台稳压水泵作为管网的稳压装置，使管网压力保持在 0.3～0.5MPa。

（7）主变压器设水喷雾灭火时，消防水池的容量应满足水喷雾灭火和消火栓的用水总量。室外消火栓用水量不应小于 10L/s。消防水池的补水时间不宜超过 48h，对于缺水地区不应超过 96h。

（8）独立建造的消防水泵房，其耐火等级不应低于二级。消防水泵房设置在首层时，其疏散门宜直通室外；设置在地下层时，其疏散门应靠近安全出口。消防水泵应保证在火警后 30s 内启动。消防水泵与动力机械应直接连接。消防水泵按一运一备或二运一备比例设置备用泵，备用泵的流量和扬程应符合标准。应有备用电源和自动切换装置，工作正常。

（9）带电设施附近的消火栓应配置喷雾水枪。

325. 变电站室内、室外消火栓的配置标准是怎样的？

答：（1）变电站室内消火栓配置标准如下：

1）室内消火栓给水管网与自动喷水灭火系统、水喷雾灭火系统的管网应在报警阀或雨淋阀前分开设置。

2）室内消火栓应设置在明显易于取用的地点，保证每一个防火分区同层有两支水枪的充实水柱同时到达任何部位；栓口离地面或操作基面高度宜为1.1m，其出水方向宜向下或与设置消火栓的墙面成90°角；栓口与消火栓箱内边缘的距离不应影响消防水带的连接；每个室内消火栓处设置直接启动消防水泵的按钮，并应有保护设施。

3）同一建筑物内应采用统一规格的消火栓、水枪和水带。每条水带的长度不应大于25.0m。

（2）变电站室外消火栓配置标准如下：

1）室外消火栓应沿道路设置，距路边不应大于2.0m，距房屋外墙不宜小于5.0m，并设有保护设施。

2）室外消火栓间距不应大于120.0m，保护半径不应大于150.0m。

3）室外消火栓宜采用地上式消火栓。地上式消火栓应有1个DN150或DN100和2个DN65的栓口。

4）室外消火栓、阀门、消防水泵接合器等设置地点应设置相应的永久性固定标识。

326. 变电站场地消防小室的配置标准是怎样的？

答：室外油浸式主变压器、电容器或油浸式电抗器附近应设有场地消防小室。场地消防小室应包含消防砂箱和灭火器小室。

327. 变电站消防砂箱的配置标准是怎样的？

答：（1）消防砂箱如图3-3所示，容积应不小于为1.0m^3，内装干燥的细黄砂，并配置3～5把消防铲。消防砂桶内应装满干燥黄砂。

（2）消防砂箱、消防砂桶和消防铲均应为大红色，砂箱的上部应有白色的“消防砂箱”字样，箱门正中应有白色的“火警119”字样，箱体侧面应标注使用说明。消防砂箱的放置位置应与带电设备保持足够的安全距离。

328. 变电站灭火器小室的配置标准是什么？

答：灭火器小室内应配置足量的推车式干粉灭火器、手提式灭火器、消防桶、消防铲、消防水带、消防水枪以及消防扳手等消防设施，如图3-4所示。

图 3-3　消防砂箱

图 3-4　灭火器小室消防设施配置

329. 变电站防火门的配置标准是怎样的？

答：（1）变压器室、电容器室、蓄电池室、电缆夹层、配电装置室的门应向疏散方向开启，且当门外为公共走道或其他房间时，该门应采用乙级防火门。

（2）配电装置室的中间隔墙上的门应采用由不燃材料制作的双向弹簧门。

330. 变电站灭火器的配置标准是怎样的？

答：（1）变电站内建（构）筑物、设备应按照其火灾类别及危险等级配置移动式灭火器。灭火器的选择应考虑配置场所的火灾种类和危险等级、灭火器的灭火效能和通用性、灭火剂对保护物品的污损程度、设置点的环境条件等因素。

（2）在同一灭火器配置场所，宜选用相同类型和操作方法的灭火器，当选用两种或两种以上类型灭火器时，应采用灭火剂相容的灭火器。当同一场所存在不同种类火灾时，应选用通用型灭火器。

（3）灭火器应设置在人行通道、楼梯间和出入口等处，位置明显和便于取用的地点，且不得影响安全疏散。对有视线障碍的灭火器设置点，应设置指示其位置的发光标志。露天设置的灭火器应有遮阳挡水和保温隔热措施，灭火器的摆放应稳固，其铭牌应朝外，定期检查，确保有效。

(4) E类火灾（带电火灾）应选择磷酸铵盐干粉灭火器、碳酸氢钠干粉灭火器、卤代烷灭火器或二氧化碳灭火器，不得选用装有金属喇叭喷筒的二氧化碳灭火器。干粉灭火器从出厂日期算起的使用期限为10年，灭火器过期、损坏或检验不合格者，应及时报废、更换。

331. 变电站灭火器种类配置标准是什么?

答: (1) 手提式干粉灭火器，其总质量不应大于20kg，手提式灭火器应设置在专用灭火器箱内或挂钩、托架上，其顶部离地面高度不应大于1.50m，底部离地面高度不宜小于0.08m；灭火器箱不得上锁，上侧应悬挂灭火器标志牌；灭火器摆放应稳固，其铭牌应朝外。

(2) 油浸式变压器区域应设推车式干粉灭火器，推车式干粉灭火器应配有喷射软管，其长度不小于4.0m。

(3) 以氮气或二氧化碳为驱动气体，能够在液体燃料表面形成一层抑制可燃液体蒸发的水膜，并加速泡沫的流动，是一种高效的灭火剂，可用于扑灭低压电气火灾。从出厂日期算起的使用期限为6年，灭火器过期、损坏或检验不合格者，应及时报废、更换。

332. 正压式消防空气呼吸器的配置标准是什么?

答: (1) 在空气流通不畅或可能产生有毒气体的场所灭火时，应使用正压式消防空气呼吸器。正压式消防空气呼吸器应放置在有人值班场所，应按每站2套配置，存放正压式消防空气呼吸器的柜体应为红色，并固定设置标志牌。

(2) 正压式消防空气呼吸器的公称容积宜不小于6.8L，并至少能维持使用30min。

(3) 正压式消防空气呼吸器应定期检查，确保有效。

第五节 变电设备防火建设基本要求

333. 变压器防火配置基本要求是什么?

答: (1) 容量125MVA以上的变压器应设置固定自动灭火系统及火灾自动报警系统。

(2) 室外油浸式变压器之间小于10m时必须设置防火墙，应符合下列要求：

1) 防火墙的高度应高于变压器储油柜；防火墙的长度不应小于变压器的储油池两侧各1.0m。

2) 防火墙与变压器散热器外廓距离不应小于1.0m。

3）防火墙应达到一级耐火等级。

（3）变压器防爆筒的出口端应向下，并防止产生阻力。

（4）变压器附近应设置场地消防小室。

（5）变压器应设置防火重点部位标识标牌。

（6）应编制变压器火灾事故处理预案，存放在消防档案中。

334. 变电站防止电缆火灾蔓延的阻燃或分隔措施有哪些？

答：电缆从室外进入室内的入口处、电缆竖井的出入口处、电缆接头处、主控制室与电缆夹层之间、靠近充油设备的电缆沟、电缆主沟和支沟交界处、电缆交叉密集处、长度超过 60m 的电缆沟或电缆隧道均应采取防止电缆火灾蔓延的阻燃或分隔措施，并应根据变电站的规模及重要性采取下列一种或数种措施：

（1）措施一：采用防火隔墙或隔板，并用防火材料封堵电缆通过的空洞。电缆局部涂料或局部采用防火胶带，并宜全程设置防火槽盒。

（2）措施二：220kV 及以上变电站，当动力电缆与控制电缆或通信电缆敷设在同一电缆沟或电缆隧道内时，宜采用防火槽盒或防火隔板进行分隔。

（3）措施三：交直流电缆同沟敷设，应做好防火隔离。采用防火胶带包裹或防火槽盒隔离。

335. 电缆沟防火措施标准是什么？

答：（1）在电缆沟进出口处应进行防火封堵，在封堵两侧刷不少于 1.5m 防火涂料。

（2）在电缆沟中的下列部位，应按设计设置防火墙：

1）公用沟道的分支处。

2）多段配电装置对应的沟道分段处。

3）沟道中每间距约 60m 处。

4）至控制室或配电装置的沟道入口、厂区围墙处。

5）暗式电缆沟应在防火墙处设置防火门。

（3）动力电缆与控制电缆不应混放、分布不均及堆积乱放。

（4）缆应分层布置，并采用防火隔板、防火槽盒等防火措施进行隔离。

（5）充油设备的电缆沟，应设有防火延燃措施，盖板应采用高强度材料并加以封堵，能有效防止油渗漏至电缆沟内。

（6）电缆沟应保持整洁，不得堆放杂物。

（7）电缆沟严禁积油。

336. 变电站电缆层防火措施标准是什么？

答：（1）在电缆进入电缆层处应涂刷不少于 1.5m 的防火涂料。

（2）电缆层内应设置满足电缆火灾探测要求的火灾探测器。

（3）电缆层应保持整洁，不得堆放杂物。

337. 变电站电缆竖井防火措施标准是什么？

答：（1）在“竖井”中，宜每隔约 7m 设置阻火隔层；在通向控制室、继电保护室的竖井中均应进行防火封堵；电缆贯穿隔墙、楼板的孔洞处，电缆引至电气柜、盘或控制屏、合的开孔部位，也均应进行封堵。

（2）按照 100m^2 保护面积配置 3kg 以上自爆式干粉灭火器 2 组。

（3）电缆竖井应保持整洁，不得堆放杂物。

338. 变电站开关柜防火配置基本要求是什么？

答：（1）未配置母差保护的开关柜，重点是大电流柜及重负荷柜应配置一定数量的合格的自动灭火产品。

（2）开关柜上方的二次电缆桥架应采用防火材料包裹。

339. 变电站二次屏柜防火配置基本要求是什么？

答：（1）保护屏柜孔洞应做好防火封堵。

（2）进入配电装置室电缆防火涂料不少于 1.5m。

340. 变电站蓄电池室防火配置基本要求是什么？

答：（1）蓄电池室每组宜布置在单独的室内，如确有困难，应在每组蓄电池之间设置防火墙、防火隔断。蓄电池室门应向外开。

（2）蓄电池室应装有通风装置，通风道应单独设置。

（3）蓄电池室应使用防爆型照明和防爆型排风机，开关、熔断器、插座等应装在蓄电池室外。蓄电池室的照明线应采用暗线敷设。

（4）直流蓄电池输出电缆应独立敷设。

341. 变电站电容器、电抗器防火配置基本要求是什么？

答：（1）电容器组日常巡视时应加强红外测温，电容器室门应向疏散方向开启。

（2）户外干式空芯电抗器、阻波器日常巡查时注意设备外表是否有绝缘脱落、龟裂、爬电、表层环氧粉化现象，同时加强红外测温，观察是否存在鸟窝，干式空芯电抗器周围禁止堆放杂物。

（3）户内布置电抗器应根据电抗器的损耗发热量设计有效的散热措施，保持电抗器运行温度在允许范围内。电抗器室风机宜与电抗器开关联动，确保设备投入后风机能相应启动。

（4）干式铁芯电抗器宜设温控装置，并提供超温报警以及跳闸触点。

（5）油浸铁芯电抗器在户内布置时应充分考虑防火、防油泄漏和散热措施，宜布置在房屋底层。

（6）干式电抗器本体出现冒烟、起火、沿面放电等情况，应先断开电源侧断路器，拉开电抗器隔离开关，隔离故障设备后方可灭火。

第六节　变电站消防设备建设提升措施

342. 火灾自动报警系统电源供电提升措施是什么？

答：火灾自动报警系统电源供电提升措施是：火灾自动报警装置有条件的，可直接连接 UPS 电源供电。

343. 消防点位显示屏（显示装置）提升措施有哪些？

答：（1）可在火灾报警控制器旁安装消防点位显示屏或显示装置。

（2）装置应用声、光等信号提示，直观、正确地显示对应火灾报警点位。

344. 消防信号与智能辅助平台联动提升措施有哪些？

答：（1）消防火灾告警信号宜与智能辅助一体化平台进行联动。当变电站有火灾告警信息时，变电站内的工业视频应自动将相应设备（功能房间）区域的视频画面推送至智能辅助一体化平台的主界面上。

（2）智能辅助一体化平台应实现消防声、光报警功能。

345. 消防信号上送完善提升措施有哪些？

答：应将主变压器固定灭火装置启动信号与控制回路异常信号上送本地监控后台和调控中心，有条件的接入智能辅控平台。

346. 防火门监控器提升措施有哪些？

答：（1）有条件的可考虑设置防火门监控器，将变电站内各防火门的状态进行实时监视。

（2）防火门监控器应设置在有人值守场所。

（3）防火门监控器可实时监视常闭式防火门的启闭状态，当开启时，给出报警信息，提醒人员防火门为打开状态。

（4）防火门监控器可控制常开式防火门关闭。当常开防火门所在防火分区内两只独立的火灾探测器或一只火灾探测器与一只手动火灾报警按钮的报警信号后，防火门监控器可以联动控制防火门关闭。

347. 变压器固定灭火系统提升措施有哪些？

答：（1）配置固定灭火系统的主变压器宜单独设置火灾自动报警系统。

（2）变电器固定灭火系统的“重动继电器失电告警”“交流 220V 失电告警”“直流 24V 失电告警”“电磁启动阀启动”“主变压器电动控制阀启动”信号应分开上送当地后台，如点位不足，异常信号可视情况合并上送调控中心，但启动信号应按主变压器台数分别上送。

348. 变电站消防水系统提升措施有哪些？

答：增设消防水系统数字智能消防巡检控制器。消防给水设备是固定消防供水系统的基本组成部分，消防给水设备的特点是平时不用，甚至长期不用，一旦使用必须要发挥作用。目前由于消防设备长期不用造成的水泵锈蚀、锈死现象十分普遍。针对这种现象，可使用数字智能消防巡检控制器组成的消防给水专用控制设备。数字智能消防巡检控制器可实现如下功能：水泵设备巡检、电源回路巡检、控制回路巡检、主备泵自动互换及主备电源自动互投等。

349. 变电站电缆防火提升措施有哪些？

答：（1）在电缆主沟和支沟交界处、电缆交叉密集处、电缆室内外进出口处可采用局部密闭小空间型防火封堵，增设自动灭火装置。安装灭火装置时应根据灭火装置的性能要求，对增设部位进行必要的改造，保证自动灭火装置的有效性。

（2）在电缆室内外进出处、开关柜及其他屏柜箱电缆进出底部、电缆沟的防火隔断可采用防凝露防火封堵。

（3）电缆层、电缆竖井可设置自动灭火装置，自动灭火装置的数量应根据现场环境计算。

350. 变电站蓄电池室防火提升措施有哪些？

答：在蓄电池室可加装自动灭火装置。自动灭火装置的数量应根据蓄电池室的体积进行计算。进出蓄电池室的电缆、电线，在穿墙处应用耐酸瓷管或聚氯乙烯硬管穿线，并在其进出口端用耐酸材料将管口封堵。

351. 变电站二次屏柜防火提升措施有哪些？

答：在不间断电源屏柜、充电屏、所用电屏等重要屏柜内可考虑安装自动灭火装置。

352. 变电站消防标识标牌标准化配置的要求是什么？

答：变电站内生产活动所设计的场所、设备（设施）、检修施工等特定区域以及其他有必要提醒人们注意危险有害因素的地点，应配置标准化的标识标牌。

（1）标识标牌应清晰醒目、规范统一、安装可靠、便于维护，适应使用环境要求。

（2）标识标牌所用的颜色应符合《安全色》（GB 2893）的规定，消防安全标识标牌都应自带衬底色。用其边框颜色的对比色将边框周围勾一窄边即为标志的衬底色。没有边框的标志，则用外缘颜色的对比色。除警告标志用黄色勾边外，其他标志用白色。衬底色最少宽 2mm，最多宽 10mm。

(3) 变电设备（设施）本体或附近醒目位置应装设设备标志牌，涂刷相色标志或装设相位标志牌。

(4) 标志牌标高可视现场情况自行确定，但对于同一变电站、同类设备（设施）的标志牌标高应统一。

(5) 标志牌规格、尺寸、安装位置可视现场情况进行调整，但对于同一变电站、同类设备（设备）的标志牌规格、尺寸及安装位置应统一。

(6) 消防安全标识标牌应用坚固耐用的材料制作，如金属板、塑料板、木板等。用于室内的消防安全标识标牌可以用粘贴力强的不干胶材料制作。对于照明条件差的场合，标识标牌可以用荧光材料制作，还可以加上适当照明。

(7) 标识标牌应定期检查，如发现破损、变形、褪色等不符合要求时，应及时修整或更换。修整或更换时，应有临时的标志替换，以避免发生意外伤害。

(8) 消防安全标识标牌应无毛刺和孔洞，有触电危险场所的标识标牌应当使用绝缘材料制作。

353. 66(35)kV 变电站消防措施配置是怎样的?

答：66(35)kV 变电站消防措施配置，如表 3-1 所示。

354. 220kV 变电站消防措施配置是怎样的?

答：220kV 变电站消防措施配置，如表 3-2 所示。

355. 500kV 变电站消防措施配置是怎样的?

答：500kV 变电站消防措施配置，如表 3-3 所示。

356. 典型 1000kV 变电站现场灭火器和黄砂配置是怎样的?

答：典型 1000kV 变电站现场灭火器和黄砂配置表，见表 3-4。

357. 典型±800kV 换流站现场灭火器和黄砂配置是怎样的?

答：典型±800kV 换流站现场灭火器和黄砂配置表，见表 3-5。

358. 典型 500kV 变电站现场灭火器和黄砂配置是怎样的?

答：典型 500kV 变电站现场灭火器和黄砂配置表，见表 3-6。

359. 典型 220kV 变电站现场灭火器和黄砂配置是怎样的?

答：典型 220kV 变电站现场灭火器和黄砂配置表，见表 3-7。

360. 典型 110kV 变电站现场灭火器和黄砂配置是怎样的?

答：典型 110kV 变电站现场灭火器和黄砂配置表，见表 3-8。

361. 典型 35kV 变电站现场灭火器和黄砂配置是怎样的?

答：典型 35kV 变电站现场灭火器和黄砂配置表，见表 3-9。

表 3-1　66(35)kV 变电站消防措施配置指导意见

变电站消防设施	具体要求	分布位置	消防设施名称	配置数量	备注	参考规程
消防器材	1. 灭火器： （1）在同一灭火器配置场所，宜选用相同类型和操作方法的灭火器，当选用两种或两种以上类型灭火器时，应采用灭火剂相容的灭火器。当同一场所存在不同种类火灾时，应选用通用型灭火器； （2）灭火器应设置在位置明显和便于取用的地点，且不得影响安全疏散； （3）露天设置的灭火器应有遮阳挡水和保卫隔热措施； （4）手提式灭火器宜设置在灭火器箱内或挂钩、托架上，其顶部离地面高度不应大于 1.5m，底部离地面高度不宜小于 0.08m； （5）灭火器的摆放应稳固；其铭牌应朝外； （6）灭火器箱不得上锁，箱前部应标注“灭火器箱、火警电话、厂内火警电话、编号”，箱体正面和灭火器设置点附近的前面上应设置只是灭火器位置的固定标识牌，并宜选用发光标志。 2. 消防砂箱： （1）箱子容量为 $1m^3$，内装干燥细黄砂并配置消防铲，每处 3～5 把； （2）消防砂箱应为大红色，砂箱上部应有白色“消防砂箱”字样，箱门正中应有白色的“火警 119”字样； （3）消防砂槽的放置位置应与带电设备保持足够的安全距离； （4）砂箱配置数量应与主变压器台数一致。 3. 消防黄砂桶： （1）砂桶应为大红色；内装干燥细黄砂； （2）砂桶容量为 26L，应采用铅桶； （3）每两桶配备 1 把消防铲、每 4 桶配备 1 把消防斧	控制室	5kg 手提式磷酸铵盐（ABC 干粉）灭火器	2 具		1. GB 50229—2006《火力发电厂与变电站设计防火规范》 2. GB 50140—2005《建设灭火器配置设计规范》 3. DL 5007—2015《电力设备典型消防规程》 4. GB 50016—2014《建筑设计防火规范》
		继电保护	4kg 手提式磷酸铵盐（ABC 干粉）灭火器	2 具		
		配电装置	4kg 手提式磷酸铵盐（ABC 干粉）灭火器	4 具		
		室内细浸式主变压器	4kg 手提式磷酸铵盐（ABC 干粉）灭火器	4 具		
			50kg 推车式磷酸铵盐（ABC 干粉）灭火器	2 具		
		电容器室	4kg 手提式磷酸铵盐（ABC 干粉）灭火器	2 具		
		接地变压器及消防线圈	4kg 手提式磷酸铵盐（ABC 干粉）灭火器	2 具		
		室外油浸主变压器	50kg 推车式磷酸铵盐（ABC 干粉）灭火器	2 具		
			$1m^3$ 消防砂箱	1 个		
			消防铲	3 把		
		站内公用设施	4kg 手提式磷酸铵盐（ABC 干粉）灭火器	2 具		
			25L 黄砂桶	10 个		
			消防铲	5 把		
			消防斧	3 把		
		室内其他区域	4kg 手提式磷酸铵盐（ABC 干粉）灭火器	2 具	办公室、资料室、会议室、安全用具室、备品间等	

续表

变电站消防设施	具体要求	分布位置	消防设施名称	配置数量	备注	参考规程
火灾报警系统	1. 火灾报警控制器： （1）火灾报警控制器主电源为交流 AC220V，取自变电站不间断电源，备用电源由报警控制器提供 DC24V，可自动切换； （2）火灾报警控制器安装在墙上时，其主显示屏幕高度宜为 1.5～1.8m，其靠近门轴的侧面距墙不应小于 0.5m，正面操作距离不应小于 1.2m。 2. 点型感烟探测器：房间高度小于 12m，均可安装点型感烟探测器。 3. 手动报警按钮，安装于控制室的入口处和变压器室的入口处，手动报警按钮应设置在明显和便于操作的部位。当采用壁挂方式安装时，其底边距地高度宜为 1.3～1.5m。 4. 声光报警器：每个楼层应配置一个声光报警器，与手报按钮设置在一起。采用壁挂方式安装时，其底边距地面高度应大于 2.2m。 5. 线型感温探测器（不可装复式感温电缆）：电缆隧道、电缆竖井、室内变压器应配置线型感温探测器，S形敷设在电缆上，用扎带固定。 6. 户外型线型感温探测器（可恢复式感温电缆）：室外油浸式变压器应配置户外型线型感温探测器，每 150m 应配置信号解码器和终端处理器各 1 台，通过的输入模块联动到火灾报警控制器。	主控制室	壁挂式火灾报警控制器	1 台	一般感烟探测器按 0.016 7 只/m^2 配置	1. GB 50229—2006《火力发电厂与变电站设计防火规范》 2. DL 5027—2015《电力设备典型消防规程》 3. GB 50016—2014《建筑设计防火规范》 4. GB 50116—2013《火灾自动报警系统设计规范》 5. GB 50166—2007《火灾自动报警系统施工及验收规范》
			点型感烟水灾探测器	根据实际面积计算		
			手动报警按钮	1 只		
			声光报警器	1 只		
		电缆竖井	线型感温探测器（不可恢复式感温电缆）	根据实际情况计算	测量出要敷设感温电缆的电缆长度，在此长度基础上加量 60%，如 100m 电缆应敷设 160m 感温电缆。每 120m 感温电缆应配置 1 只输入模块	
			输入模块	根据实际情况计算		
		电缆隧道	线型感温探测器	根据实际情况计算		
			输入模块	根据实际情况计算		
		继电器室	点型感烟火灾探测器	根据实际情况计算	一般感烟探测器按 0.016 7 只/m^2 配置	
		电容器室	点型感烟火灾探测器	根据实际情况计算		
		配电装置室	点型感烟火灾探测器	根据实际情况计算		
		室内油浸式变压器室	线型感温探测器（不可恢复式感温电缆）	根据实际情况计算	感温电缆缠绕在变压器器身外圈，一般缠绕 20 圈，储油柜及冷却系统不宜缠绕。经计算，当变压器外宽尺寸为 1m 时，应缠绕感温电缆 62.5m。每对线型光束感烟探测器应配置 1 只输入模块	
			输入模块	根据实际情况计算		
			线型光束感烟探测器	根据实际情况计算		

续表

变电站消防设施	具体要求	分布位置	消防设施名称	配置数量	备注	参考规程
火灾报警系统	7. 线型光束感烟探测器：应设置在高度相对高的房间内，如变压器室、消弧线圈室。相邻两组探测器的水平距离不应大于 14m，探测器至侧墙水平距离不应大于 7m，且不应小于 0.5m。探测器的发射器和接收器之间的距离不宜超过 100m。线型光束感烟探测器由输入模块联动到火灾报警探制器	消弧线器室	输入模块	根据实际情况计算	每对线型光束感烟探测器应配置 1 只输入模块	6. GB 16280—2014《线型感温火灾探测器》
		室外油浸式变压器室	线型光束感烟探测器	根据实际情况计算		
			户外型线型感温探测器（可恢复式感温电缆）	根据实际情况计算	感温电缆缠绕在变压器器身外圈，一般缠绕 20 圈，储油柜及冷却系统不宜缠绕。经计算，当变压器外宽尺寸为 1m 时，应缠绕感温电缆 62.5m。每 150m 应配置 1 台信号解码器和 1 台终端处理器，且必须通过 1 只输入模块上的信号至报警控制器	
			信号解码器	根据实际情况计算		
			终端处理器	根据实际情况计算		
			输入模块	根据实际情况计算		
		室内其他区域	点型感烟火灾探测器	根据实际情况计算	办公室、资料室、会议室、安全用具室、备品间等。一般感烟探测器按 0.0167 只/m^2 配置	

续表

变电站消防设施	具体要求	分布位置	消防设施名称	配置数量	备注	参考规程
防火封堵	1. 封堵要求： （1）防止电缆大灭延态的措施应包括封、堵、涂、隐、包、水喷雾、悬挂式干粉等措施； （2）凡穿越墙壁、穿板和电缆沟道而进入控闸室、电缆夹层、控制柜及仪表盘、保护器、开关量、臂电池室、电容器室、消耗线（接地变压器）室所用变压器室、变压器室、机构等处的电缆孔、洞、竖井对进入油区的电缆入口处必须用防火堵料严密封堵； （3）在已完成电缆防火措施的电缆孔调整处新敷设或拆除电缆，必须及时重新做好相应的防火封堵； （4）电缆夹层、隧道、竖井、电缆沟内应保持整洁，不得堆放杂物，电缆沟洞严禁积油； （5）施工中动力电缆与控制电缆不应混放、分布不均及堆积乱放； （6）在动力电缆与控制电缆之间应采取防火隔离措施； （7）电缆从室外进入室内的入口处、电缆竖井的出入口处、电缆接头处、主控室与电缆夹层之间以及长度超过100m的电缆沟或电缆隧道；均应采取防止电缆火灾蔓延的阻燃或分隔措施，并应根据变电站的规模及重要性采取防护墙或隔板、局部涂防火涂料或局部采用防火带、防火槽盒等措施； （8）电缆贯穿隔离、竖井的孔洞处、电缆引至控制设施处等均应实施具有足够机械强度的防火封堵，防火封堵材料应密实无气孔，堵料厚度不应小于100mm； （9）可能着火导致严重事故或易受外部影响以及火灾的电缆密集场所应有适当的阻火分隔措施。 2. 需刷防火涂料部位：电缆穿越墙、洞、楼板两端涂刷涂料，涂料的长度距建筑物的距离不得小于1m，涂刷要整齐。 3. 隔离封部位：靠近充油设备的电缆沟，应有防火延燃措施，盖板应密封。 4. 防火包带或复合式防火阻燃槽盒：厂区内动力电缆整根缠绕防火包带	电气柜、室内外端子箱、机构箱、电源箱、楼板及墙体	防火隔板、有机防火堵料等	根据实际情况计算	防火板、有机防火胶泥，辅料可选用白钢护角条、铝合金护角条、玻纤布铝箔胶带等。电缆预留孔及电缆护管两端口封堵厚度小于100mm，有机堵料均匀密实、外形规则、表面平整，与其他防火材料配合使用时，应高于隔板20mm	1. GB 50229—2005《火力发电厂与变电站设计防火规范》 2. DL 5027—2015《电力设备典型消防规程》 3. GB 50016—2014《建筑设计防火规范》 4. 国家电网运检〔2015〕376号《国家电网公司关于印发防止变电站全停十六项措施（试行）的通知》
			电缆防火涂料	根据实际情况计算	电缆穿越墙、洞、楼板两端涂料，涂料的长度距建筑物的距离不得小于1m，涂刷前应清除电缆表面锈蚀及脏物，采用涂刷或喷涂方式，涂料要充分搅拌均匀，涂刷要整齐，涂层厚度不宜小于1mm	
		电缆竖井、电缆沟等	电缆防火涂料	根据实际情况计算		
			防火包带或复合式防火阻燃槽盒	根据实际情况计算	无固定灭火设施处的站用变压器交流380V电缆应全部缠绕防火包带或包防火槽盒	
			防火墙	根据实际情况计算	主沟与分支沟交汇处、室外电缆沟每间距60m处、变电站通向站外电缆沟入口处	
		大型充油设备附近电缆沟	卡槽式盖板或硅胶玻璃丝防火布	根据实际情况计算	更换卡槽式盖板或采用硅胶玻璃丝防火布覆盖于电缆沟盖板上	

表 3-2　**220kV 变电站消防措施配置指导意见**

变电站消防设施	具体要求	分布位置	消防设施名称	配置数量	备注	参考规程
消防器材	1. 灭火器： （1）在同一灭火器配置场所，宜选用相同类型和操作方法的灭火器，当选用两种或两种以上类型灭火器时，应采用灭火剂相容的灭火器。当同一场所存在不同种类火灾时，应选用通用型灭火器； （2）灭火器应设置在位置明显和便于取用的地点，且不得影响安全疏散； （3）露天设置的灭火器应有遮阳挡水和保卫隔热措施； （4）手提式灭火器宜设置在灭火器箱内或挂钩、托架上，其顶部地面高度不用大于 1.5m，底部离地面高度不宜小于 0.08m； （5）灭火器的摆放应稳固，其铭牌应期外； （6）灭火器箱不得上锁，箱前部应标注“灭火器箱、火警电话、厂内火警电话、编号”，箱体正面和灭火器设置点附近的前面上应设置只是灭火器位置的固定标识牌，并宜选用发光标地。 2. 消防砂箱； （1）箱子容量为 $1m^3$，内装干燥细黄砂并配置消防铲，每处 3～5 把； （2）消防砂箱应为大红色，砂箱上部应有白色“消防砂箱”字样，箱门正中应有白色的“火警 119”字样； （3）消防砂箱的放置位置应与带电设备保持足够的安全距离； （4）砂箱配置数量应与主变压器台数一致。 3. 消防黄砂桶： （1）砂桶应为大红色，内装干燥细黄砂； （2）砂桶容量为 25L，应采用铅桶； （3）每两桶配备 1 把消防铲、每 4 桶配备 1 把消防斧	控制室	5kg 推车式磷酸铵盐（ABC 干粉）灭火器	2 具		1. GB 50229—2006《火力发电厂与变电站设计防火规范》 2. GB 50140—2005《建筑灭火器配置设计规范》 3. DL 5027—2015《电力设备典型消防规程》 4. GB 50016—2014《建筑设计防火规范》
		通信机房	4kg 手提式磷酸铵盐（ABC 干粉）灭火器	3 具		
		继电保护室（保护小室）	4kg 手提式磷酸铵盐（ABC 干粉）灭火器	3 具		
		配电装置	4kg 手提式磷酸铵盐（ABC 干粉）灭火器	5 具		
		室内油浸式主变压器室	4kg 手提式磷酸铵盐（ABC 干粉）灭火器	5 具		
			50kg 推车式磷酸铵盐（ABC 干粉）灭火器	2 具		
		电容器室	4kg 手提式磷酸铵盐（ABC 干粉）灭火器	2 具		
		电抗器室	4kg 手提式磷酸铵盐（ABC 干粉）灭火器	2 具		
		蓄电池室	4kg 手提式磷酸铵盐（ABC 干粉）灭火器	2 具		
		站用变压器室、接地变压器室	4kg 手提式磷酸铵盐（ABC 干粉）灭火器	2 具		
		消弧线圈室	4kg 手提式磷酸铵盐（ABC 干粉）灭火器	2 具		
		电缆竖井	4kg 手提式磷酸铵盐（ABC 干粉）灭火器	2 具		
		室外油浸主变压器室	50kg 推车式磷酸铵盐（ABC 干粉）灭火器	4 具		
			$1m^3$ 消防砂箱	1 个		
			消防铲	12 把		
		站内公用设施	4kg 手提式磷酸铵盐（ABC 干粉）灭火器	2 具		
			25L 黄砂桶	15 个		
			消防铲	8 把		
			消防斧	4 把		
		室内其他区域	4kg 手提式磷酸铵盐（ABC 干粉）灭火器	2 具	办公室、资料室、会议室、安全用具室、备品间等	

续表

变电站消防设施	具体要求	分布位置	消防设施名称	配置数量	备注	参考规程
火灾板警系统	1. 火灾报警控制器： （1）火灾报警控制器主电源为交流 AC220V，取自变电站不间断电源，备用电源由报警控制器提供 DC24V，可自动切换； （2）火灾报警控制器内置多线控制盘，可与站内的消火栓系统联动。 2. 点型感烟探测器：房间高度小于 12m，均可安装点型感烟探测器。 3. 手动报警按钮：安装于控制室的入口处，变压器室的入口处，手动报警按钮应设置在明显和便于操作的部位。当采用壁挂方式安装时，其底边距地高度宜为 1.3～1.5m。 4. 声光报警器：每个楼层应配置一个声光报警器，与手报按钮设置在一起。采用壁挂方式安装时，其底边距地面高度应大于 2.2m。 5. 线型感温探测器（不可恢复式感温电缆）：电缆隧道、电缆竖井、室内变压器应配置线型感温探测器，之字形敷设在电缆上，用扎带固定。每 120m 应配置一只输入模块。 6. 户外型线型感温探测器（可恢复式感温电缆）：室外油浸式变压器应配置户外型感温探测器，每 150m 应配置信号解码器和终端处理器各 1 台，通过输入模块联动到火灾报警控制器。	控制室	火灾报警控制器	1 台	一般感烟探测器按 0.016 7 只/m^2 配置	1. GB 50229—2006《火力发电厂与变电站设计防火规范》 2. DL 5027—2015《电力设备典型消防规程》 3. GB 50016—2014《建筑设计防火规范》
			点型感烟火灾探测器	根据实际情况计算		
			手动报警按钮	1 只		
			声光报警器	1 只		
		通信机房	点型感烟火灾探测器	根据实际情况计算		
		电缆夹层室	线型感温探测器	根据实际情况计算	测量出要敷设感温电缆的电缆长度，在此长度基础上加量 60%，如 100m 电缆应敷设 160m 感温电缆，每 120m 感温电缆应配置 1 只输入模块	
			输入模块	根据实际情况计算		
		继电保护室（保护小室）	点型感烟火灾探测器	根据实际情况计算	一般感烟探测器按 0.016 7 只/m^2 配置	
		电容器室	点型感烟火灾探测器	根据实际情况计算		
		电抗器室	点型感烟火灾探测器	根据实际情况计算		
		配电装置室	点型感烟火灾探测器	根据实际情况计算		
		蓄电池室	点型感烟火灾探测器	根据实际情况计算		

续表

变电站消防设施	具体要求	分布位置	消防设施名称	配置数量	备注	参考规程
火灾报警系统	7. 线型光束感温探测器：应设置在高度相对高的房间内，如变压器室、消弧线圈室。相邻两组探测器的水平距离不应大于 14m，探测器至侧墙水平距离不应大于 7m，且不应小于 0.5m。探测器的发射器和接收器之间的距离不宜超过 100m。线型光束感烟探测器由输入模块联动到火灾报警控制器	室内油浸或变压器室	线型感温探测器	根据实际情况计算	感温电缆绕主变压器器身外圈，一般缠绕 20 圈，储油柜及冷却系统不宜缠绕。经计算，当变压器外宽尺寸为 1m 时，应缠绕感温电缆 62.5m。每对线型光束感烟探测器应配置 1 只输入模块	4. GB 50116—2013《火灾自动报警系统设计规范》 5. GB 50166—2007《火灾自动报警系统施工及验收规范》 6. GB 16260—2014《线型感温火灾探测器》
			输入模块	根据实际情况计算		
			线型光束感温探测器	根据实际情况计算		
		消弧线圈室	线型光束感烟探测器	根据实际情况计算	每对线型光束感烟探测器应配置 1 只输入模块	
			输入模块	根据实际情况计算		
		室外油浸式变压器室	户外型线型感温探测器	根据实际情况计算	感温电缆缠绕在变压器器身外圈，一般缠绕 20 圈，储油柜及冷却系统不宜缠绕，经计算，当变压器外宽尺寸为 1m 时，应缠绕感温电缆 62.5m。每 150 米应配置 1 台信号解码器和 1 台终端处理器，且必须　过 1 只输入模块上传信号只报警控制器	
			信号解码器	根据实际情况计算		
			终端处理器	根据实际情况计算		
			输入模块	根据实际情况计算		
		室内其它区域	点型感烟火灾探测器	根据实际情况计算	办公室、资料室、会议室、安全用具室、备品间等	

续表

变电站消防设施	具体要求	分布位置	消防设施名称	配置数量	备注	参考规程
防火封堵	1. 封堵要求： （1）防止电缆火灾延燃的措施应包括封、堵、涂、隔、包、水喷雾、悬挂式干粉等措施； （2）凡穿越墙壁、楼板和电缆沟道而进入控制室、电缆夹层、控制柜及仪器盘、保护盘、开关室、蓄电池室、电容器室、消弧线（接地变压器）室所用变压器室、变压器室、端子箱、机构箱等处的电缆孔、洞、竖井和进入油区的电缆入口处必须用防火堵料严密封堵； （3）在已完成电缆防火措施的电缆孔洞等处新敷设或拆除电缆，必须及时重新做好相应的防火封堵； （4）电缆夹层、隧道、竖井、电缆沟内应保持整洁，不得堆放杂物，电缆沟洞严禁积油； （5）施工中动力电缆与控制电缆不应混放、分布不均及堆积乱放； （6）在动力电缆与控制电缆之间应采取防火隔离措施； （7）电缆从室外进入室内的入口处、电缆竖井的出入口处、电缆接头处、主控室与电缆夹层之间以及长度超过100m的电缆沟或电缆隧道，均应采取防止电缆火灾蔓延的阻燃或分隔措施，并应根据变电站的规模及重要性采取防护墙或隔板、局部涂防火涂料或局部采用防火带、防火槽盒等措施； （8）电缆贯穿隔墙、竖井的孔洞处、电缆引至控制设施处等均应实施具有足够机械强度的防火封堵，防火封堵材料应密实无气孔，堵料厚度不应小于100m； （9）可能着火导致严重事故或易受外部影响波及火灾的电缆密集场所应有适当的阻火分隔措施。 2. 需刷防火涂料部位：电缆穿越墙、洞、楼板两端涂刷涂料，涂料的长度距建筑物的距离不得小于1m，涂刷要整齐。 3. 需密封部位：靠近充油设备的电缆沟，应有防火延燃措施，盖板应密封。 4. 防火包带或复合式防火阻燃槽盒：厂区内动力电缆整根缠绕防火包带	电气柜、室内外端子箱、机构箱、电源箱、楼板及墙体	防火封堵	根据实际情况计算	防火包、防火板、有机防火胶泥，辅料可选用白钢护角条、铝合金护角条、玻纤布铝箔胶带等。电缆预留孔及电缆护管两端口封堵厚度不小于100mm，有机堵料均匀密实、外形规则、表面平整，与其他防火材料配合使用时，应高于隔板20mm	1. GB 50229—2006《火力发电厂与变电站设计防火规范》 2. DL 5027—2015《电力设备典型消防规程》 3. GB 50016—2014《建筑设计防火规范》 4. 国家电网运检〔2015〕376号《国家电网公司关于印发防止变电站全停十六项措施（试行）的通知》
			电缆防火涂料	根据实际情况计算	电缆穿越墙、洞、楼板两端涂刷涂料，涂料的长度距建筑物的距离不得小于1m，涂刷前应清除电缆表面锈蚀及脏物，采用涂刷或喷涂方式，涂料要充分搅拌均匀，涂刷要整齐，涂层厚度不宜小于1mm	
		电缆竖井、电缆沟等	电缆防火涂料	根据实际情况计算		
			防火墙	根据实际情况计算	主沟与分支沟交汇处、室外电缆沟每间距60m处、变电站通向站外电缆沟入口处	
			防火包带或复合式防火阻燃槽盒	根据实际情况计算	无固定灭火设施处的站用变压器交流330V电缆应全部缠绕防火包带或包防火槽盒	
		大型充油设备附近电缆沟	卡槽式盖板或硅胶玻璃丝防火布	根据实际情况计算	更换卡槽式盖板或采用硅胶玻璃丝防火布覆盖于电缆沟盖板上	

续表

变电站消防设施	具体要求	分布位置	消防设施名称	配置数量	备注	参考规程
固定灭火装置	1. 电缆夹层室应配置超细干粉灭火装置； 2. 电缆密集且不易采取动力、控制电缆分隔的区域，应配置超细干粉灭火装置； 3. 多电压等级混合区域应配置超细干粉灭火装置； 4. 单台容量为125MVA及以上的油浸式变压器应设置固定自动灭火系统及火灾报警系统； 5. 以上产品需具备消防产品3C认证	电缆夹层室	悬挂式2kg超细干粉灭火装置	根据实际情况计算	1. 2kg超细干粉灭火装置在电缆桥架内侧每隔3m设置1具，外侧每隔5m设置1具； 2. 0.8kg超细干粉灭火装置设置在四周围墙正对电缆穿越处，每隔2m设置1具； 3. 火探管长度应与所保护电缆长度一致	1. GB 50229—2006《火力发电厂与变电站设计防火规范》 2. DL 5027—2015《电力设备典型消防规程》 3. GB 50016—2014《建筑设计防火规范》 4. DB 53/T 448—2012《贮压式超细干粉灭火系统设计、施工及验收规范》 5. GA 602—2013《干粉灭火装置》 6. GB 578—2005《超细干粉灭火剂》
			壁挂式0.8kg超细干粉灭火装置	根据实际情况计算		
			火探管（无源自启动）	根据实际情况计算		
		电缆密集处	4kg悬挂式超细干粉灭火装置	根据实际情况计算	1. 电缆密集处应配置2具4kg超细干粉灭火装置； 2. 火探警长度应与所保护电缆长度一致	
			火探管（无源自启动）	根据实际情况计算		
		多电压等级混合区域	4kg悬挂式超细干粉灭火装置	根据实际情况计算	1. 4kg超细干粉灭火装置每3m配置1具； 2. 火探管长度应与所保护电缆长度一致	
			火探管（无源自启动）	根据实际情况计算		
		油浸式变压器	SP泡沫灭火装置或排油注氮灭火装置	1套		

表 3-3　　500kV 变电站消防措施配置指导意见

变电站消防设施	具体要求	分布位置	消防设施名称	配置数量	备注	参考规程
消防器材	1. 灭火器： （1）在同一灭火器配置场所，宜选用相同类型和操作方法的灭火器，当选用两种或两种以上类型灭火器时，应采用灭火剂相容的灭火器。当同一场所存在不同种类火灾时，应选用通用型灭火器； （2）灭火器应设置在位置明显和便于取用的地点，且不得影响安全疏散； （3）露天设置的灭火器应有遮阳挡水和保卫隔热措施； （4）手提式灭火器宜设置在灭火器箱内或挂钩、托架上，其顶部离地面高度不用大于 1.5m，底部离地面高度不宜小于 0.5m； （5）灭火器的摆放应稳固，其铭牌应朝外； （6）灭火器箱不得上锁，箱前都应标注“灭火器箱、火警电话、厂内火警电话、牌号”，箱体正面和灭火器设置点附近的前面上应设置只是灭火器位置的固定标识牌，并宜选用发光标志。 2. 消防砂箱： （1）箱子容量为 $1m^3$，内装干燥细黄砂并配置消防铲，每处 3～5 把； （2）消防砂箱应为大红色，砂箱上部应有白色“消防砂箱”字样，箱门正中应有白色约“火警 119”字样； （3）消防砂箱的放置位置应与带电设备保持足够的安全距离； （4）砂箱配置数量应与主变压器台数一致。 3. 消防黄砂桶： （1）砂桶应为大红色，内装干燥细黄砂； （2）砂桶容量为 25L，应采用铅桶； （3）每两桶配备 1 把消防铲、每 4 桶配备 1 把消防斧	控制室	5kg 手提式磷酸铵盐（ABC 干粉）灭火器	1 具		1. GB 50229—2006《火力发电厂与变电站设计防火规范》 2. GB 50140—2005《建筑灭火器配置设计规范》 3. DL 5027—2015《电力设备典型消防规程》 4. GB 50016—2014《建筑设计防火规范》
		通信机房	5kg 手提式磷酸铵盐（ABC 干粉）灭火器	1 具		
		继电保护室（保护小室）	3kg 手提式磷酸铵盐（ABC 干粉）灭火器	4 具		
		蓄电池室	4kg 手提式磷酸铵盐（ABC 干粉）灭火器	2 具		
		配电装置	3kg 手提式磷酸铵盐（ABC 干粉）灭火器	4 具		
		站用电小室	3kg 手提式磷酸铵盐（ABC 干粉）灭火器	2 具		
		备品间	3kg 手提式磷酸铵盐（ABC 干粉）灭火器	2 具		
		消防水泵	4kg 手提式磷酸铵盐（ABC 干粉）灭火器	2 具		
		警卫传达室	2kg 手提式磷酸铵盐（ABC 干粉）灭火器	2 具		
		主变压器室	50kg 推车式磷酸铵盐（ABC 干粉）灭火器	8 具		
			$1m^3$ 消防砂箱	12 个		
			消防铲	36 把		
		室外配电装置	4kg 手提式磷酸铵盐（ABC 干粉）灭火器	6 具		
			25L 黄砂桶	40 个		
			消防铲	20 把		
			消防斧	10 把		
		站内其他区域	3kg 手提式磷酸铵盐（ABC 干粉）灭火器	2 具	值班室、会议室、资料室、工具间、门厅、走廊等	

续表

变电站消防设施	具体要求	分布位置	消防设施名称	配置数量	备注	参考规程
火灾报警系统	1. 火灾报警控制器： （1）火灾报警控制器主电源为交流 AC220V，取自变电站不间断电源，备用电源由报警控制器提供 DC24V，可自动切换； （2）火灾报警控制器内置多线控制盘，可与站内的消火栓系统联动。 2. 点型感烟探测器：房间高度小于 12m 均可安装点型感烟探测器。 3. 手动报警按钮：安装于控制室的入口处，变压器室的入口处，手动报警按钮应设置在明显和便于操作的部位。当采用壁挂方式安装时，其底边距地高度宜为 1.3～1.5m。 4. 声光报警器：每个楼层应配置一个声光报警器，与手报按钮设置在一起。采用壁挂方式安装时，其底边距地面高度应大于 2.2m。 5. 线型感温探测器（不可恢复式感温电缆）：电缆隧道、电缆竖井、室内变压器应配置线型感温探测器，之字形敷设在电缆上，用扎带固定，每 120m 应配置 1 只输入模块。 6. 户外形线型感温探测器（可恢复式感温电缆）：室外油浸式变压器应配置户外型线型感温探测器，每 150m 应配置信号解码器和终端处理器各 1 台，通过输入模块联动到火灾报警控制器。 7. 线型光束感温探测器：应设置在高度相对高的房间内，如变压器室、消弧线圈室。相邻两组探测器的水平距离不应大于 14m，探测器至侧墙水平距离不应大于 7m，且不应小于 0.5m。探测器的发射器和接收器之间的距离不宜超过 100m。线型光束感温探测器由输入模块联动到火灾报警控制器	控制室	火灾报警控制器	1台	一般感烟探测器按 0.0167 只/m^2 配置	1. GB 50229—2006《火力发电厂与变电站设计防火规范》 2. DL 5027—2015《电力设备典型消防规程》 3. GB 50016—2014《建筑设计防火规范》 4. GB 0116—2013《火灾自动报警系统设计规范》 5. GB 50166—2007《火灾自动报警系统施工及验收规范》 6. GB 16280—2014《线型感温火灾探测器》
			点型感温火灾探测器	根据实际情况计算		
			手动报警按钮	1只		
			声光报警器	1只		
		通信机房	点型感烟火灾探测器	根据实际情况计算		
		继电保护室（保护小室）	点型感烟火灾探测器	根据实际情况计算		
		蓄电池室	点型感烟火灾探测器	根据实际情况计算		
		配电装置室	点型感烟火灾探测器	根据实际情况计算		
		站用电小室	点型感烟火灾探测器	根据实际情况计算		
		检修间	点型感烟火灾探测器	根据实际情况计算		
		备品间	点型感烟火灾探测器	根据实际情况计算		
		警卫传达室	点型感烟火灾探测器	根据实际情况计算		
		消防水泵房	点型感温火灾探测器	根据实际情况计算	一般感温探测器按 0.033 只/m^2 配置	
		主变压器室	户外型线型感温探测器	根据实际情况计算	感温电缆缠绕在变压器器身外圈，一般缠绕 20 圈，储油柜及冷却系统不宜缠绕。经计算，当变压器外宽尺寸为 1m 时，应缠绕感温电缆 62.5m，每 150m 应配置 1 台信号解码器和 1 台终端处理器，且必须通过 1 只输入模块上传信号至报警控制器	
			信号解码器	根据实际情况计算		
			终端处理器	根据实际情况计算		
			输入模块	根据实际情况计算		
		电缆夹层室	线型感温探测器	根据实际情况计算	测量出要敷设感温电缆的电缆长度，在此长度基础上加量 60%。如 100m 电缆应敷设 160m 感温电缆，每 120m 感温电缆应配置 1 只输入模块	
			输入模块	根据实际情况计算		
		站内其他区域	点型感烟火灾探测器	根据实际情况计算	值班室、会议室、资料室、工具间、门厅、走廊等	

续表

变电站消防设施	具体要求	分布位置	消防设施名称	配置数量	备注	参考规程
防火封堵	1. 封堵要求： （1）防止电缆火灾延燃的措施应包括封、堵、涂、隔、包、水喷雾、悬挂式干粉等措施； （2）凡穿越墙壁、楼板和电缆沟道而进入控制室、电缆夹层、控制柜及仪表盘、保护盘、开关室、蓄电池室、电容器室、消弧线（接地变压器）室所用变压器室、变压器室、端子箱、机构箱等处的电缆孔、洞、竖井和进入油区的电缆入口处必须用防火堵料严密封堵； （3）在已完成电缆防火措施的电缆孔洞等处新敷设或拆除电缆，必须及时重新做好相应的防火封堵； （4）电缆夹层、隧道、竖井、电缆沟内应保持整洁，不得堆放杂物，电缆沟洞严禁积油； （5）施工中动力电缆与控制电缆不应混放、分布不均及堆积乱放； （6）在动力电缆与控制电缆之间应采取防火隔离措施； （7）电缆从室外进入室内的入口处、电缆竖井的出入口处、电缆接头处、主控室与电缆夹层之间以及长度超过100m的电缆沟或电缆隧道，均应采取防止电缆火灾蔓延的阻燃或分隔措施，并应根据变电站的规模及重要性采取防护墙或隔板、局部涂防火涂料或局部采用防火带、防火槽盒等措施； （8）电缆贯穿隔墙、竖井的孔洞处、电缆引至控制设施处等均应实施具有足够机械强度的防火封堵，防火封堵材料应密实无气孔，堵料厚度不应小于100mm； （9）可能着火导致严重事故或易受外部影响波及火灾的电缆密集场所应有适当的阻火分隔措施。 2. 须刷防火涂料部位：电缆穿越墙、洞、楼板两端涂刷涂料，涂料的长度距建筑物的距离不得小于1m，涂刷要整齐。 3. 需密封部位：靠近充油设备的电缆沟，应有防火延燃措施，盖板应密封。 4. 防火包带或复合式防火阻燃槽盒：厂区内动力电缆整根缠绕防火包带	电气柜、室内外端子箱、机构箱、电源箱、楼板及墙体	防火封堵	根据实际情况计算	防火包、防火板、有机防火胶泥，辅料可选用白钢护角条、铝合金护角条、玻纤布铝箔胶带等。电缆预留孔及电缆护管两端口封堵厚度不小于100mm，有机堵料均匀密实、外形规则、表面平整、与其他防火材料配合使用时，应高于隔板20mm	1. GB 50229—2006《火力发电厂与变电站设计防火规范》 2. DL 5027—2015《电力设备典型消防规程》 3. GB 50016—2014《建筑设计防火规范》 4. 国家电网运检〔2015〕376号《国家电网公司关于印发防止变电站全停十六项措施（试行）的通知》
			电缆防火涂料	根据实际情况计算	电缆穿越墙、洞、楼板两端涂刷涂料，涂料的长度距建筑物的距离不得小于1m，涂刷前应清除电缆表面锈蚀及脏物，采用涂刷或喷涂方式，涂料要充分搅拌均匀，涂刷要整齐，涂层厚度不宜小于1mm	
		电缆竖井、电缆沟等	电缆防火涂料	根据实际情况计算		
			防火墙	根据实际情况计算	主沟与分支沟交汇处、室外电缆沟每间距60m处、变电站通向站外电缆沟入口处	
			防火包带或复合式防火阻燃槽盒	根据实际情况计算	无固定灭火设施处的站用变压器交流360V电缆应全部缠绕防火包带或包防火槽盒	
		大型充油设备附近电缆沟	卡槽式盖板或硅胶玻璃丝防火布	根据实际情况计算	更换卡槽式盖板或采用硅胶玻璃丝防火布覆盖于电缆沟盖板上	

续表

变电站消防设施	具体要求	分布位置	消防设施名称	配置数量	备注	参考规程
固定灭火装置	1. 电缆夹层室应配置超细干粉灭火装置； 2. 电缆密集且不易采取动力、控制电缆分隔的区域，应配置超细干粉灭火装置； 3. 多电压等级混合区域应配置超细干粉灭火装置； 4. 每台容量为125MVA及以上的油浸式变压器应设置固定自动灭火系统及火灾报警系统； 5. 以上产品需具备消防产品3C认证	电缆夹层室	悬挂式2kg超细干粉灭火装置	根据实际情况计算	1. 2kg超细干粉灭火装置在电缆桥架内侧每隔3m设置1具，外侧每隔5m设置1具； 2. 0.8kg超细干粉灭火装置设置在四周围墙正对电缆穿越处，每隔2m设置1具； 3. 火探管长度应与所保护电缆工度一致	1. GB 50229—2006《火力发电厂与变电站设计防火规范》 2. DL 5027—2015《电力设备典型消防规程》 3. GB 50016—2014《建筑设计防火规范》 4. DB 53/7448—2012《贮压式超细干粉灭火系统设计、施工及验收规范》 5. GA 602—2013《干粉灭火装置》 6. GA 578—2005《超细干粉灭火剂》
			壁挂式0.8kg超细干粉灭火装置	根据实际情况计算		
			火探管（无源自启动）	根据实际情况计算		
		电缆密集处	4kg悬挂式超细干粉灭火装置	根据实际情况计算	1. 电缆密集处应配置2具4kg超细干粉灭火装置； 2. 火探管长度应与所保护电缆长度一致	
			火探管（无源自启动）	根据实际情况计算		
		多电压等级混合区域	4kg悬挂式超细干粉灭火装置	根据实际情况计算	1. 4kg超细干粉灭火装置每3米配置1具； 2. 火探管长度应与所保护电缆长度一致	
			火探管（无源自启动）	根据实际情况计算		
		油浸式变压器	SP泡沫灭火装置或排油注氮灭火装置	1套		

表 3-4　典型 1000kV 变电站现场灭火器和黄砂配置

灭火器材 / 配置部位	水成膜泡沫		磷酸铵盐干粉					黄砂		灭火级别	保护面积（m^2）	危险等级	备注
	9L	45L	2kg	3kg	4kg	5kg	50kg	桶（25L）	箱（$1.0m^3$）				
一、主控通信楼													共 3 层
1. 办公休息区	—	—	5	—	—	—	—	—	—	A	430	轻	三层
2. 控制室	—	—	—	—	—	2	—	—	—	E（A）	80	严重	二层
3. 通信计算机房	—	—	—	—	—	2	—	—	—	E（A）	160	严重	二层
4. 二层其他区域	—	—	4	—	—	—	—	—	—	A	360	轻	办公室、会议室、资料室
5. 蓄电池室	—	—	—	—	2	—	—	—	—	C（A）	50	中	一层
6. 一层其他区域	—	—	7	—	—	—	—	—	—	A	650	轻	工具间、办公室、食堂、走廊
二、1000kV 继电器室	—	—	—	2	—	—	—	—	—	E（A）	200	中	—
三、主变压器继电器室	—	—	—	2×2	—	—	—	—	—	E（A）	2×150	中	2 座
四、站用电室	—	—	—	2	—	—	—	—	—	E（A）	230	中	—
五、检修备品备件库	—	—	—	6	—	—	—	—	—	混合(A)	750	中	—
六、消防水泵房	—	—	—	—	2	—	—	—	—	B	108	中	—
七、警卫传达室	—	—	2	—	—	—	—	—	—	A	50	轻	—
八、主变压器	—	—	—	—	—	—	4×2	—	4×3	B	12×270	中	12 只变压器共用
九、室外配电装置	—	—	—	—	—	—	—	40	—	—	—	—	—

表 3-5　　典型±800kV 换流站现场灭火器和黄砂配置

灭火器材 / 配置部位	水成膜泡沫		磷酸铵盐干粉					黄砂		灭火级别	保护面积（m^2）	危险等级	备注
	9L	45L	2kg	3kg	4kg	5kg	50kg	桶（25L）	箱（1.0m^3）				
一、主控楼													3层
1. 控制室	—	—	—	—	—	2	—	—	—	E（A）	120	严重	12.0m层
2. 通信机房	—	—	—	—	—	2	—	—	—	E（A）	100	严重	12.0m层
3. 控制保护设备室	—	—	—	2	—	—	—	—	—	E（A）	240	中	12.0m层
4. 配电装置室	—	—	—	2	—	—	—	—	—	E（A）	40	中	12.0m层
5. 12.0m层其他区域	—	—	—	2	—	—	—	—	—	A	300	轻	值班室、休息室、走廊
6. 5.70m层区域	—	—	12	—	—	—	—	—	—	A	1160	轻	办公室、备品间、空调机房
7. 电气辅助设备室	—	—	—	4	—	—	—	—	—	E（A）	3×100	中	0m层
8. 400V配电间	—	—	—	4	—	—	—	—	—	E（A）	2×100	中	0m层
9. 蓄电池室	—	—	—	—	4	—	—	—	—	C（A）	120	中	0m层
10. 0m层其他区域	—	—	—	4	—	—	—	—	—	A	540	轻	阀冷却设备室、工具间、走廊
二、辅控楼													2座，每座3层
1. 阀组控制保护设备室	—	—	—	2×2	—	—	—	—	—	E（A）	2×130	中	12.0m层
2. 蓄电池室	—	—	—	—	2×2	—	—	—	—	C（A）	2×30	中	12.0m层
3. 空调设备间	—	—	2×4	—	—	—	—	—	—	A	2×360	轻	5.4m层

续表

灭火器材 / 配置部位	水成膜泡沫		磷酸铵盐干粉					黄砂		灭火级别	保护面积（m^2）	危险等级	备注
	9L	45L	2kg	3kg	4kg	5kg	50kg	桶（25L）	箱（$1.0m^3$）				
4. 400V配电间	—	—	—	2×2	—	—	—	—	—	E（A）	2×210	中	0m层
5. 阀厅冷却设备室	—	—	—	2×2	—	—	—	—	—	A	2×150	轻	0m层
三、阀厅													
1. 极1高端阀厅	—	—	—	20	—	—	—	—	—	E（A）	2840	中	—
2. 极2高端阀厅	—	—	—	20	—	—	—	—	—	E（A）	2840	中	—
3. 极1低端阀厅	—	—	—	12	—	—	—	—	—	E（A）	1780	中	—
4. 极2低端阀厅	—	—	—	12	—	—	—	—	—	E（A）	1780	中	—
四、阀外冷设备间													
1. 极1高端阀外冷设备间	—	—	4	—	—	—	—	—	—	A	240	轻	—
2. 极2高端阀外冷设备间	—	—	4	—	—	—	—	—	—	A	240	轻	—
3. 极1低端阀外冷设备间	—	—	4	—	—	—	—	—	—	A	240	轻	—
4. 极2低端阀外冷设备间	—	—	4	—	—	—	—	—	—	A	240	轻	—
五、继电器室													
1. RB1继电器室	—	—	—	2×2	—	—	—	—	—	E（A）	2×185	中	2层
2. RB2继电器室	—	—	—	2×2	—	—	—	—	—	E（A）	2×185	中	2层
六、500kV GIS室	—	—	—	16	—	—	—	—	—	E（A）	2400	中	—
七、35kV及400V配电室	—	—	—	4	—	—	—	—	—	E（A）	250	中	—
八、10kV配电室	—	—	—	2	—	—	—	—	—	E（A）	120	中	—
九、综合楼													
1. 0m层区域	—	—	—	—	16	—	—	—	—	A（B）	980	中	含汽车库

续表

灭火器材 / 配置部位	水成膜泡沫		磷酸铵盐干粉					黄砂		灭火级别	保护面积（m^2）	危险等级	备注
	9L	45L	2kg	3kg	4kg	5kg	50kg	桶（25L）	箱（$1.0m^3$）				
2. 3.6m/7.2m/10.2m	—	—	—	3×8	—	—	—	—	—	A	3×980	中	3层
十、检修备品库													
1. 检修间	—	—	—	6	—	—	—	—	—	混合(A)	760	轻	—
2. 备品库	—	—	—	2×4	—	—	—	—	—	混合(A)	2×380	中	2层
十一、特种材料库	—	—	—	—	—	2	—	—	1	混合(B)	20	严重	—
十二、警卫室	—	—	2	—	—	—	—	—	—	A	30	轻	—
十三、综合水泵房	—	—	4	—	—	—	—	—	—	A	385	轻	—
十四、消防水泵房	—	—	—	—	4	—	—	—	—	B	180	中	—
十五、换流变压器													
1. 极1高端换流变压器	—	—	—	—	—	—	2×2	—	2×3	B	6×120	中	6只变压器共用，放在两端
2. 极2高端换流变压器	—	—	—	—	—	—	2×2	—	2×3	B	6×120	中	6只变压器共用，放在两端
3. 极1低端换流变压器	—	—	—	—	—	—	2×2	—	2×3	B	6×120	中	6只变压器共用，放在两端
4. 极2低端换流变压器	—	—	—	—	—	—	2×2	—	2×3	B	6×120	中	6只变压器共用，放在两端
十六、500kV站用变压器	—	—	—	—	4	—	—	—	4	B	2×190	中	2只变压器共用
十七、室外配电装置	—	—	—	—	—	—	—	40	—	—	—	—	—

表 3-6　　典型 500kV 变电站现场灭火器和黄砂配置表

配置部位＼灭火器材	水成膜泡沫		磷酸铵盐干粉					黄砂		灭火级别	保护面积（m^2）	危险等级	备注
	9L	45L	2kg	3kg	4kg	5kg	50kg	桶（25L）	箱（$1.0m^3$）				
一、主控通信楼													共3层
1. 控制室	—	—	—	—	—	1	—	—	—	E（A）	70	严重	三层
2. 通信机房	—	—	—	—	—	1	—	—	—	E（A）	70	严重	三层
3. 三层其他区域	—	—	—	2	—	—	—	—	—	A	200	轻	值班室、会议室、资料室
4. 控制保护设备室	—	—	—	4	—	—	—	—	—	E（A）	400	中	二层
5. 蓄电池室	—	—	—	—	2	—	—	—	—	C（A）	70	中	二层
6. 配电装置室	—	—	—	4	—	—	—	—	—	E（A）	400	中	二层
7. 一层其他区域	—	—	—	2	—	—	—	—	—	A	140	轻	备品间、工具间、门厅、走廊
二、继电器室	—	—	—	4×2	—	—	—	—	—	E（A）	4×240	中	4座
三、站用电室	—	—	—	2	—	—	—	—	—	E（A）	144	中	—
四、检修间	—	—	2	—	—	—	—	—	—	混合(A)	160	轻	—
五、备品间	—	—	—	2	—	—	—	—	—	混合(A)	120	中	—
六、消防水泵房	—	—	—	—	2	—	—	—	—	B	108	中	—
七、警卫传达室	—	—	2	—	—	—	—	—	—	A	50	轻	—
八、主变压器	—	—	—	—	—	—	4×2	—	4×3	B	12×120	中	12只变压器共用
九、室外配电装置	—	—	—	—	—	—	—	40	—	—	—	—	—

表 3-7　典型 220kV 变电站现场灭火器和黄砂配置表

配置部位 \ 灭火器材		磷酸铵盐干粉			黄砂		灭火级别	保护面积（m^2）	危险等级	备注
		4kg	5kg	50kg	桶（25L）	箱（$1.0m^3$）				
控制室		—	2	—	—	—	E（A）	150	严重	—
通信机房		3	—	—	—	—	E（A）	150	中	—
继电器室、继保室		3	—	—	—	—	E（A）	150	中	—
配电装置室		5	—	—	—	—	E（A）	250	中	—
室内油浸式主变压器室		6	—	2	—	—	混合	150	中	—
室内油浸式主变压器散热器室		4	—	—	—	—	混合	100	中	—
电容器室		2	—	—	—	—	混合	100	中	—
电抗器室		2	—	—	—	—	混合	100	中	—
蓄电池室		2	—	—	—	—	C	100	中	—
站用变压器室、接地变压器室		2	—	—	—	—	混合	100	中	—
电缆	夹层	16	—	—	—	—	E	800	中	—
	竖井	2	—	—	—	—	E	100	中	—
室内其他区域		2	—	—	—	—	A	100	轻	办公室、资料室、会议室、安全用具室、备品间等
室外油浸式主变压器		—	—	4	—	1	B、E	—	中	砂箱为每台主变压器数，每只砂箱配备 3～5 把消防铲
站内公用设施		6	—	—	15	—	—	—	—	消防黄砂桶应采用铅桶，每两桶配备 1 把消防铲、每 4 桶配备 1 把消防斧

表 3-8　典型 110kV 变电站现场灭火器和黄砂配置表

配置部位＼灭火器材		磷酸铵盐干粉			黄砂		灭火级别	保护面积（m^2）	危险等级	备注
		4kg	5kg	50kg	桶（25L）	箱（$1.0m^3$）				
控制室		—	2	—	—	—	E（A）	100	严重	—
继电器室、继保室		2	—	—	—	—	E（A）	100	中	—
配电装置室、二次设备室		4	—	—	—	—	E（A）	200	中	—
室内油浸式主变压器室		4	—	2	—	—	混合	100	中	—
室内油浸式主变压器散热器室		2	—	—	—	—	混合	50	中	—
电容器室		2	—	—	—	—	混合	100	中	—
电抗器室		2	—	—	—	—	混合	100	中	—
蓄电池室		2	—	—	—	—	C	100	中	—
站用变压器室、接地变压器室		2	—	—	—	—	混合	100	中	—
消弧线圈室		2	—	—	—	—	E	100	中	—
电缆	夹层	10	—	—	—	—	E	500	中	—
	竖井	2	—	—	—	—	E	100	中	—
室内其他区域		2	—	—	—	—	A	100	轻	办公室、资料室、会议室、安全用具室、备品间等
室外油浸式主变压器		—	—	2	—	1	B、E	—	中	砂箱为每台主变压器数，每只砂箱配备 3～5 把消防铲
站内公用设施		4	—	—	10	—	—	—	—	消防黄砂桶应采用铅桶，每两桶配备 1 把消防铲、每 4 桶配备 1 把消防斧

表 3-9　　典型 35kV 变电站现场灭火器和黄砂配置表

配置部位＼灭火器材		磷酸铵盐干粉			黄砂		灭火级别	保护面积（m^2）	危险等级	备注
		4kg	5kg	50kg	桶（25L）	箱（1.0m^3）				
控制室		—	2	—	—	—	E（A）	100	严重	—
配电装置室、二次设备室		3	—	—	—	—	E（A）	150	中	—
室内油浸式主变压器室		4	—	2	—	—	混合	100	中	—
室内油浸式主变压器散热器室		2	—	—	—	—	混合	50	中	—
电容器室		2	—	—	—	—	混合	100	中	—
电抗器室		2	—	—	—	—	混合	100	中	—
蓄电池室		2	—	—	—	—	C	100	中	—
消弧线圈室		2	—	—	—	—	E	100	中	—
站用变压器室、接地变压器室		2	—	—	—	—	混合	100	中	—
电缆	夹层	8	—	—	—	—	E	400	中	—
	竖井	2	—	—	—	—	E	100	中	—
室内其他区域		2	—	—	—	—	A	100	轻	办公室、资料室、会议室、安全用具室、备品间等
室外油浸式主变压器		—	—	1	—	1	B、E	—	中	砂箱为每台主变压器数，每只砂箱配备 3～5 把消防铲
站内公用设施		3	—	—	5	—	—	—	—	消防黄砂桶应采用铅桶，每两桶配备 1 把消防铲、每 4 桶配备 1 把消防斧

第四章

电力电缆线路消防

362. 电力电缆火灾的严重性如何？

答：因产品质量或安装工艺不良、接地系统损坏、绝缘老化、过负荷、接触不良、外力破坏等问题均可导致电缆火灾，且失火后伴随释放大量浓烟、有毒有害气体，火势易随电缆通道蔓延扩大。因为电缆通道的隐蔽而难以扑灭，且火源难以精确定位、救援困难，易波及相邻电缆线路造成二次灾害、导致事故扩大化，甚至引发大面积停电。且火灾事故后恢复重建时间久，经济损失与社会影响大。据统计，电缆火灾占变电设备火灾的70%～80%，70%以上电缆火灾造成的损失非常严重。

363. 电缆火灾事故发生的原因有哪些？

答：电缆火灾事故发生原因有两个方面，一是电缆系统本身故障引起的火灾事故；二是外界起火引起电缆着火的火灾事故。目前，虽然电缆设计、施工、生产、运行等各环节均有相应的防火措施，但仍存在诸多引发火灾的不安全因素。

364. 电力电缆本体在防火方面存在的主要问题有哪些？

答：（1）电缆或附件生产工艺把控不严或原材料不合格，产品质量导致线路故障率增大。

（2）安装人员水平不高、安装环境恶劣、随意压缩施工工期及施工工艺管控不严，造成电缆安装缺陷。

（3）检修、试验或故障测寻等操作不当。

（4）架空线—电缆混合线路重合闸未退出，故障后重合闸动作引起火灾。

（5）中性点非直接接地系统电缆长时间带故障运行引发火灾。

（6）现有国内外标准未建立统一的电缆防火性能入网检测体系，导致不合格电缆、附件及附属设备设施可能入网，增大事故隐患。

（7）电缆线路缺乏有效的检测技术，电缆运行状态评估困难。

（8）火灾监测主要依靠温度与烟雾传感器，易误报导致灭火系统误动。

365. 电力电缆通道在防火方面存在的主要问题有哪些？

答：（1）未统一规划、管理，电缆通道与其他市政管线（煤气、通信、热力、来水、雨污水管等）之间存在交叉跨越，较大安全隐患。

（2）输配电电缆、强弱电电缆同通道敷设，且未采取有效防火隔离措施。

（3）政府及用户投资改造的电缆通道在建设中缺乏对施工质量的管控，造成电缆线路通道安全与质量存在缺陷等。

（4）已建成电缆通道内施工随意性较大，存在乱设、乱摆放、乱穿管等现象，安全隐患较大。

（5）电缆通道上堆积易燃易爆物品，工井内无防火措施，存在火灾隐患。

（6）电缆通道火灾事故一旦扩大，基本依靠被动防火分隔和封堵，缺乏高效可靠的灭火装备或措施，致使火灾蔓延、事故扩大。

366. 特大/大型城市的电缆通道在防火方面存在的主要问题有哪些？

答：考虑经济因素及场地限制，电缆通道内通常多回路密集敷设，且高电压等级电缆的使用量越来越大。在特大/大型城市的电缆通道施工过程中，存在下述问题：

（1）通道资源紧张，电缆敷设密集，中心城区通道资源严重不足，电缆通道建设必须统一选线，新建高压电缆线路利用原有中压电缆排管通道增多。

（2）早期投运的电缆隧道标准不高，早期隧道设计，建设的标准不高，消防系统配置水平不统一。

（3）施工质量下降，后期整改困难，建设管理单位存在质量管控水平参差不齐、项目监理形同虚设、项目施工单位利用监管漏洞不按规范要求施工等问题。

367. 针对通道资源紧张、电缆敷设密集的问题，通常采取哪些措施可以降低电缆及通道的火灾风险？

答：（1）针对通道资源紧张、电缆敷设密集的问题严控新增线路投运，明确通道防火措施应同时设计、同时施工、同时验收。未落实防火防爆措施的电缆不得投运。

（2）配网电缆不进入 500kV 电缆通道。中性点非有效接地且带故障运行的电缆不进入隧道。非阻燃电缆不进入隧道。

（3）设计单位在可研方案编制时完成现有通道内部勘查，对不符合高压电缆敷设要求的通道方案中必须增加整理、隔离或搬迁现状电缆等改造项目。

（4）运维单位需要优化通道资源，积极介入隧道可研规划阶段，加强配网电缆入沟管控，逐步移出主网通道内现存配网电缆，避免电缆通道断面使用无序。

（5）城市综合管廊是解决多种地下民生工程（如供电、供水、通信、供暖）的一种方法，今后一段时间将是电缆通道建设、运维的一个主要方向。

368. 针对早期投运的电缆隧道标准不高的问题，通常采取哪些措施可以

降低电缆及通道的火灾风险？

答：针对早期投运的电缆隧道标准不高的问题，逐步实施老旧电缆通道消防改造。根据隧道的重要程度，合理安排资金统一隧道附属设备、设施配置标准，通过技改、大修来提高电缆隧道的安全防护等级。

369. 针对施工质量下降、后期整改困难的问题，通常采取哪些措施可以降低电缆及通道的火灾风险？

答：针对施工质量下降、后期整改困难的问题，运维单位防线应前移。建立健全全过程验收管控机制，加强高压电缆线路过程监控、竣工现场检查的覆盖率，严把投运关。

370. 电缆线路运维单位如何在强化日常巡检与专项排查治理的基础上，进行差异化运维？

答：在强化日常巡检与专项排查治理的基础上，进行差异化运维。一是优化重合闸方式，电缆长度占比低于 30%且不含有电缆接头的架空电缆混合线路投入重合闸。纯电缆线路、电缆长度占比超过 30%或含有电缆接头的架空电缆混合线路退出重合闸。二是快速切除单相接地故障。在不接地或经消弧线圈接地系统中，当发生 10kV、35kV 电缆线路（含架混线路）永久性单相接地故障时，在确定故障线路后，调控部门立即远方切除故障线路或故障区段（含造成用户停电的单电源及重要用户外电源线路），避免波及临近高压电缆。不具备远方操作条件的，应立即通知运维人员到站操作。三是开展差异化巡检工作，将存在火灾隐患的隧道纳入一级通道管理范畴，做到通道内 30 天巡视一次。

371. 国外被动防火方式与我国被动式阻火方式各有什么特点？

答：（1）国外被动防火往往采用横向或纵向的物理障碍物，涂刷膨胀性防火涂料如杜勒斯火盾或使用陶瓷纤维防火毯封堵电缆穿墙处等方法。

（2）我国主要采取封、堵、涂、隔、包等被动式阻火方式：“封”是采用防火（耐火）槽盒对电缆进行封闭保护；“堵”是采用防火堵料与阻火包等防火材料对贯穿墙、楼板孔洞进行封堵；“隔”是采用耐火隔板对电缆进行层间阻火分隔、用耐火隔板隔小防火分隔区间；“涂”是采用电缆防火涂料对电缆进行防火阻燃处理；“包”是采用防火包带对电缆作防火阻燃处理。

372. 对防火封堵材料的要求是什么？

答：为防止因短路或外界火源造成电缆引燃或沿电缆延燃，应对电缆及其构筑物采取防火封堵/分隔措施，电缆穿越楼板、墙壁或盘柜孔洞以及管道两端时，应用防火堵料封堵。国外要求防火材料具有非常低的热导率、高温膨胀性、保水性、毒气零释放、1000℃下至少 1h 阻燃等特性。防火封堵材料应密实无气孔，封堵材料厚度不应小于 100mm。我国规定防火封堵材料应满足《防火封堵材料》（GB 23864）的要求，防火墙整体还应满足《建筑设计防火规范》（GB 50016）的要求。

373. 防火堵料的作用和分类是怎样的？

答：（1）防火堵料一般用于电缆穿墙、屋顶的孔洞封堵，隔绝两个不同空间的空气流通，以避免火灾蔓延。

（2）堵料分为无机堵料和有机堵料两种。

1）无机堵料是以无机材料为主要成分的粉末状固体。防火泥是一种常见的油灰状无机堵料，主要由氯化石蜡、瓷土粉等组成，可塑性强，能防鼠咬，耐火性能一级，施工、维修时比较方便。非凝固型防火泥是由合成弹性体构成的单组分、遇热膨胀的阻火延烧填隙材料，在自然条件下固化成密封胶具有气密性且隔音，发生火灾时，能和建筑构件一起有效地阻止火焰、烟雾和有毒气体的蔓延和扩散。

2）有机堵料以有机材料为黏结剂，使用时具有一定的柔韧性或可塑性，产品为胶泥装物体。

374. 什么是阻火包？适用于哪些场合？

答：（1）将防火材料包装制成包状物体即为阻火包。

（2）阻火包适用于较大孔洞的防火封堵或电缆桥架的防火分隔。由于其水密性、烟密性及气密性较差，所以只适用于临时封堵，不得用于长期封堵。

375. 什么是阻火模块？适用于哪些场合？

答：（1）阻火模块是用防火材料制成的具有一定形状和尺寸的固体，可切割和钻孔。

（2）阻火模块适用于孔洞或电缆桥架的防火封堵。

376. 电缆隧道内的防火墙（或阻火墙）常用什么材料砌筑？有什么要求？

答：（1）隧道内常用耐火极限不低于 3h 的耐火构筑物砌成防火墙（或阻火墙）形成相互独立的防火分区，并采用耐火砖、防火板、防火堵料等耐火阻燃材质填充。

（2）防火墙厚度根据耐火要求设置一般不低于 250mm，而且便于拆装且不损坏电缆。

377. 防火涂料由哪些材料组成？电缆涂料厚度为多少？为什么涂覆于电缆表面后能有效抑制、阻隔火焰的传播与蔓延？

答：（1）防火涂料一般由叔丙乳液水性材料添加各种防火阻燃剂、增塑剂等组成。

(2) 夹层中的电缆接头，应采用防火涂覆材料进行表面阻燃处理，即在接头及其两侧2～3m和相邻电缆上涂刷防火涂料，涂料总厚度应为0.9～1.0mm。

(3) 涂覆于电缆表面，在自然条件下可以干燥成膜，无需特殊处理。受火时生成均匀致密的海绵状泡沫隔热层，能有效地抑制、阻隔火焰的传播与蔓延。

378. 什么是阻燃包带？有什么作用？适用于哪些场合？

答：(1) 阻燃包带为缠绕在电缆表面的阻燃带状材料，宽度一般在50mm左右。

(2) 阻燃包带可以对电缆提供防水、防酸、防污、防盐、抗紫外线等长期保护。遇火时膨胀形成聚积物防火墙，使电缆更快散热，并保护邻近的电缆和附件不受故障电弧灼伤。

(3) 电缆夹层中的电缆接头，应采用防火涂覆材料进行表面阻燃处理，即在接头及其两侧2～3m和相邻电缆上绕包阻燃包带。

(4) 位于检修孔、拱顶、露天电缆槽或其他存在隐患或会发生通信故障的露天场所的高压电缆，以及重要通信、控制电缆，都应采用防火胶带保护，胶带用玻璃纤维带固定。

379. 防火防爆盒用于哪些场合？有什么作用？防火防爆盒应满足哪些要求？

答：(1) 电缆中间接头防火防爆盒采用阻燃型复合材料，质量应满足《爆炸性环境　第1部分：设备通用要求》(GB 3836.1—2010) 及《爆炸性环境　第3部分：由增安型“e”保护的设备》(GB 3836.3—2010) 的要求，适用于电缆截面积在25～630mm^2中间接头的外层保护，与阻火包带、防火泥配合使用。

(2) 电缆中间接头防火防爆盒可防止电缆接头因缺陷、静电等原因产生的火花引起外界气体、可燃物等不确定环境爆炸或燃烧，形成二次灾害。

(3) 防火防爆盒应满足下列要求：

1) 电缆中间接头防火防爆盒应采用整体预制式或组装式，耐火性能满足A1级，同时在爆炸发生时具备确保结构完整的要求，以免造成二次伤害。

2) 电缆中间接头防火防爆盒采用封闭式保护，电缆接头须被防火防爆盒封闭，材质须为不导磁材料以免形成铁磁回路。

3) 电缆中间接头防火防爆盒须满足耐水、油、耐化学防腐蚀性强、无毒无害等要求，且便于现场拆卸和安装。

380. 现在国内所见的防火防爆盒存在什么问题？

答：（1）现在国内所见的防火防爆盒，对材料没有严格的要求，较多使用阻燃塑料（防火板）、尼龙纤维、玻璃钢（灌聚氨酯 AB 防水组合胶）、石英砂板等几种材料。施工工艺有模压的也有手工的，即使厚度一样，其强度也不相同。对其结构也没有严格的要求，只要能组成一个盒子，在盒子里面用上阻火包隔断、用防火堵泥封堵。

（2）国内可生产接头防爆盒的厂家几乎都是以玻璃钢外壳加以灌聚氨酯 AB 防水组合胶为主的产品，其余产品都只能应用在 35kV 及以下中、低压系统中。

（3）玻璃钢作为外壳内灌聚氨酯 AB 防水组合胶为主的产品，加装在电缆接头上，使用后也起不到防火防爆的作用。如果聚氨酯 AB 防水组合胶在灌入前未搅拌至理想状态，则连防水效果都达不到；在电缆接头发生爆炸时，玻璃钢外壳加以灌聚氨酯 AB 防水组合胶的产品根本无法抵抗爆炸的瞬间冲击，邻近的电缆同样受到牵连。

381. 什么是防火分区？什么是防火隔断？

答：（1）防火分区是根据建筑物的特点，用相应耐火性能的建筑构件或防火分隔物（矿棉、玻璃纤维、石膏板等不燃材料）将建筑物人为划分，能在一定时间内防止火灾向同一建筑物的其他部分蔓延的局部空间，通过隔离火源或封闭空气流通以达到减少或控制火势蔓延的作用。

（2）隧道内防火分区一般在每 100～200m 设置一定阻火分隔，也称防火隔断。《电力工程电缆设计规范》（GB 50217）要求，对电缆可能着火导致严重事故的回路、易受外部影响波及火灾的电缆密集场所，应设置适当的阻火分隔，包括防火门、防火墙等。

382. 对防火墙的砌筑及用材有什么要求？如何分类？用于哪些场合？

答：（1）防火墙的砌筑及用材应满足《建筑设计防火规范》（GB 50016）的技术要求，防火墙耐火极限不低于 3h。

（2）防火墙按材质分为砖石砌块类、钢筋混凝土类，石膏板、轻钢骨架与无机材料复合板等新型防火墙应用也日益广泛。防火墙按安装位置分为外防火墙、内防火墙和室外独立防火墙。

（3）《城市电力电缆线路设计技术规定》（DL/T 5221）规定，防火门、防火墙主要应用于电缆隧道、电缆沟、电缆桥架以及上述通道的分支及出入口。

383. 对电缆通道防火墙的间隔距离有什么要求？

答：电缆通道防火墙的间隔距离应不大于表 4-1 的要求。

表 4-1　　　　电缆通道防火墙的间隔距离

电缆通道类型	电缆通道地点	防火墙间隔距离（m）
电缆隧道	电厂、变电站内	100
电缆隧道	电厂、变电站外	200
电缆沟/桥架	电厂、变电站内	100
电缆沟/桥架	厂区内	100
电缆沟/桥架	厂区外	200

384. 防火板的作用是什么？防火板用什么材料制作？其防火性能如何？

答：（1）防火板是防火墙的常用材料，用于封堵防火墙以及楼板的贯穿孔，以及电缆竖井/桥架、管道、封堵混凝土砌块或楼板上任何形状的开口。也可用作隔热屏，保护电缆桥架、套管、通风管道、控制面板、控制阀和对热量敏感的生产设备。

（2）防火板一般采用硅质材料或钙质材料为主要原料，以玻璃纤维为骨架，以阻燃树脂或无机耐火材料经蒸压技术制成。

（3）防火板的防火性能良好，火焰持续燃烧时间为零，800℃不燃烧，1200℃无火苗，达到最高防不燃级别 A1 级。

385. 什么是防火门？防火门通常用在什么地方？防火门的作用是什么？

答：（1）防火门指在一定时间内能满足耐火稳定性、完整性和隔热性要求的门。

（2）防火门通常设在防火分区间、疏散楼梯间、垂直竖井、电缆隧道/沟/桥架以及上述通道分支处及出入口等处，包括公用主电缆通道的分支处，多段配电装置对应沟道的适应分段处、长距离沟道相隔 100～200m 或通风区段，至控制室或配电装置的沟道入口、厂区围墙等。

（3）防火门起阻止火势蔓延和烟气扩散的作用。

386. 应怎样正确安装和使用防火门？

答：防火门应满足《防火卷帘、防火门、防火窗施工及验收规范》（GB 50877）、《防火门》（GB 12955）的技术要求。

防火门应安装闭门器，或设置让常开式防火门在火灾发生时能自动关闭门扇的闭门装置以隔烟、阻火，以及紧急手动打开装置，并应与火灾报警系统联动。常开式防火门应保证隧道内的通风与采光，遇火时自动关闭能起阻隔作用，紧急手动装置确保运维人员遇火时能自救，火灾报警控制系统可联动关闭防火门，并将报警信号发送至相关值班人员。

387. 对电缆通道中防火重点部位的设计要求是什么？

答：电缆通道中防火重点部位的出入口，应按设计要求设置防火门或防火卷帘。电缆通道中防火重点部位包括变电站出入口、电缆隧道、接头室，线密集处。隧道防火门一般用在防火墙上，且在墙边设置手持灭火器。

388. 为什么有了被动防火措施还要采取主动防火材料与设备？

答：在实际工程中，被动防火措施固然能起作用，却并不能有效阻止电缆火灾的发生和蔓延。在“防火线”被冲破后，还需要采取主动灭火措施进行补救。

389. 在隧道内敷设测量环境温度和电缆表面温度的感温光纤的作用是什么？

答：在隧道内敷设测量环境温度和电缆表面温度的感温光纤，可有效监测隧道环境及电缆的温度，通过发现温度异常达到早期预警的目的，甚至可在火灾初期通过联动消防系统（包括灭火弹、防火卷帘门、自动喷淋系统等），主动抑制火灾发展。

390. 灭火弹的分类和特点是什么？

答：(1) 灭火弹根据介质分为干粉、气体、液体等几种，其中超细干粉灭火剂灭火效率较高，灭火浓度最低，其单位容积灭火效率是哈龙灭火剂的23倍，是普通干粉灭火剂的6～10倍，是七氟丙烷灭火剂的10多倍，是二氧化碳灭火剂的15倍。

(2) 灭火弹工作准确可靠，喷射时间短，灭火迅速，施工安装简便，不占用防护区地面面积，在较封闭的情况下，有效灭火范围可达到7～10m^3。

391. 悬挂式超细干粉灭火弹适用于哪些场合？有什么缺点？

答：(1) 悬挂式超细干粉灭火弹适用于小型防护区的消防保护。在电缆接头的上方部位悬挂的灭火弹是使用热敏线连接缠绕在电缆接头部位的。在火灾发生或报警信号作用下引爆、释放灭火介质，爆炸时对人体、建筑物及其他器材均不会造成伤害。

(2) 缺点是只可灭掉电缆头发生瞬间爆炸的火源，无法防止电缆接头发生爆炸时向四周迸发出的高温火源，更重要的是，如果电缆接头发生爆炸时，正好巡检人员在附近，则极有可能造成人员伤害，再者也可能会造成电缆隧道内粉尘覆盖，如果事故现场检查人员未佩戴防毒面罩，可能会吸入粉尘造成人身伤害。

392. 什么是气溶胶灭火系统？适用于什么场合？

答：(1) 气溶胶灭火系统是当火灾发生时，热气溶灭火发生剂经氧化还原反应生成一种具有灭火性质的气溶胶体，以冷却降温及化学抑制燃烧来实现灭火。

（2）气溶灭火系统一般安装在电缆隧道内。

393. 什么是干粉灭火系统？有哪些优缺点？

答：（1）干粉灭火系统是利用干粉与火焰接触吸收热量，生成非活性气体稀释氧气浓度，从而达到灭火目的。

（2）优点是高压动力源、大干粉量，高喷射指向性。缺点是干粉释放对人有呛咳不适影响，对粉尘过敏者尤甚，需佩戴防尘口罩，进入隧道前规定将系统从“自动”切换为“手动”。

394. 干粉灭火系统的灭火程序是怎样的？

答：（1）当接头发生爆炸火灾时，智能控制系统根据探得火情信号，发出人员疏散警报（留有0～30s疏散时间，可调整）。

（2）自动启动动力瓶内的高压氮气推动灭火剂储存罐内的干粉通过分区阀、输送管网和喷嘴喷放至着火电缆接头处灭火。

（3）干粉喷放完毕后，系统启动冷却瓶内的高压氮气再喷放至接头，以−40℃低温进行可持续15min以上的冷却降温。

（4）如发生复燃现象，智能控制系统会再次自动启动二次灭火程序，灭火及冷却程序和持续时间与第一次灭火程序相同。

395. 水喷淋灭火系统的特点是什么？细水雾灭火系统的特点是什么？

答：（1）水喷淋灭火系统可在发生火灾时自动报警，自动控制式的消防喷淋系统还可以在温度达到设定值（一般为68℃）或者烟雾浓度达到一定阈值后喷头镀铬融化自动喷水，并与其他消防设施同步联动工作，能有效控制、扑灭初期火灾。

（2）细水雾具有水表面能快速吸收热量、隔绝氧气、降低热辐射、减少烟雾等优点。细水雾灭火系统是用水量较少的环保型灭火装置，其缺点是需具备持续喷淋30min的能力，不能设置自动关闭，残留水可能造成电缆受潮。

第五章 燃煤电厂消防

第一节 火电厂消防一般要求

396. 什么是火电厂？火电厂是如何分类的？

答：火电厂是利用煤、石油、天然气等作为燃料生产电能的工厂，它的基本生产过程是：燃料在锅炉中燃烧把水加热成蒸汽，将燃料的化学能转变成热能；蒸汽压力推动汽轮机旋转，将热能转换成机械能；汽轮机带动发电机旋转，再将机械能转变成电能。

火电厂根据燃料、原动机、装机容量等的不同，有多种类型。在我国，习惯上按以下条件进行分类：

（1）按使用的燃料种类，可分为燃煤发电厂、燃油发电厂、燃气发电厂、余热发电厂、以垃圾及工业废料为燃料的发电厂、以田间秸秆为燃料的生物质发电厂。

（2）按发电原动机，可分为凝汽式汽轮机发电厂、燃气轮机发电厂、内燃机发电厂、燃气蒸汽轮机联合循环发电厂、IGCC（整体煤气化联合循环电站）等。

（3）按输出的能源种类，可分为凝汽式发电厂（单纯发电）、热电厂（发电兼供热供冷等）。

（4）按蒸汽参数，还可分为低温低压发电厂（1.4MPa，350℃）、中温中压发电厂（3.92MPa，450℃）、高温高压发电厂（9.9MPa，535℃）、超高压发电厂（13.24MPa，535℃/535℃）、亚临界压力发电厂（16.7～17.8MPa，538℃/538℃）、超临界压力发电厂（24.2MPa，566℃/566℃）、超超临界压力发电厂（25～28MPa，600℃/600℃）和高参数超超临界发电厂（28～35MPa，600℃/600～620℃）。

（5）按服务对象和范围，可分为区域性发电厂、孤立式发电厂、自备电厂、分布式能源电站等。

（6）按凝汽冷却方式，可分为湿冷电厂与空冷电厂。

397. 为什么必须重视火电厂的防火工作？火电厂的火灾隐患存在于哪些环节？

答：(1) 由于火力发电的系统庞大，生产工艺复杂，生产过程中使用大量的燃煤、燃油和燃气等可燃原料，火灾危险性大，一旦发生火灾，危害会很严重，往往会烧毁发电设备和变配电装置，可能造成人身伤亡，而且会引起停电事故，造成重大的经济损失和恶劣的社会影响。我国发电厂在电力系统中的火灾比例高达80%以上，因此，火电厂的防火必须受到高度重视。

(2) 火电厂的火灾隐患存在于各个工艺系统、建（构）筑物，其中尤以燃料系统、锅炉制粉系统、汽轮发电机系统、电气系统最为重要。

398. 火电厂运煤系统的火灾危险性在哪里？其火灾特点是什么？

答：(1) 火电厂运煤系统的火灾危险性表现在以下几个方面：

1) 火电厂常用的煤种：烟煤，含碳较少，挥发物较多，易燃烧；无烟煤，含碳多，挥发物少，不易燃烧；褐煤，挥发物及水分较多，不易燃烧，自燃点仅为250～350℃，更容易引起自燃，火灾危险性最大。

2) 煤由铁路、公路、水运等方式运入火电厂，通过接卸设施，煤被储存在储煤场，再由带式输送机，通过电磁铁、碎煤机，送到煤仓间的煤斗内，再经过给煤机进入磨煤机进行磨粉，磨好的煤粉通过空气预热器的热风经一次风机或给粉机将煤粉打入燃烧器送到锅炉进行燃烧。

3) 煤本身是可燃物质。由于煤种、储存时间、湿度等原因，在露天煤场、室内储煤场、筒仓、栈桥及转运站等煤储存、转运建筑物均可能发生自燃、燃烧；输煤胶带的机械设备摩擦发热，产生静电和高温，也易引起胶带附近粉尘爆炸燃烧，造成煤的转运建筑（卸煤装置、转运站、栈桥、碎煤机室等）发生火灾事故。

(2) 火灾特点。国内燃煤电厂的煤储存，运输系统的火灾事故屡见不鲜。一旦发生火灾，往往发展迅速，波及面大，导致停机，造成很大的直接和间接损失。

399. 火电厂可燃气体接收、输送系统的火灾危险性在哪里？其火灾特点是什么？

答：(1) 虽然以燃油和天然气为燃料的电厂设备比燃煤电厂的相对简单，投资和运行维护费用较低，但由于发电成本较高及各方面条件的限制，所占比例极低。该类发电厂采用的可燃气体主要是天然气，少数为焦炉煤气、高炉煤气等，均极易燃烧，防火重点部位在可燃气体接收、输送系统。

(2) 燃气电厂的燃料大多由外界供应，电厂厂区一般不单独设置储存设施，对于燃天然气的火电厂，电厂厂区的燃料储运系统通常包括供气末站、天然气调压站及配套的设备，管道等供应设施，属于厂区重点防火区域。如果使用管理不严，极易发生天然气泄漏而达到爆炸极限，引起火灾事故。

400. 火电厂锅炉制粉系统的火灾危险性在哪里？其火灾特点是什么？

答：（1）锅炉制粉系统是燃煤电厂不可或缺的，原煤必须处理成煤粉才可进入锅炉燃烧。制粉系统主要包括运煤皮带输送机、原煤斗、磨煤机、煤粉中储仓等。这些设备可能因原煤的自燃、煤粉的挥发，发生爆炸。

（2）煤粉的火灾危险性要比原煤大得多，主要表现在：

1）煤粉比煤块更容易燃烧。煤粉是煤的微小颗粒，它的表面积与同量的煤块相比要大得多，接触空气后比煤块更易氧化，也更容易自燃。

2）煤粉悬浮在空气中，达到一定爆炸极限时，就会形成爆炸性的混合物。据测定，各种煤粉尘的爆炸极限，下限最低的为 $45g/m^3$，上限最高的可达 $2000g/m^3$，爆炸极限范围相当大，爆炸的强度在 $300\sim400g/m^3$ 时为最高。达到爆炸极限的煤粉，无论在封闭的空间（如煤粉制备系统内），或在敞开的空间（如锅炉房内）遇到明火都会发生爆炸燃烧。

3）在封闭的煤粉制备系统内，当煤粉燃烧时，压力迅速提高，将造成整个系统的破坏，并使火焰外喷，烧伤人员，烧坏其他设备。

（3）制粉系统布置在主厂房区域。制粉系统设备主要存在爆炸危险并引发火灾事故。灾害的发生是瞬间的，难以控制的，除了可能造成更大范围火灾外，还可能造成人员伤亡。

401. 火电厂锅炉的火灾风险主要在哪里？

答：火电厂锅炉主要存在燃烧器、空气预热器的火灾风险。

402. 火电厂汽轮机系统的火灾危险性在哪里？

答：汽轮机是电厂的重要设备，它利用具有一定温度和压力的过热蒸汽推动叶轮带动机轴旋转，将锅炉供给的过热蒸汽的热能转变为机械能，再带动发电机进行发电，是火电厂的主要原动重型机械。汽轮机组的设备包括汽轮机本体、调速系统、油系统、凝汽设备、回流回热设备、控制和保护系统等。在国内外发电厂发生过的重大火灾事故中，汽轮机油系统的火灾事故居多。汽轮机油系统的火灾中由喷油、漏油引起的占 90%以上。汽轮机油系统管路长、分布广，且与高温蒸汽管路纵横交错敷设，而管路的阀门法兰多，焊口多，潜在的油泄漏点较多。汽轮机组火灾危险性的部位主要有：

（1）机头下方。汽轮机机头下方布置纵横交错的压力油和回油管路，并与高温蒸汽管道及裸露热体交织在一起，很容易发生火灾。

（2）机组各轴承部位。汽轮机各轴承处是最容易发生漏油的部位，特别是高中压缸的前后轴承、机头前轴承、发电机前后轴承、励磁机前后轴承的挡油板处等。

（3）油管和油压表管部位。油压表管在运行中剧烈振动，油管之间、油管与固定附件之间相互摩擦造成表管断裂或接头松动而漏油、喷油。

（4）主油箱。氢冷机组氢压过高，油封遭到破坏，氢气易窜入主油箱。

（5）汽动油泵出油管部位。当出现误操作，汽动油泵超速时，出油管在冲走和振动作用下容易产生破裂，使压力油高速喷出。

403. 火电厂汽轮机系统的火灾特点有哪些？

答：（1）汽轮机油起火后，火势猛烈、蔓延迅速，难以控制，火焰温度可达1700℃，并可窜到30m以上的高度。一旦汽轮机组喷油起火，火势将迅速扩大到整个厂房。钢架结构的厂房屋顶，在起火15min后会被烧塌。

（2）有多处油泄漏口燃烧，放热量大，燃烧速度快。一旦发生火灾，在高温的作用下，油系统的其他管道法兰被烧坏，又增加新的喷油口，形成火上浇油。

（3）造成二次燃烧，扩大火势。油在燃烧的最初阶段，温度不高，形成大量不完全燃烧产物，浓烟中含有许多细小的油和受热分解出来的碳氢化合物、一氧化碳等易燃物质，一旦氧气供应充足，立即再次燃烧使火势蔓到其他机组。

（4）形成流淌扩散燃烧，造成更大的危害。油系统发生火灾，带火的油流入电缆沟，火焰烧着外露的电缆，引起电缆着火，火会沿着电缆线路蔓延到电气系统。

（5）氢冷式汽轮发电机组使用氢气进行冷却，氢气是一种可燃气体，爆炸极限为4.1%～75%，爆炸范围较广，遇明火或高温极易燃烧爆炸。因此，氢冷式汽轮发电机组的任何部位发生漏气，都有很大的火灾危险，对氢冷式汽轮发电机组需要提出特殊的防火要求。

404. 火电厂电力电缆火灾危险性在哪里？其火灾特点是什么？

答：（1）火电厂的电力电缆和控制电缆的数量非常大。电缆隧道、电缆沟，电缆竖井、电缆支架等遍布全厂，电缆布置形式也多种多样，如隧道、沟道、竖井、悬挂及越墙穿孔等。电缆起火的原因主要是过负荷、短路、接触电阻过大及外部热源作用。

1）电缆防护层损伤。

2）电缆敷设位差太大。

3）电缆接头施工不良。

4）电缆运行过热。

5）外部热源影响。

6）终端头闪络起火。

（2）当电缆起火时，火势会沿着电缆线路迅速蔓延，扩大到控制室或汽机房，引起严重的火灾和停电事故。同时，多数电缆着火后都会产生大量的浓烟和有毒气体，不仅能腐蚀物件、污染周围环境，而且烟雾的弥漫使逃生人员辨别不清方向而导致惊惶失措，威胁生命安全。

405. 火电厂和变电站的大型电力变压器火灾危险性在哪里？其火灾特点是什么？

答：（1）大型电力变压器是发电厂和变电站的重要设备，随着电力工业的不断发展，变压器的容量越来越大，按额定容量等级可分为小型（630kVA以下）、中型（800～6300kVA）、大型（8000～63 000kVA）、特大型（90 000kVA）四个等级。在电力生产中，发电厂和变电站内设置的大型油浸式变压器作为核心设备之一，在运行中一般均较为安全可靠，变压器的总体火灾事故率也一直较低，但在电力生产火灾事故中，特别是在重大、特重大火灾事故中，变压器火灾事故占有一定的比例。近年来，虽然由于设备制造质量及运行水平的提高，变压器火灾事故不断减少，但在单机容量为60万kW的发电厂和500kV的开关站中，还是发生过主变压器烧毁的重大事故。通过对多起变压器火灾事故的分析，发现变压器起火爆炸主要由以下几点原因造成：

1）变压器制造质量差，或检修失误，或长期过负荷运行，使内部绕组绝缘损坏，发生短路。

2）绕组接头处连接不良产生高温，在松动或断开时，造成接触电阻过大，导致局部高温起火。

3）铁芯绝缘损坏，涡流增大，温度升高，引起内部可燃物燃烧。

4）套管损坏爆裂起火。套管发生漏水、渗油或长期积满油垢而闪络，套管绝缘层损坏、老化，绝缘击穿引起爆炸起火。

5）变压器的油质劣化，或油箱漏油、缺油等，影响油的热循环，使油的散热能力下降，导致过热起火。

（2）油浸式变压器一旦起火，如果扑救不及时，火灾持续时间通常较长，造成损失严重，使得机组跳开而影响区域供电。大型电力变压器的火灾会造成重大的直接财产损失甚至人员伤亡，给人民群众生活带来严重影响。大型枢纽变电站的变压器火灾有时还会造成大面积停电，给工农业生产带来巨大的间接损失，危害极大。

406. 火电厂集中控制楼及其他建筑物的火灾危险性有哪些？

答：集中控制楼是火电厂的指挥、控制、信息中心，是电厂的“大脑”，其安全对整个电厂的运行至关重要。通常，火电厂集中控制楼是由集中控制室、电子设备间、电缆夹层、蓄电池室、交接班室及辅助用房等组成的综合性建筑。

(1) 集中控制楼集中有大量的不耐火的电缆和电线，且大部分位于电缆夹层的正上方，如果电缆孔洞的封堵不严，就存在火灾隐患。

(2) 为保持集中控制楼的恒温和洁净，建筑物内常用大量的装饰性材料，使建筑物耐火性能降低。

(3) 集中控制楼一般设置中央空调系统，其通风管的保温材料长时间受热就可能被引燃。

(4) 集中控制楼内部大量的电气设备、仪器仪表、电线电缆等选型、配置、安装不符合安全技术要求时容易发热，产生火灾隐患。

407. 火电厂的其他火灾危险性部位有哪些?

答：火电厂的柴油发电机房、仓库、办公楼等也是电厂的火灾危险场所。

408. 检修等工作间断或结束时还应进行哪些工作?

答：检修等工作间断或结束时应检查和清理现场，做到“工完、料尽、场地清”，不留一点火险隐患。

409. 生产现场需使用电炉必须履行哪些手续? 并有哪些要求?

答：(1) 生产现场需使用电炉必须经消防管理部门批准，明确责任人。对使用人进行安全意识和安全知识教育，采取必要的防范措施。

(2) 生产现场只能使用封闭式电炉，并加强管理。电炉是发热设备，安装位置与可燃物品之间必须留有足够的安全距离。人员离开，必须切断电炉的电源。

410. 为什么充油、储油设备必须杜绝渗漏油? 应采取哪些措施杜绝渗漏油?

答：(1) 充油、储油设备必须杜绝渗漏油，因为渗漏油遇明火会发生燃烧，酿成火灾事故。发现充油、储油设备有渗漏油应及时消除、擦拭干净，不可任其留在地面或墙体。

(2) 杜绝充油、储油设备渗漏油的措施如下：

1) 油管道连接应牢固、严密。油管道除必须用法兰与设备和部件连接外，应采用焊接连接。油管道法兰结合面应使用质密、耐油并耐热的垫料。由于橡胶垫、塑料垫一般不耐温、不受压，均不能使用。禁止使用塑料垫、橡皮垫（包括耐油橡皮垫）和石棉纸垫。

2) 油管道的阀门、法兰及其他可能漏油处的热管道外面应包敷严密的保温层，保温层表面应装设金属保护层。油管道的阀门、法兰发生渗漏油，若蒸汽管道保温残缺不全，油喷在蒸汽管道上会引起着火。

3) 当油渗入保温层时，应及时更换。检修或运行时发现保温材料内有渗油，应及时消除漏油点，并更换保温材料。

4）油管道应尽量避开高温蒸汽管道，不能避开时，应将其布置在蒸汽管道的下方。

411. 为什么排水沟、电缆沟、管沟等沟坑内不应有积油？

答：排水沟、电缆沟、管沟等沟坑内不应有积油。积油聚集起来，就会蒸发油气体。排水沟、电缆沟和管沟等沟坑内通风条件差，蒸发出来的油气体散发不出去，容易达到爆炸浓度极限，遇有火源，就会发生爆炸燃烧。

412. 为什么生产现场禁止存放易燃易爆物品？

答：生产现场禁止存放易燃易爆物品。生产现场禁止存放超过规定数量的油类。运行中所需的小量润滑油和日常使用的油壶、油枪等，必须存放在指定地点的储藏室内。汽油、煤油和酒精等易燃易爆物品，如果管理不当，遇上火源就会燃爆，因此严禁存放在生产现场。生产现场存放的油类主要是透平油、绝缘油和润滑油等，属丙类油品，生产现场用桶储存的存油量不应大于 $0.2m^3$，油类盛放在密闭的金属容器内，不让油蒸汽冒出。

413. 为什么不宜用汽油洗刷机件和设备，不宜用汽油、煤油洗手？生产现场产生的各类废油应如何处置？

答：（1）汽油是易燃品，油蒸汽容易逸散，接触微小的火星也能引燃。因此，不宜用汽油洗刷机件和设备，不宜用汽油、煤油洗手。

（2）生产现场产生的各类废油应倒入指定的容器内，并定期回收处理，严禁随意倾倒。随意倾倒废油，油汽不断蒸发，遇明火、高温物体容易发生燃烧，可能酿成火灾。一定要改掉随意倾倒废油的“恶习”。

414. 生产现场的擦拭材料应怎样放置？用过的擦拭材料应怎样处置？

答：（1）生产现场应备有带盖的铁箱，以便放置擦拭材料。抹布和棉纱头等擦拭材料应放在带盖的铁箱内，避免接触明火或高温物体。

（2）严禁乱扔擦拭材料。用过的擦拭材料应定期清除，防止可燃物长时间堆积，氧化放出热量，温度升高到自燃点引起着火。

415. 为什么在高温设备及管道附近搭建脚手架宜选用金属脚手架？

答：在高温设备及管道附近宜搭建金属脚手架。高温设备管道附近搭建竹木脚手架，可能因热量辐射、传导而引起燃烧。

416. 为什么厂区的消防通道应随时保持畅通？

答：为了保证火灾时消防人员和消防抢险救灾装备的顺利通行，厂区的消防通道应随时保持畅通。

417. 为什么生产现场不应漏煤粉？

答：生产现场不应漏煤粉。对漏到热管道、电缆等部位的煤粉积粉，应制定清扫周期，定期清理积粉。热管道、电缆等处积粉自燃是造成火电厂重特大火灾事故的主要原因之一。清理煤粉时，应杜绝明火，防止煤尘爆燃。

第二节 发电机及氢站消防

418. 对氢冷发电机和制氢设备消防基本要求有哪些？

答：（1）应在线检测氢冷发电机氢冷系统和制氢设备中的氢气纯度和含氧量，并定期进行校正化验。氢纯度和含氧量必须符合规定的标准。检测并控制氢纯度和氢中的含氧量是为了防止发生氢爆炸燃烧。为了防止在线监测装置发生问题使监测数据失准，还应定期进行取样化验、对比校正。

（2）氢冷发电机的氢冷系统中氢气纯度须不低于96%，含氧量不应大于1.2%。

（3）制氢设备中，气体含氢量不应低于99.5%，含氧量不应超过0.5%。如不能达到标准，应立即进行处理，直到合格为止。

（4）室内外架空或埋地敷设的氢气管道和汇流排及其连接的法兰间宜互相跨接和接地。

（5）氢管道应有防静电的接地措施。

419. 为什么要求氢冷发电机的轴封必须严密，轴封油不准中断？

答：氢冷发电机的轴封必须严密，当机组开始启动时，无论有无充氢气，轴封油都不准中断，油压应大于氢压，以防空气进入发电机外壳或氢气充入汽轮机的油系统中而引起爆炸起火。氢气渗出机壳的唯一途径是轴封与密封瓦之间的间隙，因此氢冷发电机一定不能使密封瓦断油，油压不应过低或过高。

420. 如何防止氢冷发电机油系统、主油箱内、封闭母线积存氢气发生爆炸？如何防止密封油泵失去电源造成氢气进入油系统？

答：（1）氢冷发电机运行时，主油箱排烟机应保持经常运行，并在线检测发电机油系统、主油箱内、封闭母线外套内的氢气体积含量。当超过1%时，应停机查漏消缺。防止氢冷发电机油系统、主油箱内、封闭母线积存氢气发生爆炸。

（2）密封油系统应运行可靠，并设自动投入双电源或交直流密封油泵联动装置，备用泵（直流泵）必须处于良好备用状态，并应定期试验，两泵电源线应用埋线管或外露部分用耐燃材料外包，主要防止密封油泵失去电源造成氢气进入油系统。

421. 在氢冷发电机及其氢冷系统上进行动火作业或检修、试验工作应做

好哪些消防措施？

答：在氢冷发电机及其氢冷系统上不论进行动火作业还是进行检修、试验工作，都必须断开氢气系统并与运行系统有明确的断开点，充氢侧加装法兰短管，并加装金属盲（堵）板，以备氢冷发电机及其氢冷系统进行动火检修、试验工作时，用来隔绝氢气源，防止发生氢气爆炸。

422. 动火前或检修试验前，应对检修设备和管道进行哪些工作？

答：动火前或检修试验前，应对检修设备和管道用氮气或其他惰性气体吹洗置换，在置换过程中应有专职人员定时取样分析氢气系统内氧或氢的含量，取样点应选在排出母管和气体不易流动的死角，取样前先放气 1～2min，以排出管内余气。

423. 采用惰性气体置换法对检修设备和管道吹洗置换应符合哪些要求？

答：（1）惰性气体中氧的体积分数不得超过 3%。

（2）置换应彻底，防止死角末端残留余氢。

（3）氢气系统内氧或氢的含量应至少连续 2 次分析合格，如氢气系统内氧的体积分数小于或等于 0.5%，氢的体积分数小于或等于 0.4%时置换结束。

424. 氢冷系统投入和氢冷系统停运时应如何进行气体置换？气体介质的置换应注意哪些事项？

答：（1）氢冷系统投入时，应先用惰性气体置换空气，再用氢气置换惰性气体。氢冷系统停运时，应先对发电机内氢气泄压后用惰性气体置换氢气，再用空气置换惰性气体。防止空气与氢气形成爆炸性混合物。

（2）气体介质的置换应注意以下事项：

1）气体介质的置换避免在启动、并列过程中进行。

2）氢气置换过程中不得进行预防性试验和拆卸螺丝等检修工作。

3）置换气体过程中严禁空气与氢气直接接触置换。

425. 怎样安装漏氢检测装置来监视机组漏氢情况？当机组漏氢量增大时应如何查找泄漏点？

答：（1）应安装漏氢检测装置，监视机组漏氢情况。漏氢检测装置具有灵敏度高响应速度快、测点位置全面的特点，分别布置在定子冷却水箱上部，汽端和励端空侧回油管，封闭母线的 A、B、C 三相和中性点位置，基本能够覆盖靠人力不好检查的所有容易泄漏位置。当机组漏氢量增大，应及时分析原因，并查找泄漏点。

（2）氢气是易燃易爆气体，具有无色无嗅、易泄漏、爆炸范围宽、点火能量低等特征。设备和阀门等连接点氢气泄漏检查，可采用肥皂水或合格的携带式可燃气体防爆检测仪，禁止使用明火。

426. 管道、阀门和水封等出现冻结时，应怎样解冻？

答： 管道、阀门和水封等出现冻结时，应使用热水或蒸汽加热进行解冻，禁止使用明火烤烘或使用锤子等工具敲击，防止泄漏的氢气遇明火或敲击产生的火星，引起燃爆。

427. 为什么禁止将氢气排放在建筑物内部？为什么氢气放空管应设阻火器？

答： (1) 禁止将氢气排放在建筑物内部。室内不准排放氢气，是防止形成爆炸性混合物气体的重要措施之一。

(2) 氢气放空管应设阻火器，阻火器应设在管口处。氢气放空管设阻火器，是为了在氢气放空时，一旦雷击引起燃烧爆炸事故，起阻止事故蔓延作用。为了防止氢气爆炸，放空管应远离明火作业点和高出地面、屋顶一定距离，且避开高压电气设备。放空管应采取静电接地，并在避雷保护区内。

428. 放空管应高出地面、屋顶多少距离？放空管应有哪些保护措施？放空阀应安装在什么地方？

答： (1) 室内放空管出口，应高出屋顶 2.0m 以上。

(2) 墙外的放空管应超出地面 4.0m 以上，且避开高压电气设备，周围设置遮栏及标示牌。

(3) 室外设备的放空管应高于附近有人操作的最高设备 2.0m 以上，排放时周围应禁止一切明火作业。

(4) 放空管应有防止雨雪侵入、水汽凝集、冰冻和外来异物堵塞的措施。

(5) 放空阀应能在控制室远方操作或放在发生火灾时仍有可能接近的地方。

429. 氢气管道敷设的基本要求是什么？

答： (1) 氢气管道宜架空敷设，其支架应为不燃烧体，架空管道不应与电缆、导电线路、高温管线敷设在同一支架上。氢气为易燃易爆气体，为防止氢气管道火灾事故扩大，故规定支架采用不燃材料制作。

(2) 室外地沟敷设的管道，应有防止氢气泄漏、积聚或窜入其他沟道的措施。埋地敷设的管道埋深不宜小于 0.7m。

(3) 室内管道不应敷设在地沟中或直接埋地。

430. 氢气管道与氧气管道、其他可燃气体、可燃液体的管道共架敷设时应满足什么要求？为什么规定氢气管道布置在其他管道外侧和上层？

答： (1) 氢气管道与氧气管道、其他可燃气体、可燃液体的管道共架敷设时，氢气管道与上述管道之间宜用公用工程管道隔开，或净距不少于

250mm，分层敷设时，氢气管道应位于上方。

（2）氢气管道与建（构）筑物或其他管线的最小净距应符合现行国家标准 GB 4962《氢气使用安全技术规程》的有关规定。为防止检修其他管道时，焊渣火花落在氢气管道上发生危险，也为了防止氢气管道发生事故时影响其他管道，又因氢气轻，极易向上扩散，所以规定氢气管道布置在其他管道外侧和上层。

431. 氢气管道穿过墙壁或楼板时应采取哪些措施？

答：（1）管道穿过墙壁或楼板时应敷设在套管内，管道穿过墙壁或楼板时，为使管道不承受外力作用并能自由膨胀及施工检修方便，故要求敷设在套管内。

（2）套管内的管段不得有焊缝，以避免因有焊缝不便检查而无法发现泄漏氢气所带来的不安全性。

（3）氢气管道穿越处孔洞应用阻燃材料封堵，以防止氢气漏到其他房间引起意外事故。

432. 氢气管道是否可穿过地沟、下水道、铁路及汽车道路等？如需穿过应采取什么措施？

答：氢气管道应避免穿过地沟、下水道、铁路及汽车道路等，必须穿过时应设套管。

433. 对于氢气管道的穿过敷设有什么规定？

答：为了避免因氢气泄漏造成不必要的人身和财产损失，规定氢气管道不得穿过生活间、办公室、配电室、控制室、仪表室、楼梯间和其他不使用氢气的房间，不宜穿过吊顶、技术（夹）层。当必须穿过吊顶或技术（夹）层时，应采取安全措施。

434. 室内现场因生产需要使用氢气瓶时，其放置应满足哪些要求？

答：（1）根据现行国家标准 GB 4962《氢气使用安全技术规程》的规定，室内现场因生产需要使用氢气瓶时，其放置数量不应超过 5 瓶。

（2）氢气瓶与盛有易燃易爆、可燃性物质、氧化性气体的容器和气瓶的间距不应小于 8.0m。

（3）氢气瓶与明火或普通电气设备的间距不应小于 10m。

（4）氢气瓶与空调装置，空气压缩机和通风设备（非防爆）等吸风口的间距不应小于 20m。

（5）氢气瓶与其他可燃性气体储存地点的间距不应小于 20m。

435. 为什么规定氢冷器的回水管必须与凝汽器出水管分开，并将氢冷器回水管接长直接排入虹吸井内？

答： 氢冷器的回水管必须与凝汽器出水管分开，并将氢冷器回水管接长直接排入虹吸井内。若氢冷器回水管无法与凝汽器出水管分开，则严禁使用明火对凝汽器铜管找漏。这条规定来自某电厂事故教训。该电厂将氢冷器的回水管与凝汽器出水管接在一起，氢漏到凝汽器出水管，因凝汽器铜管漏，当检修人员用明火找漏时，引起爆炸，造成人员死亡。

436. 当氢冷发电机着火时应怎样处置？

答： 当氢冷发电机着火时，应迅速切断氢源和电源，发电机解列停机，灭火应符合下列规定：

(1) 电气设备发生火灾，应立即切断有关设备电源，然后进行灭火。

(2) 对可能带电的电气设备以及发电机、电动机等，应使用干粉、二氧化碳、六氟丙烷等灭火器灭火。

(3) 对油断路器、变压器在切断电源后可使用干粉、六氟丙烷等灭火器灭火，不能扑灭时再用泡沫灭火器灭火，不得已时可用干砂灭火；地面上的绝缘油着火，应用干砂灭火。

437. 漏氢火灾处理应符合哪些要求？

答：(1) 漏氢火灾发生，应及时切断气源。若不能立即切断气源，不得熄灭正在燃烧的气体，并用水强制冷却着火设备，保持正压状态，处于完全燃烧状态，防止氢气系统回火发生。

(2) 采取措施，防止火灾扩大，如采用大量消防水雾喷射其他可燃物质和相邻设备；如有可能，可将燃烧设备从火场移至空旷处。

438. 制氢站、供氢站平面布置的防火间距及厂房防爆设计应符合哪些规定？

答： 制氢站、供氢站平面布置的防火间距及厂房防爆设计应符合现行国家标准 GB 50016《建筑设计防火规范》和 GB 4962《氢气使用安全技术规程》的规定，其中泄压面积与房间容积的比例应超过上限 0.22。GB 50016《建筑设计防火规范》规定，有爆炸危险的甲、乙类厂房泄压面积与厂房体积的比值宜采用（m^2/m^3）0.05～0.22。爆炸介质威力较强或爆炸压力上升速度较快的厂房，应尽量加大比值。制氢站（供氢站）厂房属于加大比值的厂房。GB 4962《氢气使用安全技术规程》规定，按不低于 GB 50016《建筑设计防火规范》规定的上限值 0.22 执行。

439. 制氢站、供氢站的布置应遵循哪些规定？怎样为制氢站、供氢站设置围墙？

答：(1) 制氢站、供氢站宜布置于厂区边缘，车辆出入方便的地段，并尽可能靠近主要用氢地点。氢气站、供氢站可能发生燃烧和爆炸，因此不宜布置在人员密集地段和主要交通要道邻近处。

（2）为防止无关人员进入制氢站、供氢站，制氢站、供氢站应设置不燃烧体的实体围墙，其高度不应小于2.5m。入口处应设置人体静电释放器。

440. 氢气站、供氢站和氢系统至关重要的安全措施之一是什么？

答： 制氢站、供氢站和其他装有氢气的设备附近均严禁烟火，严禁放置易燃易爆物品，并应设“严禁烟火”的警示牌。所以，“严禁明火”是氢气站、供氢站和氢系统至关重要的安全措施之一。

441. 制氢站、供氢站的出入制度应包括哪些内容？

答：（1）必须制定制氢站、供氢站出入制度，进入制氢站、供氢站人员应交出火种，关闭随身携带的无线通信设施，去除身体静电，不准穿钉有铁掌的鞋和容易产生静电火花的化纤服装进入。

（2）非值班人员进入制氢站、供氢站应进行登记。

442. 对制氢站、供氢站、储氢罐、汇流排间和装卸平台地面有什么要求？

答： 制氢站、供氢站、储氢罐、汇流排间和装卸平台地面应做到平整、耐磨、不发火花。增强地面的耐磨性和强度，不起尘。地坪受金属材料摩擦不产生火花。

443. 制氢站、供氢站为防止氢气积聚应采取什么措施？

答：（1）制氢站、供氢站应通风良好，及时排除可燃气体，防止氢气积聚，建筑物顶部或外墙的上部设气窗（楼）或排气孔（通风口），排气孔应面向安全地带。如室内通风不良，外泄的氢气积聚到爆炸极限范围时，一旦遇火花，就会立即引起爆炸事故。氢气的比重仅为空气的1/14，极易扩散。所以，只要在厂房高处设风帽或天窗，靠自然通风或温差的作用，用新鲜空气置换含氢空气，氢气浓度就会大大降低。

（2）自然通风换气次数每小时不得少于3次，事故通风换气次数每小时不得少于7次。自然通风是安全防爆的有效措施之一，事故排风装置是针对氢气系统一旦发生大量氢气泄漏事故时，自然通风换气次数不能适应紧急置换、氢气扩散的要求而设置的。运行中的氢气站内有爆炸性危险房间，每小时自然通风次数和事故排风换气次数分别按3次和7次设计。

444. 对制氢站、供氢站建筑物的要求是什么？

答：（1）建筑物顶内平面应平整，防止氢气在顶部凹处积聚。房顶做成平面结构（不是水平结构）是防止氢气在房顶积聚的重要措施。制氢站（供氢站）一般采用自然通风，有爆炸危险房间若设机械通风，应符合现行国家标准GB 50058《爆炸和火灾危险环境电力装置设计规范》的规定，并不应低于氢气爆炸混合物的级别、组别，通风口直径采纳有关规定，不应小于 200mm。

（2）建筑物顶部或外墙的上部应设气窗或排气孔。采用自然通风时，排气孔应设在最高处，每个排气孔直径不应少于 200mm，并朝向安全地带，屋顶如有梁隔成 2 个以上的间隔，或“井”字结构、“肋”字结构，则每个间隔内应设排气孔。

445. 怎样检测制氢站、供氢站空气中的含氢量？

答：（1）制氢站、供氢站应设氢气探测器，氢气探测器的报警信号应接入厂火灾自动报警系统。当制氢站、供氢站的氢气探测器检测到空气中的含氢量达到 0.4%（体积比）时，现场发出声光报警信号并联动排风机，同时厂消防控制室集中火灾报警控制器显示报警部位信号。

（2）没有设置氢气探测器的，应使用防爆等级符合规定的便携式测氢仪每周对制氢站（供氢站）空气中的含氢量进行一次检测，最高含量不超过 1%。

446. 制氢站、供氢站同一建筑物内，不同火灾危险性类别的房间应怎样隔开？制氢站、供氢站有爆炸危险房间的门窗应怎样开向？应采用什么材料制作门窗？

答：（1）制氢站、供氢站同一建筑物内，不同火灾危险性类别的房间，应用防火墙隔开。应将人员集中的房间布置在火灾危险性较小的一端，门应直通厂房外。有爆炸危险房间与无爆炸危险房间之间采用耐火极限不低于 3.0h 的非燃烧体墙分隔。

（2）制氢站、供氢站有爆炸危险房间的门窗应向外开启，当室内发生爆炸或燃烧时，屋内气体压力会急剧上升，向外开的门窗有利于释放压力。

（3）应采用撞击时不产生火花的材料制作门窗，如木材、铝、橡胶、塑料等。亦可以仅在门窗经常开启部分采用撞击时不产生火花的材料，防止铁制窗框直接撞击。

447. 氢气站、供氢站应采取哪些防雷措施？

答：（1）氢气生产系统的厂房和储氢罐等应有可靠的防雷设施。

（2）氢气站、供氢站的防雷分类不应低于第二类防雷建筑，其防雷设施应防直击雷、防雷电感应和防雷电波侵入。防直击雷的防雷接闪器，应使被保护的氢气站建筑物、构筑物、通风风帽、氢气放空管等突出屋面的物体均处于保护范围内。

（3）避雷针与自然通风口的水平距离不应少于 1.5m，与强迫通风口的距离不应少于 3.0m；与放空管口的距离不应少于 5.0m，避雷针的保护范围应高出放空管口 1.0m 以上。

448. 制氢站、供氢站内的仪表应怎样布置?

答: 制氢站、供氢站内的仪表等低压设备应有可靠绝缘，电气控制盘、仪表控制盘、电话电铃应布置在相邻的控制室内。

449. 氢气系统设备检修或检验应使用怎样的工具?

答: 氢气系统设备检修或检验，必须使用不产生火花的工具。一般撞击、摩擦、不同电位之间的放电、各种爆炸材料的引燃、明火、热气流、高温烟气、雷电感应、电磁辐射等都可点燃氢气、空气混合物。为此，规定作业时必须使用铜质或铍铜合金等不产生火花的工具。

450. 氢气系统设备要动火检修，或进行能产生火花的作业时，应采取哪些措施?

答: (1) 氢气系统设备要动火检修，或进行能产生火花的作业时，应尽可能将需要修理的部件移到厂房外安全地点进行。

(2) 如必须在现场动火作业，应执行动火工作制度。氢气系统动火检修，应有两台以上测爆仪进行现场监测，保证系统内部和动火区域的氢气体积分数最高含量不超过 0.4%。

第三节　汽轮机消防

451. 汽轮机油系统应采取哪些防火措施?

答: 汽轮机油系统应避免使用法兰连接，禁止使用铸铁阀门。减少油系统附件是减少可能漏油的环节。承压等级应按试验等级高一级选用。

452. 汽轮机油管道应采取哪些防火措施? 油管道法兰应采取哪些防火措施?

答: (1) 油管道应防止振动，其支架必须牢固可靠，支管根部应能适应热膨胀的要求。油管道长时间振动会使油管法兰紧固件松弛而漏油，细小的支管，其根部的强度较低，容易产生裂纹而泄漏。

(2) 油管道法兰应内外烧焊，机头下部和正对高温蒸汽管道法兰应采用止口法兰。机头下部油管道与高温蒸汽管道的布置较近又较密，为加强油管道法兰的严密性，防止漏油、渗油，应采用止口法兰，并内外进行烧焊。

453. 汽轮机油管道布置应注意哪些问题? 对纵横交叉和穿越楼板、花铁板的油管道及油表计管应采取什么措施?

答: (1) 油管道尽可能远离高温管道，油管道至蒸汽管道保温层外表距离一般应不少于 150mm。透平油自燃点低，热体或保温层表面温度达到

200℃左右，油喷上即起火，因此油管道应尽可能远离高温管道，保持一定安全距离。油管与蒸汽管的保温层表面一般应保持不小于 150mm 的净距，对于运行中经常存有静止油的油管应加大距离。

（2）对纵横交叉和穿越楼板、花铁板的油管道及油表计管应采取防摩擦破裂措施。汽轮机处油管道由于经常处于振动状态，故容易与其他物体接触摩擦而破裂，因此油管道应布置在振动较小的地方并用支架固定，防止油管道与其他物体（如油管道、铁板）之间等发生碰撞摩擦。

454. 严禁用什么方法泄放油系统内的空气？

答：严禁用拆卸油表接头的方法，泄放油系统内的空气。拆卸油表接头会使管内压力油喷出，如遇到高温管道就会发生火灾，故严禁这一做法。

455. 为什么主油箱应设置事故排油箱（坑）？怎样设置？对事故排油阀的要求是什么？

答：（1）为了避免火灾事故扩大，主油箱必须设置事故排油装置。汽轮机油系统失火后，必须迅速将油排到事故排油箱。

（2）主油箱事故排油箱（坑）的设置应满足以下要求：

1）事故排油箱的布置标高和排油管道的设计，应满足事故发生时排油畅通的要求。

2）事故油箱应设在主厂房外，事故油箱应密封，容积不应小于 1 台最大机组油系统的油量。为了保证厂房其他机组的安全运行，不使事故扩大，事故油箱必须设置在厂房外。为了防止排放过程中油外溢，导致火势蔓延，扩大事故和污染环境，事故油箱应密封。

（3）事故排油阀应设两个钢质截止阀，其操作手轮与油箱的距离必须大于 5.0m，操作手轮的位置至少应有两个通道能到达，操作手轮不准上锁，应挂有明显的“禁止操作”警示牌。汽轮机油系统着火后，为了防止大火封住通往事故排油门操作手轮位置，至少应有两个通道能到达。为了便于紧急情况下能及时操作，操作手轮不许上锁。为了防止平时误操作，操作手轮应有明显的标志。

456. 汽轮机油系统在起火初始阶段时应怎样处置？

答：汽轮机油系统在起火初始阶段时，应设法切断油源，立即进行灭火。汽轮机油系统初始火灾时，由于火势较小，比较容易控制及扑灭，因此必须抓紧时间立即切断油源，用灭火器材进行扑救。

457. 磷酸酯抗燃油渗入保温层着火时应怎样处置？

答：磷酸酯抗燃油渗入保温层着火，应消除泄漏点。磷酸酯抗燃油发生泄漏，必须设法消除泄漏点，防止泄漏的抗燃油进入热体保温内引起火灾事故。用二氧化碳或干粉灭火器灭火，不应用水灭火。磷酸酯抗燃油一旦燃烧起来温度非常高，水遇到燃烧的高温油就会爆炸，导致火源随水的爆炸而蔓延。磷酸酯抗燃油燃烧时会产生有刺激性的气体，磷酸酯抗燃油燃烧时还会产生一氧化碳、五氧化二磷等有毒气体，灭火人员应正确使用正压式消防空气呼吸器。

458. 汽轮机油系统发生大火时应怎样处置？

答：汽轮机油系统发生大火时，由于火势较大，无法控制，必须有专职消防人员及厂部指导和组织一定力量来进行扑救。汽轮机油系统火灾处理应符合下列要求：

（1）立即启动汽轮机油系统固定灭火系统灭火。

（2）按事故处理规定，紧急停机。

（3）开启事故排油门。

（4）当发生喷油起火时，要迅速堵住喷油处，改变油方向，使油流不向高温热体喷射，立即用泡沫、干粉灭火器灭火。

（5）使用消防水枪进行扑救时，应尽量避免消防水直接喷射高温热体。用水扑救仍是最有效、最经济的办法，可以采用。但应避免消防水直接喷射高温热体。

（6）防止大火蔓延扩大到邻近机组，应组织消防力量用水或泡沫灭火器等将火封住，控制火势，使火无法蔓延。必须注意避免油火随水流淌，使火焰蔓延。

459. 汽轮机凝汽器应采取哪些防火措施？着火的钛合金制成的凝汽器应怎样灭火？

答：（1）汽轮机凝汽器冷却管材料用钛合金时，在汽轮机开缸检修时应采取隔离措施。钛合金制成的凝汽器严禁接触明火，如需要进行明火作业，必须办理动火工作票，做好灌水等安全措施。

（2）钛合金制成的凝汽器着火时严禁用水及泡沫灭火，应用干粉、干砂、石粉进行灭火。不可直接用高压水或含水的灭火剂（如泡沫灭火剂）灭火，水与熔化状态的钛接触可能引起蒸汽爆炸危险。因为炽热的钛遇水后发生剧烈的氧化作用放出氢气和大量的热引起燃烧爆炸。根据金属钛化学活性大的特点，扑灭钛合金火应使用绝对干燥的不燃或难燃物质，如滑石粉、碳酸钙、干土或石墨粉，将其盖在燃烧的钛件上，厚度在1～3cm或更多。

460. 循环水冷却塔应采取哪些消防措施？

答：（1）循环水冷却塔停用检修时，应采取防火隔离措施，防止火星溅落引起内部结构燃烧。循环水冷却塔塔内填料为改性聚氯乙烯或聚丙烯制成的波纹片，熔点仅为 164℃，遇火极易燃烧。

（2）循环水冷却塔安装施工或检修过程中进行明火作业，必须办理动火工作票，采取有效的安全措施，用湿麻袋盖好塔壳、塔口和塔内填料，使溅落的火花遇湿熄灭。

第四节　锅炉、环保装置消防

461. 为什么锅炉的油管、煤粉管等要经常检查？

答：锅炉的油管、煤粉管等应防止泄漏，要经常检查，发现泄漏，及时消除。锅炉环境温度较高、炽热物多，一旦漏油、漏粉，容易引起燃烧。

462. 为什么人孔门、看火门、防爆门周围不应有其他可燃物品？

答：人孔门、看火门、防爆门周围不应有其他可燃物品。人孔门、看火门和防爆门周围温度较高，可燃物品受烘烤容易引起燃烧。

463. 为什么燃油锅炉应保证低负荷时燃油在炉内完全燃烧？

答：燃油锅炉应保证低负荷时燃油在炉内完全燃烧，严格监视排烟温度，并定期吹灰，加强预热器蒸汽吹扫。燃油雾化质量差，形成大颗粒油滴不能完全燃烧，黏结在尾部受热面上，会引起尾部受热面二次燃烧。长时间低负荷运行引起燃烧不良，使未完全燃烧的炭黑被烟气带到尾部，黏结在受热面上，如尾部漏风则外部空气进入，会发生尾部燃烧。排烟温度突然升高就表示有可能发生了尾部再燃烧，因此要严格监视排烟温度。定期吹灰是为了清除尾部炭黑油垢。油温、油压不稳定，特别是油压不稳，不能保证雾化质量，就不能保证良好地燃烧。合理调整风量是为了保证燃烧稳定。

464. 停炉后为什么还要严格监视尾部烟道各点的温度？

答：停炉后，应严格监视尾部烟道各点的温度，发现异常，迅速分析，判断其原因。如果温度仍急剧上升，则立即采取灭火措施。尾部烟道温度不正常升高的原因分析如下：锅炉运行中燃烧不完全时，部分可燃物随着烟气进入尾部烟道，积存于烟道内或黏附在尾部受热面上，新鲜空气从关闭不严的烟、风挡板及各门孔进入尾部烟道，达到一定的温度，可燃物自行着火燃烧，如确认尾部烟道发生燃烧时，应向尾部烟道投入灭火装置，必要时投入消防水进行灭火。

465. 燃油锅炉尾部应装设哪种灭火装置？运行中的燃油锅炉发现尾部燃烧时应怎样处置？

答：（1）燃油锅炉尾部应装设灭火装置。燃油锅炉应优先采用造价低廉、技术可靠的固定蒸汽灭火系统、水蒸气能冲淡燃区的可燃气体，降低空气中的含氧量，从而使燃烧不能持续。

（2）运行中的燃油锅炉发现尾部燃烧时，应立即停炉，停用送风机、吸风机。严密关闭烟道挡板、人孔门、看火门及热风再循环门等，防止新鲜空气和烟气漏入炉内，打开灭火装置的进汽（水）阀，送入蒸汽（水）进行灭火，防止尾部发生燃烧，如发生燃烧应立即用蒸汽或水进行灭火。

466. 发现燃油金属软管着火时应怎样处置？

答：燃油金属软管着火时，应切断油源，用泡沫灭火器或黄砂进行灭火。燃油锅炉金属软管容易发生泄漏造成着火，为此在安装前应专人进行试压，运转时应加强巡视，发生泄漏应及时调换。如发生火灾，立即进行灭火处理。

467. 燃气锅炉停炉检修时应采取哪些安全措施？

答：（1）燃气锅炉停炉检修必须将总进气阀门关闭严密，阀门出口侧加装金属堵板，阀门应加锁。在燃气锅炉的炉内进行检修动火，为了防止炉腔内由于燃气阀门关闭不严密，可燃气体进入炉腔，动火引起燃爆，故必须将阀门关严，加装堵板可靠隔绝。

（2）需要动火前，应分别在炉膛、烟道包括再循环烟道通风，实测炉内可燃气体含量合格，方可动火。动火之前必须进行可燃气体的含量测定，防止发生意外。

468. 为保证燃气管路的严密性应采取哪些措施？

答：（1）凡经检修后（包括新建管路投用前）的燃气管路必须经严密性试验合格后，方可投入运行。

（2）不得在经过严密性试验后的燃气管路上进行检修等作业。经严密性试验后的燃气管路，不得再进行切割或松动法兰螺栓等，否则应重新进行严密性试验。

（3）已试验合格而超过三个月未投用的燃气管路，在投用前应重新试验。明确严密性试验有效期为三个月。

469. 怎样进行燃（煤）气管路的含氧量测试？如何确定燃（煤）气含氧量安全限值？

答：（1）燃（煤）气管路在氮气置换后再进行燃（煤）气置换，且经一定时间的燃（煤）气放散，然后做含氧量测试，含氧量应先后连续测试三次，均不大于发电企业有关技术标准的规定值即为合格，方可投入使用。燃（煤）气中含氧量过高可能导致燃（煤）气爆炸。

（2）燃（煤）气气质不同，含氧量安全限值也不同，发电厂应根据燃（煤）气气质和有关标准，确定含氧量安全限值。

470. 燃气锅炉停炉后应采取哪些安全措施？

答：（1）当燃气锅炉停炉后，应及时关闭燃（煤）气快关阀，且根据停炉时间长短，确定管路的吹扫范围。燃气锅炉停炉停燃气检修时必须可靠地隔绝燃气来源，并将内部燃气吹扫干净。

（2）长期检修或停用的燃气锅炉，必须打开四角排空管等，保持设施内部的自然通风。

471. 怎样进行开启燃（煤）气母管充氮气门管路吹扫？什么情况下吹扫方可结束？

答：（1）联系能源供应中心后，开启燃（煤）气母管充氮气门进行管路吹扫，注意保持燃（煤）气母管压力不大于发电企业有关技术标准的规定值。燃（煤）气气体气质不同，输气管道压力也不同，发电厂应根据输气管道压力和有关标准，确定其管路氮气吹扫的压力限值，在向管道中注入氮气时，宜控制氮气流速、流量，保持输气管道压力不大于限值。

（2）应经燃气锅炉四角排空管取样门进行取样分析，当一氧化碳浓度达到0时，吹扫结束。

472. 燃气锅炉管道动火检修，燃气锅炉管道及其附近进行明火作业是否需要办理动火工作票？燃气锅炉管道动火安全措施应符合哪些要求？

答：（1）燃气锅炉管道动火检修，燃气锅炉管道及其附近进行明火作业或做可能产生火花的工作，必须办理动火工作票。应事先经过燃气锅炉管道可燃气体含量测定。

（2）燃气锅炉管道动火安全措施应符合以下要求：

1）将动火管道与系统隔离，关闭所有阀门并上锁。

2）将动火侧管道拆开通大气，非动火的管道侧加堵板。

3）用氮气吹扫干净，经检测数值应合格。

473. 燃（煤）气爆炸的原因是什么？燃（煤）气爆炸的现象是怎样的？燃（煤）气管道爆破的处理要求是什么？

答：（1）燃（煤）气爆炸的原因可能是：

1）燃（煤）气压力骤降空气漏入管道。

2）燃（煤）气压力调整不当，燃烧器发生回火。

3）投入或停用燃（煤）气管道时置换操作不当，管道内积存空气。

4）有外来火源或热源。

（2）燃（煤）气爆炸的现象如下：

1）爆炸时发生巨响，常伴有火焰从爆炸裂缝处喷出。

2）燃（煤）气压力剧烈波动或迅速下降。

3）燃（煤）气流量急剧变化，顺燃（煤）气流动方向。若爆破地点在流量孔板前，则流量下降；若爆破地点在流量孔板后，则流量上升。

（3）燃（煤）气管道爆破损坏，应立即停用燃烧器，关闭燃（煤）气快关阀，开启相应的氮气吹扫门进行灭火和吹灰。

474. 发生燃（煤）气火灾应怎样处置？

答：燃（煤）气火灾处理应符合下列要求：

（1）如火势不大，可用黄泥、石棉布、湿衣服等进行扑救。分析着火的原因：燃（煤）气从管道法兰、阀门等不严密的接合面漏出，遇明火或高温着火燃烧。

（2）火势太大须关闭燃（煤）气快关阀或母管水封时，应及时先停用燃（煤）气燃烧器，防止发生回火。

（3）禁止用消防水喷射着火烧红的燃（煤）气管路。

475. 静电除尘器为什么会发生燃烧？着火时应怎样处置？

答：（1）如锅炉燃烧不完全，灰粒带有炭墨粒子，则当静电除尘器短路产生电弧时就会引燃着火。可燃物质可能由锅炉过多燃料燃烧和不完全燃烧产生，固体和液体粒子会在电极表面沉积，静电除尘器内产生的电弧将引燃。

（2）着火时应用二氧化碳或干粉灭火器进行扑救。

476. 静电除尘器应采取哪些消防措施？静电除尘器温度探测器探测到火灾发生后应怎样处置？

答：（1）进出烟道应装有温度探测器，当温度异常时，应能向控制室报警。安装温度探测器有益于静电除尘器火灾的早期预报。变压器一整流器组，应选用高燃点绝缘液或干式的。

（2）温度探测器探测到火灾发生，应紧急停运静电除尘器装置。在发生火灾部位空气和燃料已被切断、静电除尘器已经停止运行且电源已切断的情况下，方可打开静电除尘器的门。如有必要，可以使用水龙带进行扑救。

477. 电厂脱硫装置检修、防腐施工作业现场应采取哪些消防措施？

答：带可燃衬胶内衬的设备内宜搭建金属脚手架。检修、防腐施工作业时，现场应配备足够的灭火器，消防水带敷设到动火作业区，确保消防水随时可用。检修、防腐施工作业现场应配备充足的灭火器和应急水源，处于备用的状态，一旦发生失火，迅速把火灾扑灭在初起阶段。有条件的，可调配消防车到现场监护。

478. 电厂脱硫装置防腐施工和检修用的临时动力和照明电源应符合哪些要求？

答：（1）所有电气设备均应选用防爆型，安装漏电保护器，电源线必须使用软橡胶电缆，不能有接头。电气设备会产生弧光和火花，容易引起可燃挥发分子着火及爆炸，而防爆型设备是将电气设备所产生的弧光、火花和可燃挥发分子隔绝。施工现场电源应安装漏电保护器，当发生漏电或触电时，自动断开电源。

(2) 检修人员使用电压不超过12V防爆灯，灯具距离内部防腐涂层及除雾器1.0m以上。

(3) 电焊机接地线应设置在防腐区域外，并禁止接在防腐设备及管道上。

(4) 临时电源在检修结束后，应立即拆除。

479. 脱硫系统停止运行期间，所有带可燃衬胶内衬的设备应采取哪些安全措施?

答：(1) 脱硫系统停止运行期间，所有带可燃衬胶内衬的设备都应有“严禁烟火”的警告标示牌。在所有带可燃衬胶内衬的设备及除雾器（PPHG材质）、除雾器冲洗水管（PP材质）都应悬挂“严禁烟火”的警示牌。

(2) 脱硫装置工艺水箱应保持充满，除雾器冲洗水应在备用状态。除雾器冲洗水可以兼应急消防水喷雾灭火系统，在其停运期间应有足够可靠的水源供应。

480. 在所有衬胶、涂磷的防腐设备上进行动火或其他加热等作业必须履行什么手续?

答：在所有衬胶、涂磷的防腐设备上进行动火或其他加热等作业，必须严格执行动火工作制度。脱硫吸收塔火灾基本都是在停运期间发生的，由动火或其他加热作业引起。因此，切割、电焊、打磨或其他加热等作业必须严格执行动火工作票，落实各项防火安全措施。

481. 除雾器热熔等高温作业应注意哪些事项? 除雾器和喷淋系统检修应注意哪些事项?

答：(1) 除雾器热熔等高温作业应严格控制工作温度，做好冷却和防火措施。

(2) 除雾器和喷淋系统检修，禁止任何动火作业，严禁携带火种进入作业区域。除雾器拆装与修补、冲洗水管及喷嘴检修时，禁止动火作业。

482. 脱硫系统动火应履行哪些手续? 在与吸收塔相通的可拆卸管道动火作业应采取哪些安全措施?

答：(1) 脱硫吸收塔内与塔外壁、防腐烟道内与烟道外壁（范围包括防腐烟道及其膨胀节、挡板门、内部支撑和GGH等）、事故浆液箱等防腐箱罐内与箱罐外壁及与吸收塔相通管道的动火作业，必须办理动火工作票，落实各项防火安全措施。

(2) 在与吸收塔相通的可拆卸管道动火作业，必须拆下搬到安全地方进行；拆卸管道螺栓禁止采用电焊、气割方式进行；管道堵漏尽可能采取非动火方式。

483. 脱硫系统动火应符合哪些要求？

答：（1）关闭原、净烟气挡板门，避免吸收塔内向上抽风形成较大负压。

（2）检查确认除雾器冲洗水系统及水源可靠备用。除雾器冲洗水管道进行动火作业时，应进行局部系统隔离，保留其余除雾器冲洗水系统备用。除雾器冲洗水不在备用状态时，严禁在吸收塔内进行动火作业。

（3）动火作业只能单点作业，禁止多个动火点同时开工。

（4）焊割作业应采取间歇性工作方式，防止持续高温传热损坏或引燃周边防腐材料。

（5）大范围动火作业，吸收塔底部须做好全面防护措施或在底部注入一定高度的水。小范围动火作业可在动火影响区域下部、底部做好防护措施。

（6）动火作业时，必须采取可靠的隔离措施，防止火种引燃防腐层、除雾器以及落入相通的防腐烟（管）道内，引起火灾。禁止在相通、相连的设备内进行防腐作业。动火作业时，应采取关闭相通、相邻设备的烟气挡板门、管道隔绝阀门和封堵管口等措施，防止火种进入或被负压吸入吸收塔、烟道和箱罐内。在有防腐层设备上动火作业时，应将焊割区域边界以外不小于400mm范围内的防腐层剥除，同时在下方铺设防火毯、石棉布等，并定时在防火毯、石棉布上浇水，使其保持湿润，防止高温金属熔渣引燃防腐材料。除雾器附近动火作业时，应将作业点周围局部除雾器片拆除。相通、相连的设备内进行防腐施工期间会散发可燃气体、可燃蒸汽，若进入动火作业区域形成爆炸性混合物，遇到明火就会产生燃爆。禁止在除雾器上直接铺设防火布作为隔离措施。

（7）动火作业过程中，应有专人始终在现场监护。吸收塔动火作业过程中，动火作业区域、吸收塔底部应各有1名监护人。其他部位动火作业过程中，应有专人监护。外壁动火作业时，内部监护人员应正确判断外壁动火点对应的内壁位置，并随时监测内部对应部位状况。监护人应始终在现场，如发现火情则立即灭火并停止工作。动火工作间断、终结时，检修人员撤离现场之前，必须认真清理现场，仔细检查每个角落，看是否有残火遗留，必要时对焊渣堆积点实施淋水处理，消除热源。同时，要检查电焊机电源确已断开。

484. 脱硫吸收塔、烟道、箱罐内部防腐施工应符合哪些要求？

答：（1）施工区域必须采取严密的全封闭措施，设置1个出入口，在隔离防护墙四周悬挂“衬胶施工，严禁烟火”等明显的警告标示牌。脱硫工程建设过程中，吸收塔筒壁内需要进行防腐衬胶施工。衬胶施工使用的丁基胶水是极易挥发、燃点很低的物质，胶板也是可燃物质，如有疏漏，就可能引发火灾。施工区域全封闭措施是为了防止无关人员进入施工区域及防止火种带入，因此要设置防护墙，并有明显的警示牌。

(2) 施工区域必须制定出入制度，所有人员凭证出入，交出火种，关闭随身携带的无线通信设施，不准穿钉有铁掌的鞋和容易产生静电火花的化纤服装。施工期间使用的丁基胶水遇明火（甚至火花）会引起燃爆，因此为了保证施工安全，防止产生电火花、撞击摩擦产生的火花及静电放电火花引发火灾，制定和履行出入制度。

(3) 作业空间应保持良好的通风。设置容量足够的换气风机，确保通风良好，减少丁基胶水的发挥分子的积聚。吸收塔、烟道内作业空间应设置容量足够的换气风机，确保通风良好，减少丁基胶水的发挥分子的积聚。

(4) 施工区域 10m 范围及其上下空间内严禁出现明火或火花。脱硫吸收塔、烟道内部在防腐施工期间会散发可燃气体、可燃蒸汽，施工区域 10m 范围及其上下空间内严禁出现明火或火花。

(5) 玻璃钢管件胶合黏结采用加热保温方法促进固化时，严禁使用明火。

(6) 施工区域控制可燃物，不得敷设竹跳板。禁止物料堆积，作业用的胶板和胶水，即来即用，人离物尽。

(7) 防腐作业及保养期间，禁止在其相通的吸收塔、烟道、管道，以及开启的人孔、通风孔附近进行动火作业。同时，应做好防止火种从这些部位进入防腐施工区域的隔离措施。防腐作业及保养期间，禁止在吸收塔出、入口烟道，增压风机烟道，挡板门、膨胀节和浆液循环泵进口管、喷淋层进口管、除雾器冲洗水管、补浆管、氧化空气管排污管、溢流管、膨胀节以及开启的人孔、通风孔附近进行动火作业。

(8) 作业全程应设专职监护人，发现火情，立即灭火并停止工作。

485. 脱硫吸收塔内发生火灾的处理程序和要求是怎样的?

答: 脱硫吸收塔内发生火灾，应立即向消防部门报警，迅速将施工人员撤离吸收塔，用消防水枪进行灭火。消防水枪无法控制火势时，应关闭原、净烟气挡板门、关闭各人孔门，启动除雾器冲洗水水泵，开启除雾器冲洗水进行灭火。

486. 发电厂脱硝装置的储氨区应怎样设置围墙?

答: (1) 储氨区应设置不低于 2.2m 高的不燃烧体实体围墙，并挂有“严禁烟火”等明显的警告标示牌。氨区周围设置围墙，将液氨储罐、氨气蒸发器、废水塔、高压冲洗泵、稀释风机和接卸氨设备等安装在一个独立的区域，防止无关人员进入。为防止火种带入，氨区周围设置的围墙上应挂有明显的警示牌。

（2）当利用厂区围墙作为储氨区的围墙时，该段厂区围墙应采用不低于2.5m高的不燃烧体实体围墙。

（3）储氨区高处应设置逃生风向标。风向标指示的方向是风的来向。当液氨泄漏时，逃生时必须向上风向跑，这时风向标就起了至关重要的作用。风向标应设置在容易看到的显著位置。在地面人们所感觉到的风向是杂乱的。

487. 对储氨区出入口门的安全要求有哪些?

答：（1）储氨区入口处应设置人体静电释放器，去除准许进入氨区人员的身体静电。

（2）氨区出入口门应处于闭锁状态。

（3）氨区的出入必须制定氨区出入制度，进入氨区人员应交出火种，关闭随身携带的无线通信设施，不准穿钉有铁掌的鞋和容易产生静电火花的化纤服装进入氨区。非值班人员进入氨区应进行登记。氨区内储藏的液氨是有毒气体、腐蚀品，火灾爆炸性为乙类。氨与空气混合到一定的比例时（爆炸极限为15.7%～27.4%）遇明火能引起燃烧爆炸。氨挥发性大、刺激性强烈，对人身健康、环境造成危害。因此，为了保证氨区安全，防范因液氨泄漏对人身健康、环境造成危害或引发燃爆事故，氨区内严禁烟火，并履行严格的氨区出入制度。

488. 为什么氨区应设置氨气泄漏探测器？对氨区内整体环境的要求是什么?

答：（1）氨区应设氨气泄漏探测器。氨气泄漏探测器的报警信号应接入厂火灾自动报警系统。当氨气泄漏探测器检测到气体浓度达到爆炸或中毒报警器设置的临界点时，报警器就会发出报警信号，提醒工作人员采取安全措施，及时启动排风、喷淋降温系统，切断液氨来源，防止发生爆炸、火灾和中毒事故。同时，厂消防控制室集中火灾报警控制器显示报警部位信号。

（2）对氨区内整体环境的要求如下：

1）氨区内应保持清洁，无杂草、无油污。

2）氨区内不得储存其他易燃物品和堆放杂物，不得搭建临时建筑。

3）消除安全隐患，保障氨区的安全。

489. 什么车辆可以进入氨区？对氨区作业人员的要求有哪些?

答：（1）禁止任何车辆进入氨区。氨区作为重大危险源管理，禁止任何车辆进入氨区，因为机动车排气管会出现火花。即使是电瓶车也不准进入氨区，因为电瓶车开停时产生弧光。

(2) 对氨区作业人员的要求如下：

1) 氨区作业人员必须持证上岗，氨区作业人员必须经过培训，经考试合格取得特殊工种作业和安全作业证，方能胜任氨区作业岗位。

2) 氨区作业人员应掌握氨区系统设备，熟悉液氨安全接卸规程，正确佩戴防护用品，规范作业，避免因违章操作引发液氨泄漏等事故。

3) 氨区作业人员了解氨气的性质和有关防火、防爆的规定。具有一般消防知识，熟悉液氨的特性，掌握储存、接卸装置的事故处理程序和方法，具有应急处理能力。

490. 氨区应为作业人员配备哪些安全防护装置？卸氨作业时应采取哪些安全措施？

答：(1) 为保护应急处置人员的人身安全，氨区应配备过滤式防毒面具、防护手套、护目镜、正压式消防空气呼吸器和隔离式防护服等安全防护装置，并定期检查，确保有效。

(2) 卸氨作业时应采取以下安全措施：

1) 卸氨作业时应有专人在现场监护，发现跑、冒、漏立即处理。

2) 卸氨中如遇雷雨天气或附近发生火灾，应立即停止卸氨作业。防止卸氨作业过程中产生的氨气遇雷击或明火，引发火灾。

491. 对氨区的电力线路有哪些要求？氨区照明应采用何种照明设备？

答：(1) 氨区电力线路必须是电缆或暗线，不准有架空线。架空线日久绝缘老化脱落而短路，所产生的弧光和火花遇一定浓度的氨气或氨与空气的混合物会发生燃烧或爆炸。

(2) 在氨区当夜间需要用手电筒照明时，应使用防爆手电筒。

492. 氨区应如何设立避雷装置？避雷装置的保护范围是什么？防雷装置接地电阻是多少？

答：(1) 氨区应装设独立的避雷针。

(2) 避雷针的保护范围，应包括整个储罐区和接卸区。

(3) 液氨储罐必须有环形防雷接地。

(4) 防雷电接地电阻不宜超过10Ω。

493. 对氨区防静电的要求有哪些？

答：(1) 设有供液氨汽车槽车使用的静电专用接地线，在扶梯进口处应设置接地金属棒，或在已接地的金属栏杆上留出1m长裸露的金属面。

(2) 液氨储存、接卸场所的所有金属装置、设备、管道、储罐等都必须进行静电连接并接地。

(3) 液氨接卸区，应设静电专用接地线。在扶梯进口处，应设置人体静电释放器。

（4）防静电接地电阻不宜超过100Ω。

494. 对氨区操作和检修使用的工具有什么要求？

答：氨区操作和检修应尽量使用有色金属制成的工具，如使用铁制工具时，应采取防止产生火花的措施，例如涂黄油、加铜垫等。防止在操作和检修时由于摩擦撞击产生的火花引起氨气或氨与空气混合物的燃爆。

495. 对氨区消防的基本要求有哪些？

答：（1）氨区应设置完善的消防水系统，配备足够数量的灭火器材。氨区应备有事故消防系统、消火栓、消防水带、直流消防水枪、喷雾水枪和灭火器等，以备液氨泄漏时用水雾喷洒控制氨气扩散。必须保证事故消防系统供水，保证随时启动投用。

（2）氨罐应配置事故消防系统，定期进行检查、试验，处于良好备用状态。氨罐温度高于40℃时，喷淋降温系统应自动投入，对氨罐进行冷却。

496. 对液氨储罐防火堤的要求有哪些？

答：液氨储罐应设置防火堤，对液氨储罐防火堤的要求如下：

（1）防火堤必须是闭合的。防火堤构成的空间容积，把外溢的液氨控制在一定范围内不使事故扩大，计算防火堤内容积时应取堤全高的80%作为计算高度，防火堤应保持坚实完整，管线、电缆不允许穿过防火堤身，必须穿过堤身时，采取有效的防火密封措施，保证防火堤严密、完整。

（2）防火堤内有效容积不应小于储罐组内一个最大储罐的容量。

（3）防火堤应设置不少于两处越堤人行踏步或坡道，并应设置在不同方位上。

497. 液氨法烟气脱硝系统及其附近进行动火作业时应采取哪些安全措施？

答：（1）储氨罐区是火力发电企业的重大危险源之一，储氨罐区内进行动火作业，必须办理一级动火工作票。液氨法烟气脱硝系统及其附近进行动火作业，必须办理动火工作票。储氨罐、以氨为介质的设备、氨输送管道及阀门等动火检修时，必须办理动火工作票，在氨区设备上动火，除采取严格的隔断、吹扫措施外，还必须经主管领导批准，有专人监护并携带消防器材。

（2）应事先经过氨气含量的测定，检测合格后方可进行动火作业。

（3）检修工作结束后，不得留有残火。检修工作结束后不得留有火种隐患，要做到工完、料尽、场地清。

498. 尿素法烟气脱硝系统动火应采取哪些安全措施？

答：（1）尿素储存仓有尿素时不得在仓内、外壁上动火作业。尿素遇明火、高热会燃烧，受高热分解放出有毒的气体。尿素储存仓内、外壁上动火检修前，应清空储仓内尿素，充分通风，防止发生中毒、火灾和爆炸事故。

（2）尿素输送管道动火检修时，必须做好防止管道内残余氨气爆炸的措施。因动火时产生的热量可使尿素输送管道中残留的尿素溶液汽化产生氨气，为了保证安全，尿素输送管道动火检修前，检修工作负责人和当值运行人员必须共同将检修设备与运行系统可靠地隔离，并对检修设备进行有效地冲洗和换气，测定冲洗换气后的氨气含量，检测合格后方可进行动火检修，防止发生火灾和爆炸事故。

499. 在热解炉供油系统动火检修时应按哪些规定执行？

答：（1）热解炉供油系统设备检修时，应尽量使用有色金属制成的工具。如使用铁制工具时，应采取防止产生火花的措施，例如涂黄油、加铜垫等，热解炉供油系统设备需动火时，按动火工作票管理制度办理手续。

（2）在热解炉供油系统管道上和通向油罐、油池、油沟的其他管道，包括空管道上进行动火作业时，必须采取可靠的隔绝措施，靠油罐、油池、油沟一侧的管路法兰应拆开通大气，并用绝缘物分隔，冲净管内积油，放尽余气。

（3）在热解炉供油系统油区进行焊接、热切割作业时，焊接、热切割设备均应停放在指定地点。

（4）不准使用漏电、漏气的设备。火线和接地线均应完整、牢固，禁止用铁棒等物代替接地线和固定接地点。电焊机的接地线应接在被焊接的设备上，接地点应靠近焊接点，并采用双线接地，不准采用远距离接地回路。

500. 发生液氨泄漏火灾时应如何处置？液氨泄漏火灾处理应符合哪些要求？

答：（1）液氨泄漏灭火主要采用断源灭火措施，就是控制、切断流向火源处的氨气，使燃烧中止。在未切断气源前，不要急于灭火，以防灭火后气体继续外逸而发生第二次着火爆炸事故。同时，用大量的直流水流冷却储罐壁，防止储罐受热发生爆炸。在应急处置过程中，需要消防人员在上风口用喷雾水枪进行掩护，协助操作。

（2）液氨泄漏火灾处理应符合下列要求：

1）关闭输送物料的管道阀门，切断气源。

2）启动事故消防系统，用水稀释、溶解泄漏的氨气。

3）若不能切断气源，则不允许扑灭正在稳定燃烧的气体，喷水冷却容器。

第五节 燃煤系统消防

501. 长期不用或停运的龙门吊煤机、斗轮机等应该停在何处?

答: 对长期不用或停运的龙门吊煤机、斗轮机等应尽量停放在煤堆较低处。

502. 燃用褐煤或易自燃的高挥发分煤种的燃煤电厂应采用什么样的输煤皮带?

答: 燃用褐煤或易自燃的高挥发分煤种的燃煤电厂应采用难燃胶带。输煤皮带一旦烧毁会直接影响安全发电，恢复也困难，修复和更换皮带费用也昂贵。因此，应选用难燃皮带。导料槽的防尘密封条应采用难燃型卸煤装置、筒仓、混凝土或金属煤斗、落煤管的内衬应采用不燃材料。

503. 怎样清理火电厂运煤设备系统的积煤、积粉?

答: 对长期停用的原煤仓、输煤皮带系统，包括煤斗、落煤管和除尘用的通风管的积煤、积粉应清理干净，皮带上不得有存煤，以防积煤、积粉自燃。为了防止积煤、积粉自燃引起火灾，输煤系统停运后，应及时清理积煤、积粉，确保停用的设备上无积煤、积粉。

504. 禁止在储煤场的地下敷设哪些管道?

答: 储煤场的地下，禁止敷设电力电缆线路、蒸汽管道，易燃、可燃液体及可燃气体管道。储煤场一旦发生火灾，会危及地下电缆的安全，还会使易燃可燃液体及气体管道发生燃爆。同时，易燃、可燃液体及气体管道一旦泄漏，还会增加储煤场发生火灾的可能性，蒸汽管道发出的热量会加剧煤场内积煤自燃，因此，不可在储煤场地下布置。

505. 储煤场的原煤应怎样堆放?

答: 原煤应成型堆放，不同品种的原煤应分类堆放。若需长期堆放原煤，则应分层压实，时间视地区气温而定。原煤经过分层、压实后减少了与空气接触面，也减少了外界水分的渗入，减缓煤堆的氧化速度，使煤在被氧化过程中放出的热量受到控制。除水与空气外，煤本身的化学成分也是积煤自燃的一个重要因素，不同品种的煤堆放在一起有可能会加速自燃，因此，化学性质不同的煤种应分别堆放。

506. 易自燃的高挥发分煤种的煤不宜长期堆存，必须堆存时应采取哪些防止自燃的措施?

答: 易自燃的高挥发分煤种的煤不宜长期堆存，必须堆存时，应有防止自燃的措施，并经常检查煤堆内的温度。当温度升高到60℃以上时，应查明原因并立即采取措施。积煤自燃是需要经过一个阶段的聚热才能发生的，通常为90天，在气温较高地区有时会更短些。因此，容易自燃的煤不宜长期堆放。为了防止煤的自燃，褐煤等易自燃的高挥发分煤种在煤场存储时间不宜超过15天。当煤堆边坡的温度升高到60℃以上时，极有可能发生自燃，应查明原因采取相应措施。在检测煤的温度时，要从煤堆的上、中、下及用不同方法测定。温度计在煤堆内至少停留10min。当温度达50℃时为危险界限，达60℃时应采取措施。

507. 输煤皮带上空附近、原煤采样装置和原煤仓格栅动火应采取哪些防火措施？

答：输煤皮带上空附近、原煤采样装置和原煤仓格栅动火，应做好隔离措施。防止火源落在皮带上或原煤仓引起燃烧，发生火灾。

508. 封闭式室内储煤场应设置哪些设施？附在储煤场内壁上的煤应如何处置？

答：（1）封闭式室内储煤场应设置通风和灭火设施。封闭式室内储煤场除应满足露天煤场的相关要求外，还应设置强制通风和手动喷水设施。

（2）附在储煤场内壁上的煤应定期清除。室内储煤场内壁会附着一层煤，定期清除附在储煤场内壁上的煤，避免成为煤的死角，死角是造成自燃的一个原因。

509. 露天储煤场与建筑物、铁路的防火间距应遵守哪些规定？

答：储煤场一旦发生火灾将产生大量的辐射热，会引燃邻近的建筑物，因此要求建筑物与储煤场要有一定的防火间距。露天储煤场与建筑物、铁路防火间距应符合表5-1的规定。

表5-1　露天储煤场与建筑物、铁路防火间距　单位：m

邻近建筑物名称	丙、丁、戊类建筑，耐火等级一、二级	丙、丁、戊类建筑，耐火等级三级	办公、生活建筑，耐火等级一、二级	办公、生活建筑，耐火等级三级	供氢站、储氢罐	点火油罐区、储油罐	露天油库
露天卸煤装置或储煤场（非褐煤）	8	10	8	10	15	15	15
露天卸煤装置或储煤场（褐煤）			25	25	25	25	25

510. 储煤场火灾应怎样处置？原煤仓火灾应怎样处置？输煤皮带火灾应

怎样处置?

答:(1)储煤场煤堆着火用水灭火。储煤场应配备足够的消防用水，煤堆局部起火或自燃出现明火应及时用水扑救。由于水分能加速煤的氧化，如果消防水未到达火源部位，就会使自燃情况更加恶化。如果能够确定煤堆中起火的位置和范围，应将煤堆挖开，用水扑灭明火，把受热煤运走。

(2)原煤仓着火应启动固定灭火系统灭火。如果没有固定灭火系统或灭火系统发生故障而不能使用时，用雾状水或泡沫灭火器灭火。原煤仓设置惰性气体灭火系统的，应立即启动惰性气体进行惰化灭火。如果没有固定灭火系统或灭火系统发生故障而不能使用时，应用雾状水灭火。进入原煤仓灭火水量，应考虑结构的支撑问题。

(3)输煤皮带着火应立即停止皮带运行，启动固定灭火系统灭火。如果没有固定灭火系统或灭火系统发生故障而不能使用时，用现场灭火器材或用水从着火两端向中间逐渐扑灭，同时可采取阻止火焰蔓延的措施，如在皮带上覆盖砂土等。机组容量为300MW及以上的燃煤电厂原煤仓和运煤皮带，分别设置了惰性气体和水幕及水喷雾、自动喷水等固定灭火系统。皮带着火应立即启动固定灭火系统灭火。

511. 为什么严禁在运行中的火电厂煤粉制粉系统设备上进行动火作业?在停用的火电厂煤粉制粉系统上动火作业应采取哪些安全措施?

答:(1)严禁在运行中的制粉系统设备上进行动火作业。煤粉在密封的制粉设备中输送，特点是颗粒小、干燥、易燃，并有一定的流动性，由于在运行中泄漏及检修时散落，所以在制粉设备附近及空间一般都有煤粉存在。如在制粉设备附近动火，极有可能引起周围煤粉和制粉系统着火及爆炸事故。

(2)在停用的火电厂煤粉制粉系统上动火作业应采取下列安全措施:

1)在停用的制粉系统动火作业，必须清除其积粉及采取可靠的隔离措施，并执行动火工作制度。

2)在有煤粉尘的场所动火，应测定粉尘浓度合格，并办理动火工作手续方可进行动火作业。煤粉浓度是指悬浮在空气中的煤粉量。根据测定空气中煤粉含量达到45～2000g/m^{3}时，无论在密封的容器内还是在敞开的空间遇到明火，都会产生爆炸。当煤粉含量在300～400g/m^{3}时，其爆炸强度/破坏力最大。在煤粉浓度大的地方要进行浓度测定，便携式电脑粉尘仪适用于工矿企业生产现场爆炸性粉尘浓度监测。

512. 对火电厂煤粉制粉系统的防爆装置有哪些要求?

答:(1)制粉系统防爆装置排放口应避免朝向人行通道、设备、电缆桥架。防爆门朝向人行道、操作台或电缆层等设备就会造成人身伤亡及设备事故。

（2）应对防爆装置进行定期检查和维护。

（3）防爆装置动作后应立即检查及清除周围火苗与积粉。制粉系统防爆门一旦动作，大量燃烧着的煤粉将从防爆门喷出，遇到可燃物就会引起燃烧。一定要采取有效的隔离措施，例如加遮栏铁板、电缆层加装防火墙等。

（4）在启动制粉系统和设备检修之前应仔细检查设备内外有无积粉自燃，若发现积粉自燃，应予消除。制粉系统内如存在积粉自燃，一旦被人为或机械所扰动，便会使煤粉飞扬，极可能发生爆炸事故。

513. 对磨煤机出口温度及煤粉仓温度有哪些规定?

答：（1）严格控制磨煤机出口温度及煤粉仓温度，其温度不得超过煤种要求的规定。为了防止煤粉温度过高而引起自燃，故对不同煤种规定不同的最高温度限额。

（2）煤粉仓应装有温度测点并宜装报警测点。煤粉仓温度测点的数量和安装位置应能反映煤粉仓煤粉温度的真实情况，温度测点一般可考虑设在四角，距仓顶1～1.5m处。大型机组煤粉仓宜在不同高度上分别布置测定。为能及时发现煤粉仓温度升高，可考虑加装温度报警装置。

（3）防止煤粉自燃，磨煤机出口气粉混合物的温度应符合表5-2的规定。

表 5-2　　磨煤机出口气粉混合物的温度

制粉系统	煤种	用空气干燥时气粉混合物的温度（℃）	用空气和烟气混合干燥时气粉混合物的温度（℃）
仓储式煤粉制粉系统	无烟煤	不受限制	—
	贫煤	130	—
	烟煤	70	120
	褐煤	70	90
直吹式煤粉制粉系统	贫煤	150	180
	烟煤	130	180
	褐煤和油页岩	100	180

514. 锅炉停炉检修前应做好哪些检修消防措施?

答：（1）仓储式锅炉制粉系统，在停炉检修前，煤粉仓内煤粉必须用尽。仓储式锅炉制粉系统要坚持执行停炉前煤粉仓粉空仓制度。

（2）直吹式锅炉制粉系统，在停炉或给磨煤机切换备用时，应先将该系统煤粉烧尽或清除干净。不得把清仓的煤粉排入未运行（包括热备用）的锅炉内。直吹式锅炉制粉系统停止运行时，应充分通风抽粉，将磨煤机内煤粉抽尽，防止积粉自燃。如果把清仓的煤粉排入不运行（包括热备用）的锅炉内，煤粉将在炉内积聚，随着停留时间的增加，积聚的煤粉内部温度不断升高，极容易发生自燃。

515. 每次大修煤粉仓前应采取哪些检修消防措施？

答：（1）每次大修煤粉仓前应清仓，煤粉仓若不严密，有漏风、漏粉现象，煤粉仓内积粉就容易发生自燃。

（2）每次大修煤粉仓前应检查煤粉仓内壁是否光滑，有无积粉死角。内壁光滑、无死角可减少积粉存留。

（3）粉仓顶盖四角拼缝应符合承受一定的爆炸压力的设计要求。在当煤粉仓发生爆炸时，其顶盖及四角受到的冲击力最大，它是煤粉仓的薄弱部位，故要求顶盖与四角能承受一定的爆炸压力。

516. 给粉机应采取哪些消防措施？

答：（1）给粉机应有定期切换制度。

（2）避免在停用的给粉机入口处出现积粉自燃。清除给粉机进口积粉时，严禁用氧气或压缩空气吹扫。给粉机停用时间过长，在给粉机入口处煤粉就容易氧化发热，其热量不易散发，使其温度升高而自燃。清除积粉时，若吸烟或用压缩空气、氧气吹扫，都有可能引起爆炸。

517. 手动测量煤粉仓粉位时应采取哪些消防措施？

答：（1）煤粉仓内浮筒应由非铁质材料制成，仓内浮筒若用铁质材料，撞击仓壁产生火花，也可能引起燃爆。

（2）手动测量煤粉仓粉位时，仓内浮筒应缓慢升降。粉仓内若已发生煤粉自燃，在测量粉位时，由于浮筒的冲击和扰动使煤粉飞扬达到爆炸浓度，就有可能引起煤粉仓内爆炸。因此，在测量粉位时，浮筒操作应缓慢升降。

518. 清仓过程中发现仓内残余煤粉有自燃现象时应怎样处置？在煤粉仓内清仓时应采取哪些安全措施？

答：（1）清仓过程中发现仓内残余煤粉有自燃现象时，清扫人员应立即退到仓外，将煤粉仓严密封闭，用蒸汽或氮气、二氧化碳等惰性气体进行灭火。仓内残留煤粉发生自燃，如继续清扫可能会使飞扬的煤粉达到爆炸浓度而发生爆炸。因此，清扫人员必须退到仓外进行灭火，确定无火源及有害气体后，方可进仓清扫。

（2）在煤粉仓内清仓时应采取下列安全措施：

1）清仓时，煤粉仓内必须使用防爆行灯。煤粉仓内应使用安全电压防爆型行灯，是因粉仓内衬钢板极易发生触电事故。

2）铲除积粉时，工作人员应穿不产生静电的工作服，禁止穿化纤工作服，防止静电放电。

3）使用铜质或铝制工具，使用非铁质工具是为了避免工作时工具碰撞、敲击时产生火花而引起燃爆。

4）不得带入火种，禁止用压缩空气或氧气进行吹扫。

519. 在清扫磨煤机积粉时应注意什么事项？为什么要做好粉仓层的清洁工作？

答：（1）在清扫磨煤机积粉时，严禁在煤粉温度没有下降到可燃点以下时打开人孔门清扫。

（2）应做好粉仓层的清洁工作，防止煤粉仓爆炸后热气浪喷出所引起的二次爆炸，或粉仓层积粉自燃后火苗进入粉仓引起煤粉仓煤粉爆炸。

520. 发现煤粉仓煤粉自燃时应采取哪些消防措施？

答：（1）发现煤粉仓煤粉自燃要妥善处理，一般应停止向煤粉仓送粉。煤粉仓发生煤粉自燃时，应停止向煤粉仓送粉，如有漏粉，少量的煤粉会在仓内飞扬达到爆炸浓度，极容易产生燃爆。

（2）关闭粉仓吸潮管，进行彻底降粉。

（3）如采取迅速提高粉位（包括同时由邻炉来粉），进行压粉措施时，应事先输入足够数量的惰性气体。如果采取迅速提高粉位压粉时，也有可能引起煤粉飞扬，所以要输入一定量的惰性气体，如氮、二氧化碳等，使自燃的煤粉窒息，再进行压粉，就能有效地消灭煤粉自燃。

521. 为什么要检查煤粉仓、螺旋送粉器吸潮管有无堵塞和保持煤粉仓负压？

答：（1）检查煤粉仓、螺旋送粉器吸潮管有无堵塞，吸潮管应加保温措施，煤粉仓绞笼（螺旋送粉器）吸潮管发生堵塞，会使出口处煤粉量减少，同时随着时间增长，被堵塞的煤粉会发生氧化而自燃。

（2）保持煤粉仓负压，吸潮门开度应使粉仓负压保持适当的数值，防止煤粉外泄。

522. 为什么要对煤粉仓外壁予以保温？煤粉仓应设置怎样的消防设施？

答：（1）煤粉仓外壁受冷风吹袭，使仓内煤粉易于结块而影响流动时，外壁应予保温。为了防止吸潮管、煤粉仓等外壁散热而使内部煤粉受潮结块，故外壁需保温。

（2）煤粉仓应设置固定灭火系统。煤粉仓应设置蒸汽、二氧化碳和氮气等固定灭火系统。煤粉仓灭火系统应保持完好，在任何时刻、任何情况下灭火系统都能投用。固定灭火系统定期试用时，灭火剂不得进入煤粉仓。

523. 煤粉仓发生火灾时应怎样灭火？

答：（1）煤粉仓发生火灾，不得用压力水管向煤粉仓直接进行喷射，防止煤粉飞扬达到爆炸浓度。

（2）粉尘浓度较大、积粉较多的场所发生着火，应采用雾状水灭火。雾状水灭火可以减少对煤粉的冲击和扰动。严禁使用消防水、工业水、冲洗直流水柱或灭火器直接对准着火点喷射灭火。

第六节 易燃易爆物品储存消防

524. 应怎样存放易燃易爆物品？对管理易燃易爆物品人员的要求有哪些？易燃易爆物品是否可以储存在建筑物的地下室、半地下室内？

答：（1）易燃易爆物品应存放在特种材料库房，设置“严禁烟火”标志，并有专人负责管理。危险物品在受热、摩擦、振动撞击、接触火源、日光曝晒、遇水受潮、接触空气、接触有机物等外来因素影响下，会引起燃烧、爆炸、腐蚀、灼伤、中毒等事故，为了保证危险品安全储存、不发生任何事故，必须将危险物品存放在特种材料库房，并有专人负责管理。

（2）单位应对从业人员进行安全教育、法制教育和岗位技术培训，从业人员应当接受教育和培训，考核合格后上岗作业。对有资格要求的岗位，应当配备依法取得相应资格的人员。危险物品种类繁多，性质各不相同，如果管理不善，就容易发生燃烧爆炸，甚至发生重大火灾事故，故管理人员一定要了解、掌握管理、储存的方法及发生事故的处理方法。

（3）易燃易爆物品不应储存在建筑物的地下室、半地下室内。易燃易爆物品若储存在建筑物的地下室、半地下室时，容器一旦泄漏，房间内容易积聚易燃易爆气体，达到爆炸浓度，遇明火会发生爆炸。

525. 易燃易爆物品库房应采取哪些消防措施？

答：（1）易燃易爆物品库房应有隔热降温及通风措施，并设置防爆型通风排气装置。

（2）易燃易爆物品库房内严禁使用明火。库房外动用明火作业时，必须执行动火工作制度。危险品仓库所储存的危险品，均为易燃易爆及有毒物质，其特性是遇高温及明火就会发生燃烧、爆炸，火势蔓延快，因此易燃易煤物品库房严禁使用明火。库房外动用明火作业时，必须执行动大工作制度，以防止发生火灾。

（3）保管人员离开易燃易爆危险品库房库时，必须拉闸断电。

（4）进入易燃易爆物品库房的电瓶车、铲车，必须是防爆型的。普通电瓶车开停时产生弧光会引起油气燃烧，机动车排气管点火装置会出现火花，故电瓶车、铲车必须是防爆型的。

(5) 易燃、可燃液体库房应设置防止液体流散的设施。易燃、可燃液体一般是桶装存放在库房内，一旦起火，甚至是桶装液体爆炸，容易流淌在库房地面，还可能会流散到库房外，所以库房应设置高于室内地坪0.15m的非燃烧材料建造的斜坡式门槛，防止油品流散到室外。

526. 易燃易爆品仓库应建立哪些出入库管理制度?

答: (1) 易燃易爆物品进库，必须加强入库检验，若发现品名不符、包装不合格、容器渗漏等问题时，必须立即转移到安全地点或专门的房间内处理。化学物品危险性较大，各自的特性也不一样，有的在常温中遇到空气中水蒸气就会分解出可燃气体，有的在空气中会迅速氧化而自燃，有的与氧化剂、有机物接触会发生燃烧及爆炸等，因此，为了保证危险物品仓库安全，禁止不符合要求的物品入库。

(2) 易燃易爆、剧毒化学危险品必须执行双人收发、双人记账、双人双锁、双人运输、双人使用，领用需经有关部门领导批准。

527. 怎样为易燃易爆物品制定防火措施和现场灭火预案?

答: (1) 应根据仓库内储存易燃易爆化学物品的种类、性质，制定现场灭火预案。

(2) 化学化验室易燃易爆物品应根据储存、使用的规定，制定防火措施和现场灭火预案。

528. 应该怎样存放易燃液体?

答: (1) 易燃液体的库房，宜单独设置。

(2) 当易燃液体与可燃液体储存在同一库房内时，两者之间应设防火墙。汽油、甲苯、丙酮、乙醇、煤油、松节油等易燃液体不得与透平油、绝缘油、润滑油、柴油等可燃液体储存在同一库房内，如储存在同一库房内时，从安全和经济两方面考虑，要用防火墙将两者之间隔开。

第七节　发电厂燃油油区消防

529. 为什么发电厂燃油油区四周还要单独设置高墙?

答: 为了防止无关人员进入燃油油区及防止火种带入，油区周围设置不低于1.8m的围墙或围栅，并有明显的警示牌。发电厂内应划定燃油油区，油区四周应设置1.8m高的围栅，并挂有“严禁烟火”等明显的警告标示牌。当利用厂区围墙作为油区的围墙时，该段厂区围墙应为2.5m高的实体围墙。

划定油区，就是将油罐、装卸油设备、油泵房、油加热器、滤油器、污油池、油水分离设备等划在一个独立的区域。

530. 怎样防止带有静电的人员进入油区？为什么必须制定油区出入制度？

答：（1）油区应设置人体静电释放器。油区入口处、油泵房的门外，储罐的上罐扶梯入口处、装卸作业区内操作平台的扶梯入口处、油码头上下船的出入口处应设置消除人体静电装置，操作人员应徒手或徒手戴防静电手套触摸人体静电释放器后方可进入油区。

（2）为了保证油区安全，防止火灾，应制定和执行油区出入制度。油区必须制定油区出入制度，进入油区人员应交出火种，关闭随身携带的无线通信设施，去除身体静电，不准穿钉有铁掌的鞋和容易产生静电火花的化纤服装进入油区。非值班人员进入油区应进行登记。油区内储藏的油品是可燃或易燃液体，其蒸发出的油气遇明火，甚至火花也会引起燃爆。

531. 对油区内电力线路的要求是什么？油区内电气设备维修时应采取什么安全措施？

答：（1）油区内电力线路必须是电缆或暗线，不准有架空线。架空线日久绝缘老化短路，产生电弧光及火花，会引燃油气。

（2）油区内电气设备的维修，必须停电进行。电气设备带电维修有可能产生火花或弧光，必须停电维修。

532. 对卸油区及油罐区的避雷装置和接地装置的要求有哪些？

答：（1）卸油区及油罐区必须有避雷装置和接地装置。雷电会引起巨大的电磁、热、机械效应和静电作用，为了避免在油区、卸油区因雷电发生火灾，装设防雷装置是防止油区雷击起火最有效的方法。

（2）油罐接地线和电气设备接地线应分别装设，以防止过电压，避免发生火灾。

（3）输油管应有明显的接地点。油在管道内输送时，由于摩擦产生静电，静电积累后能量很大，会对其他物体放电，故油罐、油管道、卸油站等都要有良好的接地装置。

（4）油管道法兰应用金属导体跨接牢固。每年雷雨季节前须认真检查，并测量接地电阻。

（5）防静电接地每处接地电阻值不宜超过 100Ω。

（6）露天敷设的管道每隔 200～300m 应设防感应接地，每处接地电阻不超过 30Ω。

533. 对油区内的环境有哪些要求？

答：（1）油区内应保持清洁，无杂草、无油污。

（2）油区内不得储存其他易燃物品和堆放杂物，不得搭建临时建筑。

（3）减少油区内可燃、易燃物品，保障燃油设备的安全。

534. 对发电厂卸油区铁道的消防措施有哪些？

答：（1）卸油区内铁道必须用双道绝缘与外部铁道隔绝。卸油区铁道与外部铁道良好绝缘是防止外界电流通过铁轨引入卸油线内，避免产生火花的可能。

（2）油区内铁路轨道必须互相用金属导体跨接牢固，并有良好的接地装置，接地电阻不大于 5Ω，以便铁轨上的静电能良好地释放。

535. 对进入油区的车辆有哪些规定？

答：（1）禁止电瓶车进入油区，电瓶车开停时产生弧光，会引起油气燃烧。

（2）机动车进入油区时应加装防火罩。机动车排气管点火装置会出现火花，故必须有消除火花或隔绝火花的装置。

536. 油车、油船卸油加温时对加温的温度有哪些规定？油车、油船卸油时，严禁将什么样的胶皮管或铁管接头伸入仓口或卸油口？

答：（1）油车、油船卸油加温时，应严格控制温度，原油不超过 45℃，柴油不超过 50℃，重油不超过 80℃。加热燃油、燃油管道伴热、油管道清扫的蒸汽温度，应低于油品的自燃点，且不应超过 250℃。油品加热、伴热和燃油管道清扫的蒸汽温度过高，容易引起油品自燃。

（2）油车、油船卸油时，严禁将箍有铁丝的胶皮管或铁管接头伸入仓口或卸油口。有铁丝的胶皮管或铁管接头直接伸入仓口或卸油口处，会与罐壁发生撞击、摩擦而产生火花，容易引起火灾。

537. 对火车进入卸油区的消防措施是怎样的？

答：（1）火车机车与油罐车之间至少有两节隔离车才允许取送油车。

（2）在进入油区时，行驶速度应小于 5km/h，不准急刹车，挂钩要缓慢，车体不准跨在铁道绝缘段上停留，避免电流由车体进入卸油线。避免出现任何火花，保证油区安全。

538. 从下部接卸铁路油罐车的卸油系统，应采取哪些消防措施？

答：（1）从下部接卸铁路油罐车的卸油系统，应采用密闭管道系统，既防止接卸过程中的油品泄漏、污染环境，又消除油品蒸发气体的外泄，确保接卸操作安全。

（2）打开油车上盖时，严禁用铁器敲打。铁制工具撞击时会产生火花，故在打开油车上盖或关闭油车上盖时应缓慢，不能冲击或敲打。开启上盖时应轻开，人应站在侧面。

（3）卸油过程中，值班人员应经常巡视，防止跑、冒、漏油。

539. 卸油时的消防措施是什么？在卸油中如遇雷雨天气或附近发生火灾，应怎样处置？

答：（1）卸油时，运油设备应可靠接地，输油软管也应接地。装卸油品场地、码头，应设有为油罐车、油船跨接的防静电接地装置。油品流动会产生静电，不将静电释放将会产生高电位，使油气发生燃烧爆炸。故在卸油时必须将运油设备（油船、油车）和输油软管可靠接地。

（2）为了防止卸油作业过程中产生的油气遇雷击或明火，引发火灾，在卸油中如遇雷雨天气或附近发生火灾，应立即停止卸油作业。

540. 什么样的油罐周围应设防火堤？对防火堤的要求是什么？

答：（1）地面和半地下油罐（组）周围应设防火堤。当油罐发生火灾或爆炸时，油品外溢，火随油流蔓延。为了防止火灾事故扩大，使油罐外溢的油品控制在一定范围内，以便于灭火，因此必须设置防火堤。

（2）对防火堤的要求如下：

1）防火堤必须是闭合的。防火堤应保持坚实完整，不得挖洞、开孔。

2）防火堤内的有效容积应不小于固定顶油罐组内一个最大油罐的容量或浮顶油罐组内一个最大油罐的容量的1/2。计算防火堤内容积时，应取堤全高的80%作为计算高度。

3）防火堤应设置不少于两处越堤人行踏步或坡道，并应设置在不同方位上。

541. 如工作需要在防火堤挖洞、开孔，应采取什么措施？

答：防火堤必须是闭合的，并应保持坚实完整，不得挖洞、开孔。如工作需要在防火堤挖洞、开孔，应采取临时安全措施并经批准，在工作完毕后及时修复。防火堤若不完整，有孔、洞，一旦油品外流就会使燃烧的油通过孔、洞到处蔓延，无法控制火势。除电缆管不允许穿过防火堤外，其他管道埋管应保证防火堤严密、完整。

542. 油罐顶部应采取什么消防措施？

答：（1）油罐的顶部应设呼吸阀或通气管。油罐根据储油挥发气体的强弱，分别装有呼吸阀或透气孔，其目的是使油罐内的气体压力不致过高或过低。

（2）储存甲、乙类油品的固定顶油罐应装设呼吸阀和阻火器。阻火器是由多层铝、铜制成的丝网或波纹板制成。当罐顶火焰由透气孔或呼吸阀窜入时，通过阻火器丝网或波纹板能迅速吸收燃烧气体放出的热量，使火焰熄灭。

（3）储存丙类液体的固定顶油罐应设置通气管，丙A类油品应装设阻火器。

（4）运行人员应定期检查呼吸阀和阻火器；呼吸阀应保持灵活完整，阻火器金属丝网应保持清洁畅通。

543. 为防止摩擦、撞击产生火花，油罐测油孔、油位计浮标等应采取哪些消防措施？

答：（1）防止摩擦、撞击产生火花，油罐测油孔应用有色金属制成。

（2）油位计的浮标同绳子接触的部位应用铜材制成。

（3）运行人员应使用铜制工具操作。量油孔采光孔及其他可以开启的孔、门要衬上铅、铜或铝。

544. 对油罐区内的水应怎样处置？

答：（1）油罐区应有排水系统，排水管在防火堤外应设置隔离阀。油罐区发生火灾时关闭隔离阀，防止油外流扩大火灾。

（2）油罐区的污水不得排入下水道，从燃油中沉淀出来的水，应经过净化处理，达到国家规定的排放标准后方可排入下水道。含有污油的污水排入下水道不但会污染环境，还会使下水道充满油气，一旦遇到火花或明火就会引起火灾或爆炸。

545. 为什么燃油油罐应有低、高油位信号装置？

答：燃油油罐应有低、高油位信号装置，防止过量注油，使油溢出。油罐的最低油位关系到锅炉的安全运行，若低到一定油位，则供油泵将打不出油，而造成锅炉熄火；过量注油，油溢出会阻塞消防泡沫管道，流出的油遇到热源就会发生燃烧。油罐最高油位应控制在泡沫喷口以下 30cm 处。

546. 对油泵房应采取哪些消防措施？

答：（1）油泵房应设在油罐防火堤外并与防火堤间距不小于 5.0m。

（2）油泵房室内应有通风排气设施。油泵房特别是地下泵房应有良好的通风设施，防止油气体积聚。

（3）油泵房门窗应向外开放，油泵房操作室的门、窗应向外开，门窗向外开，有利于泄爆和人员疏散。

（4）油泵房门窗应设在泵房的爆炸危险区域以外，监视窗应设密闭的固定窗。油泵房操作室门窗设在泵房的爆炸危险区域以外和监视窗设密闭的固定窗，是为了防止及减少油气渗入操作室。

547. 油泵房及油罐区内应该注意哪些消防事项？

答：（1）油泵房及油罐区内禁止安装临时性或不符合要求的设备和敷设临时管道。临时性或不符合要求的设备和敷设的临时管道，增加了油泵房及油罐区的消防危险源。

（2）油泵房及油罐区内不得采用皮带传动装置，以免产生静电引起火灾。

548. 对燃油管道及阀门的保温层及其保温温度有哪些规定？

答：（1）燃油管道及阀门应有完整的保温层。

（2）当周围空气温度在25℃时，保温层表面一般不超过35℃。

549. 燃油设备检修时应使用什么样的检修工具？油区检修用的临时动力和照明用电应符合哪些要求？

答：（1）燃油设备检修时，应尽量使用有色金属制成的工具。如使用铁制工具时，应采取防止产生火花的措施，例如涂黄油、加铜垫等。防止在检修时由于摩擦、撞击产生火花，引起油气燃烧。

（2）油区检修用的临时动力和照明用电应符合下列要求：

1）电源应设置在油区外面。

2）横过通道的电线应有防止被轧断的措施。

3）全部动力线或照明线均应有可靠的绝缘及防爆性能。

4）禁止把临时电线跨越或架设在有油或热体管道设备上。

5）禁止临时电线引入未经可靠地冲洗、隔绝和通风的容器内部。

6）用手电筒照明时应使用防爆电筒。

7）所有临时电线在检修工作结束后，应立即拆除。

550. 燃油系统设备需动火时应履行什么手续？

答：燃油系统设备需动火时，按动火工作票管理制度办理手续。燃油系统不严格履行动火审批手续，制定的安全措施不落实，容易引发火灾事故。

551. 在燃油管道上和通向油罐、油池、油沟的其他管道上进行动火作业时，应采取哪些消防措施？

答：（1）在燃油管道上和通向油罐、油池、油沟的其他管道，包括空管道上进行动火作业时，必须采取可靠的隔绝措施。动火的管道应与相连接的其他管道和设备隔绝，必须将连接处拆开。

（2）靠油罐、油池、油沟一侧的管路法兰应拆开通大气，并用绝缘物分隔。

（3）动火的管道应冲净管内积油，放尽余气并通大气。另一端装设堵板，防止动火时危及其他管道和设备的安全。

552. 对进入油罐的检修人员的消防要求有哪些？

答：（1）进入油罐的检修人员应使用电压不超过12V的防爆灯。

（2）进入油罐的检修人员应穿不产生静电的工作服及无铁钉工作鞋，使用铜质工具。防止产生电火花及撞击、摩擦产生的火花，禁止穿化纤及容易产生静电的工作服，以免发生静电放电。

（3）严禁使用汽油或其他可燃易燃液体清洗油垢。使用汽油和其他可燃、易燃液体清洗油垢，清洗时挥发出易爆气体，一旦遇到火星就会爆炸。

553. 在油区进行焊接、热切割作业时的消防措施有哪些？

答：（1）在油区进行焊接、热切割作业时，焊接、热切割设备均应停放在指定地点。

(2) 不准使用漏电、漏气的设备。火线和接地线均应完整、牢固。

(3) 禁止用铁棒等物代替接地线和固定接地点。电焊机的接地线应接在被焊接的设备上，接地点应靠近焊接点，并采用双线接地，不准采用远距离接地回路，防止因漏电或接地不良产生电火花引起着火。禁止远距离布置电焊接地线，防止产生电火花，引起燃爆。

554. 从油库、过滤器、油加热器中清理出来的余渣应怎样处理？

答：从油库、过滤器、油加热器中清理出来的余渣应及时处理，不得在油区内保留残渣。清理出来的余渣若保留在油区，一旦燃烧对油区安全是个很大威胁。

555. 为什么动火油罐应在相邻油罐的上风或侧风？

答：动火油罐应在相邻油罐的上风或侧风。邻近油罐蒸发出来的油气体弥漫在大气中，如动火地点的空气中有油气体是十分危险的。为此，与明火检修的相邻油罐要求油罐内储存闪点大于 45℃的油品，其呼吸阀及透气管均应用石棉毡包裹，夏季要间歇喷水，以隔绝油气体，并考虑到当天的风向和风力，在相邻油罐的上风动火较为安全。

556. 油罐动火时要对动火油罐采取什么消防措施？怎样对动火油罐进行吹洗和通风？经过吹洗和通风的动火油罐在动火前还应进行哪项工作？

答：(1) 将动火油罐与系统隔离，并上锁。出清罐内全部油品并冲洗干净。排尽罐内存油、存水，油管道冲洗干净。

(2) 拆除罐顶透光孔盖子，缓慢地向罐内通入蒸汽，进行不小于 24h 的吹洗。吹洗完毕后，可安装防爆通风机强制通风，时间不少于 48h。打开动火油罐各孔口，用防爆通风机从不同位置进行通风，且时间不少于 48h，在整个动火期间通风机不得停止运行。

(3) 经过吹洗和通风的动火油罐在每次动火修理前应用测爆仪在油罐内的不同地点，各孔口处和罐内低凹、焊缝处，以及容易积聚气体的死角等处测量可燃气体浓度，最好用两台以上测爆仪同时测量，确保测量结果的可靠性。只有在罐内油气含量小于合格值表示已无爆炸危险后，油罐方可明火检修。

557. 油罐动火时为什么要拆开动火油罐所有管线法兰，油罐侧通大气，非动火的管道侧加盲（堵）板？

答：拆开动火油罐所有管线法兰，油罐侧通大气，非动火的管道侧加盲（堵）板。油罐停用后，拆除连接油罐的进油管、出油管、回油管、蒸汽加热管、加热器疏水管、放水管等法兰，并加装盲（堵）板隔绝，使油罐成为单独体。

558. 动火油罐的警戒区域是如何划定的？油罐动火应怎样预防和扑灭火灾？

答：（1）对储存易燃液体的油罐动火，从拆开管线法兰和打开油罐各孔口到动火开始这段时间内，周围 50m 半径范围内应划为警戒区域，不得进行任何明火作业。

（2）油罐动火应编制油罐着火的应急处置预案，按应急处置预案要求，做好一切扑救火灾准备工作。

559. 油罐之间的防火距离应为多少合适？

答：当油罐间距不符合要求时，应在动火油罐侧设置隔离屏障。油罐之间的防火距离应不小于表 5-3 的规定。

表 5-3　　油罐之间的防火距离

<table>
<tr><th rowspan="2" colspan="2">储罐型式
液体类型</th><th colspan="3">固定顶油罐</th><th rowspan="2">浮顶油罐、内浮顶油罐</th><th rowspan="2">卧式油罐</th></tr>
<tr><th colspan="2">地上式</th><th>覆土式</th></tr>
<tr><td>甲乙 A 类液体</td><td>不限</td><td colspan="2">—</td><td>$0.4D$</td><td>$0.4D$</td><td rowspan="7">0.8m</td></tr>
<tr><td rowspan="3">乙 B 类液体</td><td rowspan="3">$V>1000\text{m}^3$</td><td colspan="2">$0.6D$</td><td rowspan="3">$0.4D$</td><td rowspan="3">$0.4D$</td></tr>
<tr><td>消防采用固定冷却方式</td><td>$0.6D$</td></tr>
<tr><td>消防采用移动冷却方式</td><td>$0.75D$</td></tr>
<tr><td>丙 A 类液体</td><td>不限</td><td colspan="2">$0.4D$</td><td rowspan="3">不限</td><td rowspan="3">—</td></tr>
<tr><td rowspan="2">丙 B 类液体</td><td>$V>1000\text{m}^3$</td><td colspan="2">5m</td></tr>
<tr><td>$V\leqslant 1000\text{m}^3$</td><td colspan="2">2m</td></tr>
</table>

注　1. D 为相邻油罐中最大罐直径。单罐大于 1000m^3 油罐的 D 为直径或高度的较大值。

2. 储存不同油品的油罐、不同型式的油罐之间的防火距离，应采用较大值。

3. 高架油罐之间的防火距离，不应小于 0.6m。

4. 单罐容量不大于 300m^3、总容量不大于 1500m^3 的立式油罐组，油罐之间的防火距离不受本表限制，但不应小于 1.5m。

5. 浮顶油罐、内浮顶油罐之间的防火距离按 $0.4D$ 计算大于 20m 时，特殊情况下最小可取 20m。

6. 丙 A 类油品固定顶油罐之间的防火距离，覆土式油罐之间的防火距离按 $0.4D$ 计算大于 15m 时，最小可取 15m。

7. 浅盘式内浮顶罐与固定油罐等同。

560. 油管道火灾处理应符合什么要求？

答：（1）油管道泄漏，法兰垫破裂喷油，遇到热源起火，应立即关闭阀门，隔绝油源或设法用挡板改变油流喷射方向，不使其继续喷向火焰和热源上。油管道泄漏或法兰垫破裂喷油，遇到热源起火，最重要的是要以最快的速度隔绝油源，或改变喷油方向，不使其火上浇油，扩大火灾范围，及时隔绝油源是关键。

（2）使用泡沫、干粉等灭火器扑救或用石棉布覆盖灭火，大面积火灾可用蒸汽或水喷射灭火，地面上着火可用砂子、土覆盖灭火。附近的电缆沟、管沟有可能受到火势蔓延的危险时，应迅速用砂子或土堆堵。较小的火灾用推车式泡沫、干粉等灭火器一般都可以扑灭。若大面积火灾，可采用蒸汽、喷雾水枪灭火。地面上着火，用砂子、土覆盖灭火效果最佳。除起灭火作用外，还可以堵住油火流淌，不使范围扩大。当危及到电缆沟、管沟时，必须使用砂子或土向沟内围堵，不使火势蔓延。

561. 卸油站火灾处理应符合什么要求？

答：（1）卸油站发生火灾时，如油船、油槽车正在卸油应立即停止卸油，关闭上盖，防止油气蒸发。同时，应设法将油船或油槽车拖到安全地区。卸油站一旦发生火灾，首先应停止卸油，隔绝与油罐的联系，防止火灾扩大到油罐，这非常重要。

（2）不论采取何种卸油方式，都应立即切断连接油罐和油船（油槽车）的输油管道，防止火势蔓延到油罐、油船（油槽车）。

562. 密闭式卸油站发生火灾时应怎样灭火？敞开式卸油站发生火灾时应怎样灭火？

答：（1）密闭式卸油站发生火灾时，应停止卸油，隔绝与油罐的联系，查明火源，控制火势。如沟内污油起火，应用砂子或干土首先将沟的两端堵住，防止火势蔓延造成大火。如沟内敷设油管，应用直流消防水枪喷洒冷却，并隔绝油管两侧阀门。此时必须注意，由于水枪喷洒，油火可能随水流淌下蔓延。

（2）敞开式卸油槽发生火灾时，如卸油槽完整无损，盖板未被爆炸波浪掀开，可将所有孔、洞封闭，采用窒息法灭火；如油槽已遭破坏，应迅速启动固定的蒸汽灭火装置灭火。敞开式卸油槽发生火灾危险性较大，一旦发生即形成一条“火龙”，火势大、来势猛，并向两端迅速延伸，要尽快扑救。首先采用砂子或泥堵住油槽火势，最好分隔成几段，不使火灾蔓延扩大。设有固定的蒸汽灭火装置，灭火效果最好。平时必须做好维护和试验，防止喷口被油垢堵住。为防止大火蔓延到油罐，应组织消防力量，用多支直流水枪喷射形成一道水幕封住浓烟和大火，同时将油罐的呼吸阀、透气孔用浸湿的石棉布遮盖，防止火星进入油罐。

563. 油泵房火灾处理应符合哪些要求？

答：（1）油泵房中的油管道火灾处理按油管道火灾处理要求的规定执行。

（2）油泵电动机火灾处理应符合以下规定：

1）电气设备发生火灾，应立即切断有关设备电源，然后进行灭火。

2）对可能带电的电气设备以及电动机等，应使用干粉、二氧化碳、六氟丙烷等灭火器灭火；对油断路器、变压器在切断电源后可使用干粉、六氟丙烷等灭火器灭火，不能扑灭时再用泡沫灭火器灭火，不得已时可用干砂灭火；地面上的绝缘油着火，应用干砂灭火。

（3）油泵盘根过紧摩擦起火，用泡沫、二氧化碳、干粉等灭火器灭火。

（4）油泵房应保存良好的通风，及时排除可燃气体，防止油气体积聚。当发生爆炸起火时，应立即启动固定灭火系统灭火。如果没有固定灭火系统或灭火系统发生故障而不能使用时，应用水喷雾灭火，也可用泡沫、二氧化碳、干粉等灭火器灭火。

564. 油罐火灾处理应符合哪些要求？

答：（1）关闭罐区通向外侧的下水道、阀门井的阀门，防止油罐火灾时油品顺着下水道外溢。

（2）罐顶敞开处着火，不论顶盖破坏与否，装设的固定泡沫灭火系统必须立即启动投入灭火，注入罐内的泡沫灭火剂覆盖厚度规定在200mm以上。油罐着火，火焰温度很高，金属油罐如不及时淋水冷却，在很短时间内（5～8min）就可能烧坏变形。因此，当发生油罐火灾时，必须及时投入淋水系统，对起火油罐和相邻油罐进行冷却。

（3）用多支直流消防水枪从各个方向集中对准敞口处喷射，但要适当避开逆风，以封住罐顶火焰，使油气隔绝，缺氧窒息。油罐着火后，罐顶敞口处出现稳定燃烧火炬，顶盖没有被破坏时，应用多支直流水枪集中对准敞口处喷射，目的是使油罐隔绝空气。油罐爆炸一般都会发生冲天大火，火焰高达30～40m，爆炸时能把顶盖抛到几十米以外的地方，情况非常严峻，固定灭火装置无法奏效，应立即向当地消防组织求援，要求出动大量的泡沫、干粉、水等消防车，集中喷射，在几分钟内将火焰压下去，不留火苗。

（4）为防止着火油罐波及周围油罐，在燃烧的油罐与相邻油罐间用多支直流消防水枪喷射形成一道水幕，隔绝火焰和浓烟。同时，将相邻油罐的呼吸阀、通气孔用湿石棉布遮盖，防止火星进入罐内。

（5）在有条件的情况下，应将失火油罐的油转移到安全油罐内，但必须注意着火油罐油位不应低于输出管道高度，排油结束后必须严密关闭出油阀门。

（6）火扑灭后，继续用喷洒泡沫或消防水防止复燃。

565. 油罐爆炸处理应符合哪些要求？

答：（1）油罐爆炸、顶盖掀掉发生大火，按油罐火灾处理方法执行。若固定泡沫灭火装置喷管已破坏，应设法安装临时喷管，然后向罐内注入泡沫灭火剂进行扑救。若以上方法无法奏效，则必须集中一定数量的泡沫、干粉消防车，从油罐周围同时喷向火焰中心进行扑救。

（2）油罐爆炸，如有油外溢在防火堤内燃烧，应先扑救防火堤内的油火，同时采用冷却水冷却油罐外壁。

566. 油船、油槽车火灾处理应符合哪些要求？

答：（1）油船、油槽车着火起始阶段，如油船、油槽车完整无损，应立即将敞开的口盖起来，用窒息法灭火。

（2）油船着火时需进行冷却，切断与岸上连接的电源、油源，拆除卸油管道，然后用泡沫和水喷雾扑救。也可按油罐火灾处理要求的规定操作。水面上如有漂浮的油，应用围油栏堵截。

（3）油槽车着火，应立即将未着火的槽车拖到安全地区，如油品外溢起火可用砂子、土围堵，将火势控制在较小的范围内，然后用足够数量的泡沫、干粉和水喷雾灭火。

第六章

燃气电厂及新能源发电消防

第一节　燃气电厂消防

567. 燃气轮机火电厂的火灾危险性在哪里？

答：（1）燃气轮机机组设有罩壳，罩壳内分设辅机室和轮机室。同汽轮机一样，燃气轮机设备同样因调节和润滑的需要，配备错综复杂的油系统，并充有大量的汽轮机油。燃气轮机油系统的火灾危险性也很高，其主要火灾危险性也包括油系统喷油、漏油。

（2）燃气轮机采用的燃料为天然气或其他类型气体燃料时，由于可燃气体的特殊性，存在供气系统泄漏的潜在危险。

568. 燃机系统及其附近为什么必须严禁烟火？

答：燃机系统及其附近必须严禁烟火并设“严禁烟火”的警示牌。燃机采用的燃料（天然气等）均属于易燃易爆气体。燃机一旦泄漏，系统周围很容易形成可燃气体聚集，遇明火容易燃烧爆炸，因此必须严禁烟火。为提示他人严禁携带火种接近燃机系统，应悬挂“严禁烟火”的警示牌。

569. 为什么禁止与工作无关人员进入燃机系统附近？因工作需要进入时应注意哪些事项？

答：（1）禁止与工作无关人员进入燃机系统附近。与工作无关的人员不了解可燃气体的危险性，不掌握相关安全操作规程及安全防范知识，如进入燃机系统附近，可能因个人行为引发火灾事故。

（2）因工作需要进入时实施登记准入制度，严禁携带火种、禁止穿带铁钉的鞋子，关闭移动通信工具。进入燃机系统前，应先消除静电。燃机系统附近可能存在可燃气体而且含量不确定，这些可燃气体遇明火、静电、电火花就会发生燃烧或爆炸。

570. 燃机系统及其附近进行明火作业或做可能产生火花的工作应履行什么手续？

答：燃机系统及其附近进行明火作业或做可能产生火花的工作，必须办理动火工作票。燃机系统及其附近作业安全风险较大，在燃机系统及其附近动火检修或进行可能产生火花的作业，必须办理动火工作票。应事先经过可燃气体含量测定。

571. 在燃气管道动火作业所采取的安全措施应符合哪些要求?

答: 燃气管道动火安全措施应符合下列要求:

(1) 将动火管道与系统隔离，关闭所有阀门并上锁，切断燃气来源。

(2) 动火侧管道拆开通大气，防止管道内形成爆炸性混合气体；非动火的管道侧加堵板，防止可燃气体泄漏。

(3) 用氮气吹扫干净，经检测数值应合格。动火点及操作区域空气中可燃气体浓度应低于其爆炸下限的 25%。若采取强制通风措施，其风向与自然风向一致。

572. 为什么燃气轮机在辅机室、轮机室两室应安装通风机?

答: 燃气轮机在辅机室、轮机室两室应安装通风机，当燃气轮机正常运行时，辅机室、轮机室两室内不易形成爆炸性的混合物。待机组启动点火后，此风机自动启动，将室外的新鲜冷空气带入辅机室，进入轮机室后由轮机室顶部排出，此通风系统有两个用途:

(1) 不断地将辅机室的冷空气压入高温的轮机室，促使空气对流，降低正常运行时轮机室的空间温度。

(2) 由于空气对流，燃气轮机正常运行时，辅机室和轮机室内不易形成爆炸性的混合物。

573. 燃气轮机与联合循环发电机组厂房应设置什么装置?

答: 燃气轮机与联合循环发电机组厂房应设可燃气体泄漏探测装置，其报警信号应传送到集中火灾报警控制器。室内天然气调压站、露天布置的燃机本体内及布置有燃机的主厂房内应设可燃气体泄漏探测装置，测定气体的浓度。

574. 燃气轮机什么部位应采用全淹没气体灭火系统，并设置火灾自动报警系统?

答: 燃气轮发电机组整体，包括燃机外壳和燃气调节室、轴承室、附属模块润滑油和液压油室、液体燃料和雾化空气模块应采用全淹没气体灭火系统，并设置火灾自动报警系统。气体灭火系统应定期检查和试验，保持备用状态，一旦发生火灾应能自动投入使用。每个保护区都安装火灾探测器、气体喷放管道和喷嘴。当某个保护区 2 个火灾探测器报警后，自动启动喷放，使保护区室内的灭火剂浓度达到设计浓度。全淹没气体灭火系统喷放灭火剂前应使燃气轮机停机，关闭箱体门、孔口及自动停止通风机，应有保持气体浓度的足够时间。

575. 燃气轮机发生火灾时应怎样处置?

答：燃气轮机发生火灾时，应立即用二氧化碳等灭火装置灭火。如果灭火装置发生故障不能使用时，应使用干粉、二氧化碳灭火器等进行扑救。未断电时，不得使用泡沫灭火器和消防水喷射着火现场。消防控制柜接收到火灾报警信号后，首先关闭燃机的进气阀，初始释放系统在几秒钟之内动作，在短时间之内使发生火灾的区域达到一定的二氧化碳灭火浓度，该系统动作时间在1min左右；之后持续释放系统动作，将二氧化碳灭火浓度维持在一定的范围内，该系统动作时间为30～60min。如果灭火装置发生故障而不能使用时，应使用干粉、二氧化碳灭火器等进行扑救。未断电时，不得使用泡沫灭火器和用消防水喷射着火现场。

第二节 新能源发电消防

576. 对风力发电场的防雷设备的基本要求是什么？

答：（1）风力发电机组必须配备全面的防雷设备。雷击是引起风力发电机组火灾的重要原因之一。防雷装置必须覆盖机舱、叶片，特别是电气装置，包括电缆线路等与运行和安全相关的设备。

（2）在每年雷雨季节来临前对风机的防雷接地系统进行检测。定期检查塔筒接地引下线，检查项目包括接地引下线连接部分、导体本身受过电压冲击后的影响。

577. 对风机入口应采取哪些消防措施？对机组机舱内部应采取哪些消防措施？

答：（1）在风机入口处应悬挂“严禁烟火”的警告标示牌。禁止带火种进入风机。

（2）对机组机舱内部应采取以下消防措施：

1）机组内部应保持整洁，无杂物。

2）机舱内部泄漏的齿轮油、液压油等必须及时清除，否则就增加了火险隐患，火灾发生后会加快蔓延的速度。

3）在机组内部进行维护、定检等作业时，要注意内部现场的清理和打扫，各类物品、油品和含油棉纱头等要集中回收和处理，可燃物不遗留在塔筒内。

4）机组机舱内的保温材料，应采用阻燃材料。减少机组机舱内的可燃物质，提高机舱内设备阻燃标准，减少火灾风险。

578. 是否可以在机组机舱内动火作业？

答：（1）机组机舱内应避免动火作业。在机组维修中，焊接、锡焊、火焰切割、磨削等工作产生的火花，极易引起易燃材料燃烧，其中，焊接、切割、磨削等工作产生的火花特别危险，能点燃10m甚至更远的易燃材料，许多火灾可能是在完成作业后数小时发生。机组维修尽可能避免明火作业。

（2）确实需要动火作业，必须执行动火工作制度。机组维修尽可能避免明火作业，必须动用明火作业时，应办理动火工作票。

579. 风力发电塔高空作业人员遇有火灾等紧急情况，应如何自救逃生？

答：（1）机组机舱内应配置高空自救逃生装置。风力发电塔高空作业人员遇有火灾等紧急情况，不能利用塔内垂直攀梯下落时，作业人员可通过高空自救逃生装置（缓降器）快速脱离危险区域。

（2）应要求机组制造厂商组织用户进行高空自救逃生装置使用方法的培训，掌握高空自救逃生技能。

580. 如何给风力发电机组配备灭火器？

答：风力发电机组机舱和底部塔内应放置适用于电气设备火灾的灭火器，定期进行检查，保证灭火器完好。

581. 如何防止风力发电机组发生电气火灾？

答：（1）应定期检查动力电缆等电气连接点及设备本体可能发热引发火灾的部位。电气设备安装不当、机组振动等引起电气回路接触不良发热，也是引发机组火灾的重要原因。巡检中对母排、并网接触器、励磁接触器、变频器、变压器等一次设备连接点及设备本体可能发热引发火灾的部位，定期用红外线测温仪进行温度探测。每年应采用红外成像仪对可能发热引发火灾的部位做一次温度探测。

（2）远程监控人员应定期监控设备轴承、发电机、齿轮箱及机舱内环境温度曲线变化，发现异常升高现象，应立即登机进行检查。

（3）严格控制油系统加热温度在允许温度范围内，并有可靠的超温保护措施。加热器应安装在远离油系统、电缆通道等易燃设备的地点。距离较近时，应有可靠的阻燃隔离措施。

582. 如何防止风力发电机组机舱、塔筒内发生电缆火灾事故？

答：（1）风力发电机组机舱、塔筒内应选用阻燃电缆，阻燃电缆在发生火灾时，能够把燃烧限制在局部范围内，不产生蔓延，保住其他的各种设备，避免造成更大的损失。

（2）电缆孔洞必须做好防火封堵。

（3）靠近加热器等热源的电缆上施加防火涂料、防火包带、防火槽盒或采用罩盖等隔热措施。

（4）靠近带油设备的电缆槽盒应密封，防止带油设备发生爆炸溢油，流入电缆槽盒引起火灾事故扩大。

583. 风力发电机组火灾处理应符合哪些要求？

答：（1）制定应急预案，一旦发生风力发电机组起火，运行人员应立即停机并切断电源，并迅速正确向消防队报警，迅速采取灭火措施，防止火势蔓延。

（2）当火灾危及人员和设备时，运行人员应立即拉开着火机组线路侧的断路器，切断集电线路的电源，防止场内电网短路事故。

（3）与火电厂相同部分的防火和灭火，参照相关规定。

584. 对光伏发电站的消防通道的要求是什么？建设在草原的光伏发电站应设置哪些消防设施？

答：（1）大、中型光伏发电站宜布置环形消防通道。大、中型光伏发电站占地面积大，光伏组件阵列区道路布置为环形，更容易满足消防车通行。

（2）草原光伏发电站严禁吸烟、严禁明火。在出入口、周界围墙或围栏上设立醒目的防火安全标志牌和禁止烟火的警示牌。防止发生火灾，保护环境和电站设备安全。

585. 哪一类型的光伏发电站应设置火灾自动报警系统？为什么在光伏发电站的逆变器室要配置灭火装置？

答：（1）大型或无人值守光伏发电站应设置火灾自动报警系统。火灾自动报警系统应接入本单位或上级24h有人值守的消防监控场所，并有声光警示功能。光伏发电站火灾危险源主要是电缆及电气设备。大型或无人值守光伏发电站在综合楼（室）、配电装置楼、继电器室、可燃介质电容器室、电缆夹层及电缆竖井等处应设置火灾自动报警系统。

（2）逆变器室宜配备灭火装置。不少光伏发电站位于偏远地区，长时间无人值守，逆变器室是分散布置的，发生火灾不能及时发现，明火要烧到自行熄灭。悬挂式干粉、六氟丙烷、七氟丙烷气体等灭火装置是一种应用广泛的无管网自动灭火装置，广泛运用在变配电等场所。该灭火装置能够在火灾初起阶段迅速启动，具有启动先进、灭火高效、环保安全、造价经济、安装便捷、维护方便等优点。

586. 光伏发电站宜选用怎样的电力电缆？

答：集中敷设于沟道、槽盒中的电缆宜选用阻燃电缆。防止电缆短路，光伏电控箱、汇流箱、接线盒等组件起火后通过电缆蔓延。

587. 为什么要保持太阳电池组件表面清洁，无杂物或遮挡物？

答：太阳电池组件表面应清洁，无杂物或遮挡。太阳电池组件在长期使用中难免落上飞鸟、尘土、落叶等遮挡物。这些遮挡物在太阳电池组件上就形成了阴影，大型太阳电池组件方阵中行间距不适合也能互相形成阴影，被遮蔽的太阳电池组件此时会发热，这就是热斑效应。若热斑效应产生的温度超过了一定极限，将会使电池组件上的焊点熔化并毁坏栅线，从而导致整个太阳电池组件的报废。

588. 生物质发电厂的重点消防场所和部位有哪些？

答：（1）生物质燃料堆场。

（2）厂外生物质燃料收储站。

（3）秸秆调配和加工车间。

（4）其他与火电厂类似的场所和部位。

589. 生物质发电厂的半露天堆场和露天堆场如何满足消防的需要？

答：（1）半露天堆场和露天堆场单堆不宜超过20 000t。秸秆仓库宜集中成组布置，半露天堆场和露天堆场宜集中布置。半露天堆场、露天堆场宜集中布置在厂区边缘，远离重要公共建筑，对保障厂区安全是必要的。

（2）超过20 000t时，应采取分堆布置。单堆容量超过20 000t时，应分堆布置，堆场之间的防火间距，不应小于较大堆场与四级建筑的间距，对于防止飞火殃及其他建筑物和可燃堆垛等是有好处的。

590. 怎样为秸秆仓库、露天堆场、半露天堆场配备消防设施？

答：（1）秸秆仓库、露天堆场、半露天堆场应有完备的消防系统和防止火灾快速蔓延的措施。

1）秸秆仓库应设置自动喷水灭火系统；秸秆仓库净空高度超过一定高度时，宜选择具有自动探测、自动定位功能的主动灭火型水炮系统。秸秆仓库内防火墙上开设的洞口采用防火卷帘或防火水幕进行分隔，以防止火灾快速蔓延。

2）半露天堆场宜设置自动水炮灭火系统。

3）秆仓库或半露天堆场与栈桥连接处、栈桥与主厂房或栈桥与转运站的连接处应设水幕。

4）收储站的露天堆场，设置室外消防栓给水系统。

（2）消火栓位置应考虑防撞击和防秸秆自燃影响使用的措施。秸秆仓库、堆场、码头等区域汽车、拖拉机出入频繁，并昼夜有装载机械作业，消火栓位置应考虑防撞击和自燃保护措施。

591. 如何按照消防要求设置厂外收储站？为什么厂外收储站要设置警卫岗楼？怎样设置？

答：（1）厂外收储站宜设置在天然水源充足的地方，四周宜设置实体围墙，围墙高度应为2.2m。天然水源充足，发生火灾后方便消防车停靠和取水，有利于及时控制火势蔓延，减少损失。收储站四周宜设置实体围墙，便于管理，围墙高度应为2.2m，防止外人进入及阻止外来火灾蔓延到收储站。

(2) 收储站应当设置警卫岗楼，设置警卫岗楼便于警卫人员居高临下对原料场进行瞭望。

(3) 收储站警卫岗楼的位置要便于观察警卫区域，岗楼内应安装消防专用电话或报警设备。安装消防专用电话、手动火灾报警按钮和火灾报警警铃，方便警卫人员在发生紧急情况时，能够及时发出报警信号，通知电厂控制室、现场工作人员或公安消防部门。

592. 秸秆堆场内应建立哪些消防制度?

答: (1) 秸秆堆场内严禁吸烟，严禁使用明火，严禁焚烧物品。在出入口和适当地点必须设立醒目的防火安全标志牌和“禁止吸烟”的警示牌，门卫对入场人员和车辆要严格检查、登记并收缴火种。易燃材料遇明火就会引起燃烧，为了保证秸秆堆场安全防止火灾，堆场内严禁吸烟、严禁使用明火、严禁焚烧物品，并明显的警告标识。

(2) 应制定和履行堆场出入制度。

(3) 秸秆入场前，应当设专人对秸秆进行严格检查，确认无火种隐患后，方可进入原料区。严格把好进秸秆进场的安全关，对进场秸秆进行严格检查，防止火种带入原料区。

593. 秸秆堆场内因生产必须使用明火，应当履行什么手续?

答: 秸秆堆场内因生产必须使用明火，应当经单位消防管理、安监部门批准，必须采取可靠的安全措施。要建立动火工作票制度，严格执行动火工作的审批手续，认真做好防火安全措施，是防止火灾事故的重要措施。风力大于四级（含四级）严禁明火。

594. 稻草、麦秸等易发生自燃的原料，应采取哪些措施防止堆垛自燃?

答: (1) 码垛时要严格控制水分，稻草、麦秸、芦苇含水量不应超过20%，并做好记录。含水量超过25%时，有自燃的危险。

(2) 稻草、麦秸等易发生自燃的原料，堆垛时需留有通风口或散热洞、散热沟，并要设有防止通风口、散热洞塌陷的措施，发现堆垛出现凹陷变形或有异味时，应当立即拆垛检查，并清除霉烂变质的原料，防止堆垛因通风、散热不良发生自燃。

(3) 秸秆码垛后，要定时测温。当温度上升到40～50℃时，要采取预防措施，并做好测温记录。当温度达到60～70℃时，必须折垛散热，并做好灭火准备。定时测温是预防堆垛自燃的一项重要措施。

595. 怎样防止汽车、拖拉机等机动车进入原料场时引发火灾?

答：（1）汽车、拖拉机等机动车进入原料场时易产生火花部位要加装防护装置，排气管必须戴性能良好的防火帽，防止火花从排气管飞出。

（2）配备有催化换流器的车辆禁止在场内使用。安装在汽车排气系统中的机外净化装置催化换流器，工作时温度为700℃，壳体温度为400℃，能引燃可燃物。

（3）严禁机动车在场内加油，防止加油时油类滴入到排气管等高温热体，引起燃烧。

596. 怎样防止秸秆运输船引发堆场火灾？

答：秸秆运输船上一般都备齐生活设施，因此其上所设生活用火炉必须安装防飞火装置。当船只停靠秸秆堆场码头时，不得生火，防止秸秆运输船火种引燃秸秆堆场。

597. 怎样防止常年在秸秆堆场内装卸作业的内部车辆引发堆垛火灾？

答：常年在秸秆堆场内装卸作业的内部车辆要经常清理防火帽内的积炭，确保性能安全可靠。防火帽内积炭部位会产生高温，应每周清理一次。车辆因漏电、漏油、短路等因素，可能引起自燃。易燃油料、电气设备故障在车辆保养、维修过程中，可能引发火灾。

598. 为什么秸秆堆场内装卸作业结束后，一切车辆不准在秸秆堆场内停留？

答：秸秆堆场内装卸作业结束后，一切车辆不准在秸秆堆场内停留或保养、维修，发生故障的车辆应当拖出场外修理。车辆因漏电、漏油、短路等因素，可能引起自燃。易燃油料、电气设备故障在车辆保养、维修过程中，可能引发火灾。

599. 如何考虑布局秸秆堆场内外的配电线路？

答：（1）秸秆堆场内应当采用直埋式电缆配电，埋设深度应当不小于0.7m。电缆直埋是为了防止日久绝缘老化短路，产生电弧或火花。

（2）秸秆堆场周围可以采用架空线路，架空线路与堆垛的水平距离应当不小于电杆杆高的1.5倍。架空线路与堆垛的防火间距主要是考虑电线在倒杆时偏移距离及范围而定的。

600. 秸秆堆场内是否允许拉设临时线路和使用移动式照明灯具？

答：（1）秸秆堆场内严禁拉设临时线路。因生产必须使用时，应当经单位安全技术、消防管理部门审批，并采取相应的安全措施，使用完毕后立即拆除。临时线路使用大功率电器造成线路负荷过重失火；线路接线不标准导致短路失火；线材不标准意外拉扯短路造成失火。

（2）秸秆堆场内堆垛上空严禁拉设临时线路。

（3）秸秆堆场内严禁使用移动式照明灯具。移动式照明灯具在使用过程中，灯具容易受外力而倾倒，发热灯具烤燃可燃物；灯具电源线容易受到外力的损伤，发生短路或产生电弧花，都可能引燃可燃物。

601. 对秸秆堆场内机电设备的配电导线要求是什么？秸秆堆场内的高空照明灯杆应怎样装置？

答：（1）秸秆堆场内机电设备的配电导线应当采用绝缘性能良好、坚韧的电缆线，防止绝缘老化脱落而短路，产生电弧光及火花，引燃易燃物。

（2）秸秆堆场内的照明灯杆宜采用钢筋混凝土电杆。照明灯杆与堆垛最近水平距离应当不小于灯杆高的1.5倍。这是考虑电线在倒杆时偏移距离及范围而定的。

602. 对秸秆堆场内封闭式配电箱的消防要求有哪些？为什么秸秆堆场消防用电设备应当采用单独的供电回路？

答：（1）秸秆堆场内的电源开关、插座等，必须安装在封闭式配电箱内。配电箱采用非燃材料制作，一旦电气设备发生短路、过负荷起火，火势不容易蔓延。秸秆堆场内装卸作业车辆多，配电箱应设置防撞设施，防止配电箱倾倒时产生的电火花引燃了秸秆。

（2）秸秆堆场消防用电设备应当采用单独的供电回路，并在发生火灾切断生产、生活用电时仍能保证消防用电。

603. 怎样在秸秆堆场内使用移动式用电设备？

答：（1）使用移动式用电设备时，其电源应当从固定分路配电箱内引出。固定分路配电箱内分路隔离开关应具备明显的分路标记。

（2）固定分路配电箱应设总隔离开关和分路隔离开关，以及总熔断器和分路熔断器，并有过负荷、短路、漏电保护功能。

604. 秸秆堆场内使用的电动机应具有哪些保护功能？

答：（1）电动机应当设置短路、过负荷、失压保护装置。起短路保护作用的是熔断器。电路中一旦发生短路事故，熔断器立即熔断，主电路和控制电路都失去电源，电动机马上停转。起过负荷保护作用的是热继电器。当电动机过负荷时，它的发热元件发热促使其动断触头断开，因而接触器线圈断电，主触头断开，电动机停转。起失压保护作用的是交流接触器，当电源停电或者电源电压降低过多（欠压）时，失压保护装置能使电动机自动从电源上切除。

（2）各种使用电动机的电气设备的金属外壳和金属隔离装置，必须接地或接零保护。外壳接地，主要是防止发生人员触电事故。门式起重机、装卸桥的轨道至少应当有两处接地。

605. 秸秆堆场内预防电气设备故障和电气线路短路、过负荷接触不良而引发火灾的有效措施是什么?

答:(1)秸秆堆场内作业结束后，应拉开除消防用电以外的电源。拉闸断电是预防电气设备故障和电气线路短路、过负荷接触不良而引发火灾的有效措施。

(2)秸秆堆场使用的电气设备，必须由持有效操作证的电工负责安装、检查和维护。持有安全操作证的电工具备必要的电气知识，熟悉安全操作规程和运行维修操作规程。

606. 对秸秆堆场避雷装置的要求有哪些?

答:(1)秸秆堆场应当设置避雷装置，使整个堆垛全部置于保护范围内。避雷装置的冲击接地电阻应当不大于10Ω。设置避雷装置是防止秸秆堆场遭雷击起火的有效方法。

(2)避雷装置与堆垛、电气设备、地下电缆等应保持3.0m以上距离。避雷装置的支架上不准架设电线。这是现行国家标准GB 50057《建筑物防雷设计规范》的要求。

607. 生物质发电厂的秸秆调配使用应遵循什么原则?

答:秸秆的调配使用应遵循先进先出的原则。做到秸秆调配使用先进先出，可以防止秸秆长时间存放引起自燃和热值损失。油菜籽秸秆、油松加工废弃物、玉米芯等易自燃的物种，不得储存，进场后应及时加工，入炉燃烧。

608. 秸秆仓库、秸秆破碎及散料输送系统应采取哪些消防措施?

答:(1)秸秆仓库、秸秆破碎及散料输送系统应设置通风、喷雾抑尘或除尘装置。秸秆破碎及散料输送过程中产生秸秆细纤维状粉尘，粉尘量大、浓度高、非常轻、温度高、易燃易爆。

(2)秸秆仓库、秸秆输送系统的地下建筑、栈桥等采用自然通风，当采用机械通风时，通风设备的电机应为防爆型。

(3)硬质秸秆在厂外收储站进行破碎，当无条件在厂外破碎而必须在厂内进行破碎时，秸秆破碎机宜布置在封闭的厂房内，破碎机前后的落料管和料斗应采取密封措施，本体应带喷雾抑尘或除尘装置。

(4)输送系统中的转运点、导料槽、给料点应设置喷雾抑尘设施。秸秆输送系统粉尘飞扬严重处应设置机械除尘设施，宜选用袋式除尘器，与电除尘器配套的电动机应选用防爆电机，沉降过程中逐渐积聚在地面、设备和管道表面的粉尘要经常进行清扫。

609. 怎样为粉尘飞扬、积粉较多的场所选择照明灯具?为什么要在锅炉螺旋给料机头部装设感温探测器?

答：（1）粉尘飞扬、积粉较多的场所宜选用防尘灯、探照灯等带有护罩的安全灯具，并对镇流器采取隔热、散热等防火措施。选用防尘灯等安全灯具，防止秸秆粉尘堆积，被累积的热量能烤燃。应注意，镇流器也容易发热，热量不易散发，大量聚热，形成高温，可能引起积粉燃烧。

（2）螺旋给料机头部应装有感温探测器，当温度异常时，应能向控制室报警。锅炉螺旋给料机头部积聚的可燃物料，在运行中受转动轴摩擦，容易发热自燃。

610. 怎样为生物质发电厂的汽机房外设置事故储油池？

答：汽机房外适当位置应设置一个事故储油池，总容量不应小于一台最大机组的系统透平油量和最大变压器的绝缘油量的110%。

611. 垃圾焚烧发电厂的消防有什么特点？如何防止堆放垃圾的储坑内产生的易燃易爆、有毒、有害气体积聚？

答：（1）垃圾焚烧发电厂与火电厂的防火和灭火相仿，其有别于火力发电厂的特点就是锅炉的燃料来自于垃圾，垃圾焚烧发电厂应有一个相当大的垃圾储坑。严禁将带有火种的垃圾卸入垃圾储坑。垃圾在储坑内的储存期一般都在3天以上，在储存过程中会产生大量的可燃性气体，要严格防止火种卸入垃圾储坑。

（2）堆放垃圾的储坑内容易产生甲烷、硫化氢等易燃易爆、有毒、有害气体，垃圾渗沥液汇集、处理区域应有通风防爆措施。应加强通风，防止可燃性气体积聚。

612. 垃圾储坑动火作业应办理哪些手续？在垃圾储坑底部、渗沥液溢水槽进行动火前应进行什么工作？

答：（1）垃圾储坑动火作业应办理动火工作票。

（2）垃圾储坑底部、渗沥液溢水槽进行动火等作业时，应提前进行强制通风，并检测可燃气体的浓度合格，动火作业过程中轴流风机不允许停运。

第七章

消防器材、消防设施和消防系统

第一节　火灾类别及危险等级

613. 划分火灾类别的意义是什么？灭火器配置场所的火灾类别是怎样确定的？

答：（1）为了准确地在电力生产场所配置灭火器，有必要对这些场所可能发生的火灾种类进行划分。

（2）灭火器配置场所的火灾类别是根据该场所内的物质及其燃烧特性来确定的，如表7-1所示。

表7-1　　发电厂和变电站灭火器配置场所的火灾类别

序号	该场所内的物质及其燃烧特性	火灾类别
1	固体物质燃烧引起的火灾	A类火灾
2	液体火灾或可熔化固体物质引起的火灾	B类火灾
3	气体火灾	C类火灾
4	金属火灾	D类火灾
5	物体带电燃烧的火灾	E类火灾

614. 工业场所的灭火器配置危险等级是怎样确定的？通常划分为几级？

答：（1）工业场所的灭火器配置危险等级是根据其生产、使用、储存物品的火灾危险性，可燃物数量，火灾蔓延速度，扑救难易程度等因素来确定的。

（2）通常划分为严重危险级、中危险级和轻危险级三级。

615. 燃煤、燃机发电厂建（构）筑物的灭火器配置危险等级和设备火灾类别是如何规定的？

答：燃煤、燃机发电厂建（构）筑物的灭火器配置危险等级及设备火灾类别见表7-2。

表 7-2 燃煤、燃机发电厂建（构）筑物的灭火器配置危险等级和设备火灾类别

灭火器配置场所	灭火器配置危险等级	设备火灾类别
控制室	严重	E（A）
汽轮机油箱	严重	B
汽轮机运转层下及中间层油管道	严重	B
给水泵油箱	严重	B
汽轮机储油箱	严重	B
主厂房内主蒸汽管道与油管道交叉处	严重	B
磨煤机	严重	A
点火油罐	严重	B
供（制）氢站	严重	C（A）
氨站	严重	B
特种材料库	严重	混合（A）
燃机厂房	严重	C（A）
天然气调压站	严重	C（A）
计算机室、DCS 工程师室、SIS 机房、远动工程师室	中	E（A）
电子设备间	中	E（A）
继电器室，高、低压配电装置室	中 中	E（A） E（A）
电缆夹层	中	E（A）
蓄电池室	中	C（A）
电液装置	中	B
汽机房架空电缆处	中	E（A）
电缆交叉、密集及中间接头部位	中	E（A）
氢密封油装置	中	B
汽轮机轴承	中	B
汽轮机发电机运转层	中	A、B
回转式空气预热器	中	A
锅炉本体燃烧器区	中	B
润滑油箱	中	B
煤仓间带式输送机层	中	A
锅炉房 0m 以上架空电缆处	中	E（A）

续表

灭火器配置场所	灭火器配置危险等级	设备火灾类别
微波楼和通信楼	中	E（A）
屋内配电装置楼（内有充油设备）	中	E（A）
室外油浸式变压器	中	B
脱硫控制楼	中	E（A）
转运站及筒仓皮带层	中	A
碎煤机室	中	A
运煤隧道	中	A
屋内卸煤装置	中	A
解冻室	中	A
储煤场、干煤棚	中	A
室内储煤场	中	A
柴油发电机室及油箱	中	B
油处理室	中	B
供、卸油泵房、栈台	中	B
油浸式变压器室	中	B、E
启动锅炉房	中	B
空气压缩机室（有润滑油）	中	B
油浸式变压器检修间	中	B
热工、电气、金属实验室	中	A
消防水泵房（有柴油发动机）	中	B
生产、行政办公楼及食堂	中	A
一般材料库房	中	E（A）
机车库	中	B
汽车库、推煤机库	中	B
消防车库房	中	A（B）
堆取料机、装卸桥	轻	A
直接空冷平台	轻	E、A
脱硫工艺楼	轻	A
增压风机室	轻	A
吸风机室	轻	A
除尘构筑物	轻	A
化学水处理室、循环水处理室	轻	A

续表

灭火器配置场所	灭火器配置危险等级	设备火灾类别
尿素制备及储存间	轻	A
检修车间	轻	A、B
消防水泵房（无柴油发动机）及其他水泵房	轻	A
宿舍楼	轻	A
警卫传达室	轻	A

注 如为采用了闪点低于60℃柴油的场所，应按严重危险级考虑。

616. 变电站、开关站和换流站建（构）筑物的灭火器配置危险等级和设备火灾类别是如何规定的？

答： 变电站、开关站和换流站建（构）筑物的灭火器配置危险等级和设备火灾类别见表7-3。

表7-3 变电站、开关站和换流站建（构）筑物的灭火器配置危险等级和设备火灾类别

灭火器配置场所	灭火器配置危险等级	设备火灾类别
主控制室	严重	E（A）
通信机房	中	E（A）
配电装置楼（室）（有含油电气设备）	中	A、B、E
继电器室	中	E（A）
户内直流开关场地（有含油电气设备）	中	A、B、E
换流站阀厅	中	E（A）
油浸式变压器（室）	中	B、E
油浸式电抗器（室）	中	B、E
电容器（室）（有可燃介质）	中	B、E
蓄电池室	中	C
电缆夹层	中	E（A）
柴油发电机室及油箱	中	B
检修备品仓库（有含油设备）	中	E
生活、工业、消防水泵房（有柴油发动机）	中	B
配电装置楼（室）（无含油电气设备）	轻	E（A）
配电装置楼（室）（无含油电气设备）	轻	E（A）
户内直流开关场地（无含油电气设备）	轻	E（A）

续表

灭火器配置场所	灭火器配置危险等级	设备火灾类别
气体或干式变压器	轻	E（A）
干式铁芯电抗器（室）	轻	E（A）
干式电容器（室）	轻	E（A）
空冷器室	轻	A
检修备品仓库（无含油设备）	轻	A
水处理室	轻	A
生活、工业、消防水泵房（无柴油发动机）	轻	A
污水、雨水泵房	轻	A
警卫传达室	轻	A

617. 水力发电厂（抽水蓄能电厂）建（构）筑物的灭火器配置危险等级和设备火灾类别是如何规定的?

答：水力发电厂（抽水蓄能电厂）建（构）筑物的灭火器配置危险等级和设备火灾类别见表7-4。

表7-4　水力发电厂（抽水蓄能电厂）建（构）筑物的灭火器配置危险等级和设备火灾类别

灭火器配置场所	灭火器配置危险等级	设备火灾类别
主控制室	严重	E（A）
露天油罐	严重	B
油罐室	严重	B
发电机运转层	中	E（A）
电子计算机房	中	E（A）
自动化装置室	中	E（A）
继电保护室	中	E（A）
通信室	中	E（A）
控制电源及蓄电池室	中	E（A）
配电装置室	中	E（A）
母线室、母线廊道和母线竖井	中	E（A）
电缆层、电缆竖井和电缆隧道	中	E（A）
屋内开关站	中	E（A）
室外油浸式变压器	中	B

续表

灭火器配置场所	灭火器配置危险等级	设备火灾类别
油浸式变压器室	中	B
变压器检修间	中	B
油处理室	中	B
实验室、仪器仪表室	中	A
生产、行政办公楼及食堂	中	A
消防车库	中	A（B）
消防水泵房及其他水泵房	轻	A
宿舍楼	轻	A
警卫传达室	轻	A

618. 生物质发电厂建（构）筑物的灭火器配置危险等级和设备火灾类别是如何规定的？

答：生物质发电厂建（构）筑物的灭火器配置危险等级和设备火灾类别见表 7-5。

表 7-5　生物质发电厂建（构）筑物、灭火器配置危险等级及设备火灾类别

灭火器配置场所	灭火器配置危险等级	设备火灾类别
控制室	严重	E（A）
汽轮机润滑油箱	严重	B
汽轮机运转层下及中间层油管道	严重	B
给水泵油箱	严重	B
主厂房内主蒸汽管道与油管道交叉处	严重	B
埋地式储油箱	严重	B
燃料干料棚	严重	A
燃料露天堆场	严重	A
乙炔瓶库	严重	C
计算机室、DCS 工程师室、SIS 机房、远动工程师室	中	E（A）
电子设备间	中	E（A）
继电器室	中	E（A）
高、低压配电装置室	中	E（A）

续表

灭火器配置场所	灭火器配置危险等级	设备火灾类别
电缆夹层	中	E（A）
蓄电池室	中	E（A）
汽轮机轴承	中	B
主厂房架空电缆处	中	E（A）
汽轮机发电机运转层	中	混合（A）
主料仓间皮带层	中	A
锅炉本体燃烧器区	中	B
柴油发电机室及油箱	中	B
发电机出线小室	中	E（A）
变频室	中	E（A）
室外油浸式变压器	中	B
除铁小室及转运站	中	A
油泵房	中	B
皮带通廊	中	A
空压机室（有润滑油）	中	B
消防水泵房（有柴油发动机）	中	B
综合办公楼	中	A
食堂	中	A
材料库	中	混合（A）
汽车库	中	B
检修房	轻	A、B
化学水处理室	轻	A
水泵房	轻	A
地磅房	轻	A
警卫传达室	轻	A

619. 其他发电厂建（构）筑物的灭火器配置危险等级和设备火灾类别是如何规定的?

答：其他发电厂建（构）筑物的灭火器配置危险等级和设备火灾类别见表7-6。

表 7-6 其他发电厂建（构）筑物、灭火器配置危险等级及设备火灾类别

灭火器配置场所	灭火器配置危险等级	设备火灾类别
垃圾焚烧发电厂	参照小型火力电厂	参照小型火力电厂
太阳能集热电站（塔式集热技术）	参照小型火力电厂	参照小型火力电厂
太阳能光伏电站（逆变器技术）	参照中小型变电站	参照中小型变电站
风力发电场［风机塔筒］	参照中小型变电站［中］	参照中小型变电站［E(A)］

第二节 灭火器的分类、选择与设置

620. 什么是消防设施？什么是消防器材？

答：（1）消防设施是指固定的消防系统和设备，如火灾自动报警系统、各类自动灭火系统、消火栓、防火门、专用消防电梯等。

（2）消防器材一般是指可移动的灭火器材，如手提式灭火器、推车式灭火器、消防锹、斧、钩等。

（3）放在消防沙箱中的消防沙既可以认为是消防器材，也可以认为是消防设施。

621. 灭火器是如何分类的？

答：（1）按移动方式分类，分为手提式和推车式。

1）手提式灭火器指可手提移动，在其内部压力作用下将所装的灭火剂喷出，以扑救火灾的灭火器具。

2）推车式灭火器指装有轮子的可由一人推（或拉）至火场，并能在其内部压力作用下将所装的灭剂喷出，以扑救火灾的灭火器具。

（2）按压力型式分类，分为储压式和储气瓶式。

1）储压式灭火器指灭火剂由储于灭火器同一容器内的压缩气体或灭火剂蒸气压力驱动的灭火器。

2）储气瓶式灭火器指灭火剂由灭火器储气瓶释放的压缩气体或液化气体压力驱动的灭火器。

622. 灭火器的型号编制方法是怎样的？

答：灭火器的型号编制方法如图 7-1 所示，图中的灭火剂代号和特定的灭火剂特征代号见表 7-7。

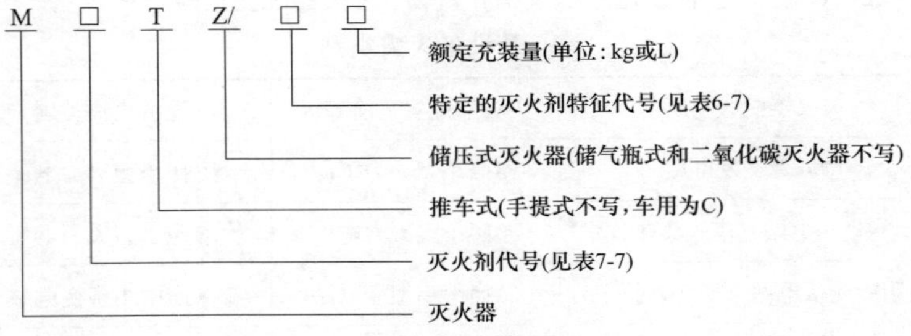

图 7-1　灭火器型号编制方法

表 7-7　灭火器型号中的灭火剂代号和特定的灭火剂特征代号

灭火器类别	灭火剂代号	灭火剂代号含义	特定的灭火剂特征代号	特定的灭火剂特征代号含义
水基型灭火器	S	清水或带添加剂的水，但不具有发泡倍数和25%析液时间要求	AR（不具有此性能不标注）	具有扑灭水溶性液体燃料火灾的能力
水基型灭火器	P	泡沫灭火剂，具有发泡倍数和25%析液时间要求，包括P、FP、S、AR、AFFF和FFFP等灭火剂	AR（不具有此性能不标注）	具有扑灭水溶性液体燃料火灾的能力
干粉灭火器	F	干粉灭火剂，包括BC型和ABC型干粉灭火器	ABC（BC干粉灭火器不标注）	具有扑灭A类火灾的能力
二氧化碳灭火器	T	二氧化碳灭火剂	—	—
洁净气体灭火器	J	洁净气体灭火剂，包括卤代烷烃类气体灭火剂、惰性气体灭火剂和混合气体灭火剂等	—	—

623. 灭火器的标志应符合哪些要求？

答：（1）灭火器筒体外表应采用红色。

（2）灭火器上应有发光标志，以使在黑暗中指示灭火器所处的位置。

（3）灭火器应有铭牌贴在筒体上或印刷在筒体上。

（4）灭火器类型、规格和灭火级别应符合现行国家标准《建筑灭火器配置设计规范》（GB 50140）的要求。

（5）泡沫灭火器的标志牌应标明“不适用于电气火灾”字样。

（6）对不适应的灭火种类，其用途代码可以不标，但对于使用会造成操作者危险的，则应用红线“×”去，并用文字明示在灭火器的铭牌上。

（7）生产日期和水压试验压力应用钢印打在灭火器不受内压的底圈或颈圈等处。二氧化碳灭火器应在瓶体肩部打钢印标记二氧化碳化学符号 CO_2、最大工作压力、水压试验压力、瓶体设计壁厚、瓶体内容积、空瓶质量、瓶体编号、制造年月、制造厂代号或商标、产品标准号等内容。

624. 贴在灭火器筒体上或印刷在筒体上的灭火器铭牌应包括哪些内容？

答：（1）灭火器的名称、型号和灭火剂种类。

（2）灭火种类和灭火级别。

（3）使用温度范围。

（4）驱动气体名称和数量或压力。

（5）水压试验压力。

（6）制造厂名称或代号。

（7）灭火器认证。

（8）生产连续序号。生产连续序号可印刷在铭牌上，也可用钢印打在不受压的底圈上。

（9）生产年份。灭火器生产年份应用钢印永久性地标志在灭火器上。

（10）灭火器的使用方法（包括一个或多个图说明和灭火种类代码）。

（11）再充装说明和日常维护说明。

625. 灭火器选择的基本原则是什么？

答：（1）应考虑配置场所的火灾种类和危险等级。

（2）应考虑灭火器的灭火效能和通用性、灭火剂对保护物品的污损程度、设置点的环境条件等因素。

（3）有场地条件的严重危险级场所，宜设推车式灭火器。

（4）手提式和推车式灭火器的定义、分类、技术要求、性能要求、试验方法、检验规则及标志等要求应符合现行国家标准《手提式灭火器》（GB 4351）和《推车式灭火器》（GB 8109）的有关规定。

626. 怎样为电力生产现场配置不同种类的灭火器？

答：根据该场所可能发生哪种类别的火灾选择灭火器种类，使灭火器配置场所的使用性质及其可燃物的种类相匹配。反过来说，也就是根据灭火器配置场所的使用性质及其可燃物的种类，可判断该场所可能发生哪种类别的火灾。

627. A、B、C、D、E 类火灾场所可以选择的灭火器种类有哪些？

答：（1）A类火灾场所可供选择的灭火器种类有：水型灭火器、磷酸铵盐干粉灭火器、泡沫灭火器或卤代烷灭火器。

（2）B类火灾场所可供选择的灭火器种类有：泡沫灭火器、碳酸氢钠干粉灭火器、磷酸铵盐干粉灭火器、二氧化碳灭火器、灭B类火灾的水型灭火器或卤代烷灭火器。极性溶剂的B类火灾场所应选择灭B类火灾的抗溶性灭火器。

（3）C类火灾场所可供选择的灭火器种类有：磷酸铵盐干粉灭火器、碳酸氢钠干粉灭火器、二氧化碳灭火器或卤代烷灭火器。

（4）D类火灾场所可供选择的灭火器种类有：扑灭金属火灾的专用灭火器。D类火灾可采用干砂或铸铁末扑灭。

（5）E类火灾（带电火灾）场所可供选择的灭火器种类有：磷酸铵盐干粉灭火器、碳酸氢钠干粉灭火器、卤代烷灭火器或二氧化碳灭火器，但不得选用装有金属喇叭喷筒的二氧化碳灭火器。

628. 扑救A、B、C类火灾和带电设备火灾应选择哪类灭火器？

答：扑救A、B、C类火灾和带电设备火灾，应选择磷酸铵盐、卤代烷型灭火器。

629. 为何在选择灭火器时应考虑灭火有效程度这一因素？

答：在灭火机理相同的情况下，有几种类型的灭火器均适用于扑救同一种类的火灾。但它们在灭火有效程度上有明显的差别，也就是说适用于扑救同一种类火灾的不同类型灭火器，在灭火剂用量和灭火速度上有着极大差异。因此，在选择灭火器时应充分考虑灭火有效程度这一因素。

630. 为何在选择灭火器时应考虑对保护对象的污染程度这一因素？

答：为了保护贵重物资与设备免受不必要的污染损失，灭火器的选择应考虑其对保护物品的污损程度。

631. 为何在选择灭火器时应考虑使用灭火器人员这一因素？

答：要选择适用的灭火器，应先对现场可能使用人员的年龄、性别和身手敏捷程度等素质进行大概分析估计，然后正确选择灭火器，否则，可能适得其反。

632. 为何在选择灭火器时应考虑灭火剂相容这一因素？

答：在选择灭火器时，应考虑不同灭火剂之间可能产生的相互反应，污染及其对灭火的影响，干粉与干粉、干粉和泡沫之间联用都存在一个相容性的问题，不相容的灭火剂之间可能发生相互作用。

633. 为何在选择灭火器时应考虑设置点环境温度这一因素？

答：设置点的环境温度过低，则灭火器的喷射灭火性能显著降低；若温度过高，则灭火器的内压剧增，灭火器会有爆炸伤人的危险，这就要求灭火器应设置在灭火器适用温度范围之内的环境中。

634. 同一场所为什么要选用同一操作方法的灭火器？

答：同一场所选用同一操作方法的灭火器有以下几个优点：一是为培训灭火器使用人员提供方便；二是在灭火中操作人员可方便地采用同一种方法连续操作，使用多具灭火器灭火；三是便于灭火器的维修和保养。因此，在同一灭火器配置场所，宜选用相同类型和操作方法的灭火器。

635. 同一场所如果选择了两种或两种以上类型灭火器时应如何应对？同一场所存在不同种类火灾时应如何选择灭火器？

答：（1）当同一场所选用了两种或两种以上类型灭火器时，应采用灭火剂相容的灭火器。不相容的灭火剂举例见表 7-8。

表 7-8　不相容的灭火剂举例

灭火剂类型	不相容的灭火剂	
干粉与干粉	磷酸铵盐	碳酸氢钠、碳酸氢钾
干粉与泡沫	碳酸氢钠、碳酸氢钾	蛋白泡沫
泡沫与泡沫	蛋白泡沫、氟蛋白泡沫	水成膜泡沫

（2）当同一场所存在不同种类火灾时，应选用通用型灭火器。发电厂和变电站同一场所存在不同种类火灾的情况较多，宜选用可扑灭多类火灾的磷酸铵盐干粉灭火剂。

636. 灭火器需定位设置，其设置点的位置应根据什么来确定？

答：灭火器设置点的位置应保证最不利点至少在 1 具灭火器的保护范围内。灭火器的最大保护距离应符合现行国家标准《建筑灭火器配置设计规范》（GB 50140）的规定。

A 类火灾场所灭火器的最大保护距离应符合表 7-9 的规定；B、C 类火灾场所灭火器的最大保护距离应符合表 7-10 的规定。E 类火灾场所灭火器的最大保护距离不应低于该场所内 A 类或 B 类火灾的规定。

表 7-9　A 类火灾场所灭火器的最大保护距离　单位：m

灭火器型式	严重危险级	中危险级	轻危险级
手提式灭火器	15	20	25
推车式灭火器	30	40	50

表 7-10　B、C 类火灾场所灭火器的最大保护距离　单位：m

灭火器型式	严重危险级	中危险级	轻危险级
手提式灭火器	9	12	15
推车式灭火器	18	24	30

637. 实配灭火器的灭火级别不得小于最低配置基准，请问灭火器的最低配置基准如何确定?

答： 灭火器的灭火级别由数字和字母组成，数字表示灭火级别的大小，字母（A 或 B）表示灭火级别的单位及适用扑救火灾的种类。实配灭火器的灭火级别不得小于最低配置基准，灭火器的最低配置基准按火灾危险等级确定，应符合现行国家标准《建筑灭火器配置设计规范》（GB 50140）的规定。当同一场所存在不同火灾危险等级时，应按较高危险等级确定灭火器的最低配置基准。

A 类火灾场所灭火器的最低配置基准应符合表 7-11 的规定；B、C 类火灾场所灭火器的最低配置基准应符合表 7-12 的规定。E 类火灾场所灭火器的最低配置基准不应低于该场所内 A 类或 B 类火灾的规定。

表 7-11　A 类火灾场所灭火器的最低配置基准

危险等级	单具灭火器最小配置灭火级别	单位灭火级别最大保护面积（m^2/A）
严重危险级	3A	50
中危险级	2A	75
轻危险级	1A	100

表 7-12　B、C 类火灾场所灭火器的最低配置基准

危险等级	单具灭火器最小配置灭火级别	单位灭火级别最大保护面积（m^2/B）
严重危险级	89B	0.5
中危险级	55B	1.0
轻危险级	21B	1.5

638. 为什么灭火器应设置在位置明显和便于取用的地点，且不得影响安全疏散?

答： 灭火器应设置在正常通道上，包括房间的出入口处、走廊、门厅及楼梯等明显地点。灭火器设置在明显地点，能使人们一目了然地知道何处可取用灭火器，以减少因寻找灭火器而耽误灭火时间，便于及时有效地扑灭初

起火灾。能否方便、安全地取到灭火器，在某种程度上决定了灭火的成败，如果取用灭火器不方便，即使离火灾现场再近，也有可能因取用的拖延而使火灾扩大，从而使灭火器失去作用。因此，灭火器应设置在没有任何危及人身安全和阻挡碰撞、能方便取用的地点。灭火器的设置不得影响安全疏散不仅指灭火器本身，还包括与灭火器设置相关的托架、箱子等附件。这主要考虑两个因素：一是灭火器的设置是否影响人们在火灾发生时及时安全疏散；二是人们在取用各设置点灭火器时，是否影响疏散通道的畅通。

639. 怎样保证灭火器的使用环境符合有关规定？

答：（1）灭火器的使用温度范围应符合现行国家标准《手提式灭火器》（GB 4351）和《推车式灭火器》（GB 8109）的有关规定。灭火器不得设置在超出其使用温度范围的地点，否则，必然会影响灭火器的喷射性能和使用安全，甚至延误灭火时机。

（2）灭火器不宜设置在潮湿或强腐蚀性的地点，当必须设置时应有相应的保护措施。一般来说，灭火器存放时间较长，如果长期设置在有强腐蚀性或潮湿的地点，会严重影响灭火器的使用性能和安全性能，但考虑到某些工业场所的特殊情况，如实在无法避免，应有相应的保护措施，例如室外灭火器可设置在雨棚下或小室内，具有遮阳防晒、挡雨防潮、保温隔热以及防止撞击等作用。

（3）露天设置的灭火器应有遮阳挡水和保温隔热措施，北方寒冷地区应设置在消防小室内。如果某些地点或场所情况特殊，则应从技术上或管理上采取相应的保护措施。

640. 对有视线障碍的灭火器设置点，应采取哪些措施？

答：对有视线障碍的灭火器设置点，应设置指示其位置的发光标志。箱体正面和灭火器设置点附近的墙面上应设置指示灭火器位置的固定标志牌，并宜选用发光标志。对于那些必须设置灭火器而又确实难以做到明显易见的特殊情况，应设明显指示标志，指明灭火器的实际位置，使人们能及时、迅速地取到灭火器。

641. 手提式灭火器宜设置在哪些位置？有哪些具体要求？

答：（1）手提式灭火器宜设置在灭火器箱内或挂钩、托架上。设置在挂钩或托架上的手提式灭火器要竖直向上放置，设置在灭火器箱内的手提式灭火器可直接放在灭火器箱的底面上。

（2）手提式灭火器的顶部离地面高度不应大于 1.50m，底部离地面高度不宜小于 0.08m。直接放在灭火器箱底面上的手提式灭火器的箱底面距地面高度不宜小于 0.15m。

642. 推车式灭火器应怎样放置?

答: 推车式灭火器不要设置在斜坡和地基不结实的地点。

643. 放置好的灭火器的铭牌应朝向哪里? 为什么?

答: 灭火器的摆放应稳固，其铭牌应朝外。这是为了人们能直接看到灭火器的主要性能指标、适用扑救火灾的类别和用法，使人们正确选择和使用灭火器，充分发挥灭火器的作用，有效地扑灭初起火灾。

644. 为什么灭火器箱不得上锁? 为什么灭火器箱前部应标注“灭火器箱火警电话、厂内火警电话、编号”等信息?

答: (1) 灭火器箱不得上锁，以方便一旦发现火情，第一时间取出灭火器扑灭初起火灾。

(2) 灭火器箱前部应标注“灭火器箱火警电话、厂内火警电话、编号”等信息，以便火情第一发现人可以不假思索、看准标注，准确、及时地报出火警。

第三节　各类灭火器的原理、构造和使用方法

645. 泡沫灭火器的原理和适用范围是怎样的?

答: (1) 泡沫灭火器内装通过机械方法或化学反应产生泡沫的灭火剂，分为机械泡沫灭火器（又称水基型灭火器）和化学泡沫灭火器两种，目前传统的化学泡沫灭火器已淘汰。机械泡沫是以机械的方法将空气或惰性气体导入泡沫溶液中而形成，化学泡沫指一种碱性盐溶液和一种酸性盐溶液混合后发生化学反应产生包含二氧化碳气体的稳定泡沫。不加防冻剂时，泡沫灭火器使用温度范围为 5～55℃；添加防冻剂时，使用温度范围为－10～55℃。

(2) 泡沫灭火器适用于扑灭一般固体和可燃液体火灾，不适用于气体火灾、电气火灾和金属火灾，对极性溶剂火灾应采用抗溶泡沫灭火器，水基型水雾灭火器也可用于扑灭低压电气火灾。

646. 水基型泡沫灭火器的优点是什么?

答: 水基型灭火器的灭火剂分为水成膜泡沫灭火剂和清水（或带添加剂的水）两种，泡沫灭火剂具有发泡倍数和 25%析液时间要求，能够在液体燃料表面形成一层抑制可燃液体蒸发的水膜，并加速泡沫的流动，具有操作方便、灭火效率高、灭火迅速、使用时不需倒置、有效期长、抗复燃、双重灭火和无毒无污染等优点。

647. 手提式水基型泡沫灭火器的构造和使用方法是怎样的?

答: (1) 手提式水基型泡沫灭火器由筒体、筒盖、提把、压把、喷射软

管和空气泡沫喷枪等组成，内部装有水成膜泡沫灭火剂和氮气，以氮气为压力介质将泡沫灭火剂从灭火器排出，由氮气和灭火剂机械形成泡沫覆盖燃烧表面，水成膜的封闭使燃烧与空气隔开，同时冷却并形成阻断可燃物质蒸发聚合层，达到灭火目的。

（2）使用时，手提灭火器筒体的上部提把赶到着火点，在距着火点约 6m 处停下，先拔出保险销，然后一只手握住开启压把，另一只手握住喷枪，保持筒体垂直，接着紧握开启压把，将灭火器密封开启，空气泡沫即从喷枪中喷出，对准燃烧最猛烈处喷射。

648. 手提式化学泡沫灭火器构造和使用方法是怎样的？

答：（1）手提式化学泡沫灭火器主要由筒体、瓶胆、筒盖、提环和喷嘴等组成，只能立着放置。筒体内装有碳酸氢钠与发泡剂的碱性混合溶液，瓶胆内装硫酸铝酸性水溶液瓶胆用瓶盖盖上，以防酸性溶液蒸发或因振荡溅出而与碱性溶液混合。

（2）使用手提式化学泡沫灭火器时，应平稳地将灭火器提到距离起火点 10m 左右，把灭火器颠倒过来，一手握提环，另一只手扶住筒体的底圈，将喷嘴对准燃烧物，酸性与碱性两种溶液混合后发生化学作用，产生二氧化碳气体泡沫，由喷嘴喷出，覆盖在燃烧物品上，使可燃物与空气隔绝，并降低温度，达到灭火目的。

649. 推车式泡沫灭火器使用方法是怎样的？适用于扑灭哪一类型火灾？

答：（1）使用推车式泡沫灭火器时，一般由两人操作，先将灭火器迅速推拉到燃烧处，在距离着火点 10m 左右处停下，由一人展开喷射软管成工作状态，双手紧握喷枪并对准燃烧处，另一人逆时针方向转动手轮，将螺杆升到最高位置，使瓶盖开足，然后将筒体向后倾倒，使拉杆触地，并将阀门手柄旋转 90°，即可喷射泡沫进行灭火。如阀门装在喷枪处，则由负责操作喷枪者打开阀门。

（2）由于推车式泡沫灭火器喷射距离远，连续喷射时间长，适用于扑救较大规模的油罐或油浸式变压器火灾。

650. 扑救可燃液体火灾和固体物质火灾的注意事项有哪些？

答：（1）在扑救可燃液体火灾时，如已呈流淌状燃烧，使用者应站在上风方向，将泡沫由近而远喷射，使泡沫完全覆盖在燃烧液面上。

（2）如在容器内燃烧，应将泡沫射向容器的内壁，使泡沫沿着内壁流淌，逐步覆盖着火液面，切忌直接对准液面喷射，避免由于射流的冲击破坏泡沫，反而将燃烧的液体冲散或冲出容器，扩大燃烧范围。

（3）在扑救固体物质火灾时，应将射流对准燃烧最猛烈处。

(4) 灭火时，随着有效喷射距离的缩短，使用者应逐渐向燃烧区靠近，并始终将泡沫喷射在燃烧物上，直至扑灭。

(5) 使用泡沫灭火的同时，不要用水流，因为水流会破坏泡沫，但允许使用水冷却容器外部。

651. 化学泡沫灭火器的使用注意事项有哪些?

答: (1) 在运送化学泡沫灭火器或提着泡沫灭火器奔赴火场的过程中，应注意不得使灭火器过分倾斜、摇晃，更不可横拿或颠倒，以免两种药剂混合而提前喷射。

(2) 在使用过程中，化学泡沫灭火器应始终保持倒置状态，不能横置或直立过来，并一直紧握开启压把，否则会中断喷射。

(3) 使用时严禁将筒盖、筒底对着人体，以防万一灭火器爆炸伤人。

652. 泡沫灭火器的存放要求和保养要求是什么?

答: (1) 泡沫灭火器应存放在干燥、阴凉、通风并取用方便之处，不得受到雨淋、烈日曝晒、接近火源或受剧烈振动，冬季应采取保温措施，运输时应避免碰撞。

(2) 泡沫灭火器应由专业单位负责保养、维修，每季度应定期检查保险销及铅封是否完好，压力值或充装量是否符合要求，瓶头阀、喷管等有无损坏，筒体是否锈蚀或泄漏。

653. 泡沫灭火器的管理要求是什么?

答: (1) 灭火器一经使用或灭火剂不足（减少了额定充装质量的10%）时应立即再充装。

(2) 灭火器距出厂年月期满3年后每隔两年或灭火器再充装前应逐个对灭火器筒体、储气瓶和推车式灭火器喷射软管组件进行水压试验，试验压力为2.1MPa，试验时不得有泄漏、破裂以及反映结构强度缺陷的可见变形，不合格者应进行报废处理。

(3) 试验合格的灭火器筒体内部应清洗干净，并进行检查，不允许有明显锈蚀，然后方可充装灭火剂继续使用。

(4) 对于储气瓶式灭火器，充装驱动气体后应逐具进行气密性试验，每次检验、维修和水压试验后应在灭火器上标明日期。按《灭火器维修》(GA 95) 的规定，从出厂日期算起，水基型灭火器的使用期限为6年，灭火器过期，损坏或检验不合格，应及时报废、更换。

654. 二氧化碳灭火器的适用范围是怎样的?

答: (1) 二氧化碳灭火器适用于扑灭可燃液体火灾、可燃气体火灾、600V以下的带电B类火灾，以及仪器仪表、图书档案等要求不留残迹、不污损被保护物的场所。

（2）二氧化碳灭火器不适用于固体火灾、金属火灾和自身含有供氧源的化合物火灾。

（3）若扑灭 600V 以上的电气火灾时，应先切断电源。

（4）二氧化碳灭火器的使用温度范围为－10～55℃。

655. 二氧化碳灭火剂的特点是什么？

答：二氧化碳灭火剂是一种最常见的灭火剂，价格低廉，获取制备容易，加压液化后的二氧化碳充装在灭火器钢瓶中，20℃时钢瓶内的压力为 6MPa，灭火时液态二氧化碳从灭火器喷出后迅速蒸发，变成固体状干冰，其温度为－78℃，固体干冰在燃烧物上迅速挥发成二氧化碳气体，依靠窒息作用和部分冷却作用灭火。无残留痕迹，不污染环境，不导电。二氧化碳具有较高的密度，约为空气的 1.5 倍，在常压下，液态的二氧化碳会立即汽化，一般 1kg 的液态二氧化碳可产生约 0.5m^3 的气体，因而，灭火时，二氧化碳气体可以排除空气而包围在燃烧物体的表面或分布于较密闭的空间中，降低可燃物周围或防护空间内的氧浓度，产生窒息作用而灭火。另外，二氧化碳从储存容器中喷出时，会由液体迅速汽化成气体，而从周围吸引部分热量，起到冷却的作用。

656. 手提式二氧化碳灭火器的分类和组成是怎样的？其使用方法是怎样的？

答：（1）手提式二氧化碳灭火器按其开启的机械型式，可分为手轮式和鸭嘴式两种。手轮式二氧化碳灭火器主要由喷筒、手轮式启闭阀和筒体组成。鸭嘴式二氧化碳灭火器由提把、压把、启闭阀筒体和喷管等组成。灭火器筒体材料应采用无时效性的铬铝无缝镇静钢。

（2）手提式二氧化碳灭火器使用时，应先将灭火器提到距离起火点 5m 左右，放下灭火器，拔出保险销，一手握住喇叭型喷筒根部的手柄，把喷筒对准火焰，另一只手逆时针旋开手轮（使用手轮式二氧化碳灭火器时）或压下启闭阀的压把（使用鸭嘴式二氧化碳灭火器时），喷射气化二氧化碳灭火。对没有喷射软管的二氧化碳灭火器，应把喇叭筒往上扳 70°～90°。

657. 推车式二氧化碳灭火器的组成和使用方法是怎样的？

答：（1）推车式二氧化碳灭火器由钢瓶、阀门、喷射系统和推车行走系统等组成。

（2）推车式二氧化碳灭火器一般由两人操作。使用时两人一起将灭火器快速推拉到燃烧处，在距离着火点 10m 左右停下，一人取下喇叭筒并展开喷射软管后，握住喇叭筒根部的手柄，另一人拔出阀体保险销，按逆时针方向旋动手轮，将阀门开到最大位置，喷出钢瓶内的高压液态二氧化碳灭火剂，将火扑灭。

658. 可燃液体燃烧时的扑灭方法是怎样的?

答: (1) 当可燃液体呈流淌状燃烧时，使用者应将二氧化碳灭火剂的喷流由近而远向火焰喷射，如果燃烧面较大，使用者可左右摆动喷筒，直至把火扑灭。

(2) 如果可燃液体在容器内燃烧时，使用者应将喇叭筒提起，从容器的一侧上部向燃烧的容器中喷射，但不能将二氧化碳喷流直接冲击可燃液面，以防将可燃液体冲出容器而扩大燃烧范围，造成灭火困难。

659. 二氧化碳灭火器使用中的注意事项是什么?

答: (1) 二氧化碳灭火器使用时应注意灭火器保持直立状态，切勿横卧或倒置使用。

(2) 不能直接用手抓住喇叭筒外壁或金属连接管，也不要把喷筒对着人，防止被冻伤。

(3) 室外使用二氧化碳灭火器时，应选择上风方向喷射，且不宜在室外大风时使用。

(4) 在室内狭小的密闭房间使用时，灭火后使用者应迅速离开，以防窒息，扑救室内火灾后，应先打开门窗通风，然后人再进入，以防窒息。

660. 二氧化碳灭火器保存和保养的要求是什么?

答: (1) 二氧化碳灭火器应存放在干燥、阴凉、通风并取用方便之处，存放地点的温度不得超过42℃，不得受到雨淋、烈日曝晒、接近火源或受剧烈振动，冬季应采取保温措施，运输时应避免碰撞。

(2) 二氧化碳灭火器应由专业单位负责保养、维修，每季度应定期检查保险装置是否完好，压力值是否符合要求，瓶头阀、喷筒、喷射软管等有无损坏，筒体是否锈蚀或泄漏。灭火器维修和再充装前应逐具对灭火器筒体和推车式灭火器喷射软管组件进行水压试验，试验压力为22.5MPa，试验时不得有泄漏破裂以及反映结构强度缺陷的可见变形，二氧化碳钢瓶灭火器还应逐个进行残余变形率测定，变形率不应大于3%。

661. 二氧化碳灭火器灭火剂的充装要求是什么? 二氧化碳灭火器的报废规定是怎样的?

答: (1) 灭火器一经使用或灭火剂不足 (减少了额定充装质量的1%) 时应立即再充装。试验合格的灭火器筒体内部应清洗干净，并确保筒体内干燥，不允许有明显锈蚀，然后方可充装灭火剂，充装后应逐具进行气密性试验。

（2）二氧化碳灭火器的报废规定如下：

1）灭火器不论已经使用还是未经使用，距出厂年月期满5年，以后每隔2年，必须送至指定的专业维修单位进行水压试验，合格后方可再使用，不合格者应进行报废处理。

2）每次检验、维修和水压试验后应在灭火器上标明日期，其中水压试验时间和试验单位用钢印打在筒体肩部。按《灭火器维修》（GA 95）的规定，从出厂日期算起，二氧化碳灭火器和储气瓶的使用期限为12年，灭火器过期、损坏或检验不合格者，应及时报废、更换。

662. 什么是干粉灭火器？干粉灭火器的显著特点是什么？其灭火中应注意哪些事项？

答：（1）干粉灭火器内装干燥的、易于流动的微细固体粉末，由具有灭火效能的无机盐基料和防潮剂、流动促进剂、结块防止剂等添加剂组成，利用高压二氧化碳气体或氮气气体作动力，将干粉喷出后以粉雾的形式灭火。

（2）干粉灭火器具有灭火种类多、效率高和灭火迅速等特点。同样火灾危险场所配置的灭火器数量少、重量轻，便于人员操作。内装的干粉灭火剂具有电绝缘性好、不易受潮变质、便于保管等优点。使用的驱动气体无毒、无味，喷射后对人体无伤害。特别是磷酸铵盐ABC型灭火器属通用型灭火器，在电厂中运用最广泛，但对精密仪器或设备存在残留污染。

（3）干粉灭火器使用中注意事项如下：

1）中高压电气火灾和旋转电机火灾需要先切断电源。

2）二氧化碳气体驱动的干粉灭火器使用温度范围为－10～55℃，氮气驱动时的使用温度范围为－20～55℃。

663. 干粉灭火剂的灭火机理是怎样的？BC型干粉和ABC型干粉的灭火性能各是怎样的？

答：（1）干粉灭火剂的灭火机理：一是靠干粉中无机盐的挥发性分解物，在喷射时与燃烧过程中燃料所产生的自由基或活性基团发生化学抑制和副催化作用，使燃烧的链反应中断而灭火；二是靠干粉的粉末落在可燃物表面外，将可燃物覆盖后，发生化学反应，并在高温作用下形成一层玻璃状覆盖层，从而隔绝氧气，进而窒息灭火。另外，干粉灭火剂还起到稀释氧和冷却的作用。

（2）BC型干粉灭火器主要内充碳酸氢钠或同类基料的干粉灭火剂，适用于扑灭可燃液体、可燃气体和带电的B类火灾，不适用于可燃固体火灾、金属和自身含有供氧源的化合物火灾。

（3）ABC型干粉灭火器主要内充磷酸铵盐基料的干粉灭火剂，适用于扑灭可燃固体火灾、可燃液体火灾、可燃气体火灾、电气火灾，不适用于金属和自身含有供氧源的化合物火灾。

664. 手提式干粉灭火器组成和使用方法是怎样的?

答: (1) 手提式干粉灭火器主要由盛装干粉的粉桶、储存驱动气体的钢瓶、装有进气管和出粉管的器头、输送粉末的喷管和开启机构等组成，常温下工作压力为 1.5MPa。

(2) 使用时，应先将灭火器提到距离起火点 5m 左右，放下灭火器，如在室外，应选择在上风方向喷射。使用前可将灭火器颠倒晃动几次，使筒内干粉松动，然后拔下保险销，一手握住喷射软管前端喷嘴根部，另一只手用力按下压把或提起储气瓶上的开启提环，喷出干粉灭火。有喷射软管的灭火器或储压式灭火器在使用时，一手应始终压下压把，不能放开，否则会中断喷射。

665. 推车式干粉灭火器组成和使用方法是怎样的?

答: (1) 推车式干粉灭火器主要由筒体、器头总成、喷管总成和车架总成等部分组成。

(2) 使用时把灭火器拉或推到燃烧处，在距离着火点 10m 左右停下，将灭火器后部向着火源停靠好，使其不会在使用时倒下。在室外应置于上风方向，先取下喷粉枪，展开缠绕在推车上的喷粉胶管，应该让出粉管平顺的展开，不能有弯折或打圈情况，接着除掉铅封，拔出保险销，再提起进气压杆或按下供气阀门，使二氧化碳或氮气进入贮罐，当表压升至 0.7～1.0MPa 时，放下进气压杆停止进气，然后拿起喷枪打开出粉阀，对准火焰根部喷出干粉扑火。

666. 使用干粉灭火器扑灭液体火灾时的注意事项有哪些?

答: (1) 扑灭液体火灾时，不要使干粉气流直接冲击液面，以防止飞溅使火势蔓延。

(2) 如果被扑救的液体火灾呈流淌燃烧时，应对准火焰根部由近至远并左右扫射，把干粉笼罩住燃烧区，防止火焰回窜，直至把火焰全部扑灭。

(3) 如果可燃液体在容器内燃烧时，使用者应使喷射出的干粉流覆盖整个容器开口表面，当火焰被赶出容器时，使用者仍应继续喷射，直至将火焰全部扑灭。

(4) 如果可燃液体在金属容器中燃烧时间过长，容器的壁温已高于扑救可燃液体的自燃点，此时极易造成灭火后再复燃的现象，若与泡沫类灭火器联用，则灭火效果更佳。

667. 使用干粉灭火器扑灭固体火灾时的注意事项有哪些?

答：使用磷酸铵盐干粉灭火器扑救固体可燃物火灾时，应对准燃烧最猛烈处喷射，并上下、左右扫射，如条件许可，使用者可提着灭火器沿着燃烧物的四周边走边喷，使干粉灭火剂均匀地喷在燃烧物的表面，直至将火焰全部扑灭。

668. 干粉灭火器存放和保养的要求是什么？

答：（1）干粉灭火器应存放在阴凉、通风并取用方便之处，灭火器应保持干燥、密封，防止雨淋，以免干粉结块，防止烈日曝晒、接近火源，以免二氧化碳驱动气体受热膨胀而发生漏气现象，存放环境温度为－10～45℃。

（2）干粉灭火器应由专业单位负责保养、维修，每季度应定期检查干粉是否结块，二氧化碳或氮气气量是否充足，保险销及铅封是否完好，压力值是否符合要求，瓶头阀、喷筒、喷射软管等有无损坏，筒体是否锈蚀或泄漏，推车行驶机构是否灵活、方便。

669. 干粉灭火器的管理要求是什么？

答：（1）灭火器一经使用或灭火剂不足（减少了额定充装质量的10%）时，应立即再充装。

（2）灭火器距出厂年月期满5年后每隔2年或再充装前应送至指定的专业维修单位，逐具对灭火器筒体和推车式灭火器喷射软管组件进行水压试验，试验压力为2.6MPa，试验时不得有泄漏、破裂以及反映结构强度缺陷的可见变形，合格后方可再使用，不合格者应进行报废处理。

（3）试验合格的灭火器筒体内部应清洗干净，并确保筒体内干燥，不允许有明显锈蚀，然后方可充装灭火剂。

（4）对储气瓶式灭火器充装后应逐具进行气密性试验，每次检验、维修和水压试验后应在灭火器上标明日期。

（5）按《灭火器维修与报废规程》（GA 95）的规定，从出厂日期算起，干粉灭火器的使用期限为10年，灭火器过期、损坏或检验不合格者，应及时报废、更换。

670. 六氟丙烷灭火器适用范围是怎样的？有什么优点？

答：（1）六氟丙烷灭火器适用的环境温度范围为－20～55℃，一般室内比室外效果好，冬季比夏季效果好。六氟丙烷灭火器适用于扑灭可燃液体火灾、可燃气体火灾和电气火灾，不适用可燃固体火灾扑救。

（2）在常压下，液态的六氟丙烷会立即汽化，无残留痕迹，不污染环境，不导电。

671. 手提式六氟丙烷灭火器的组成和使用方法是怎样的？

答：（1）手提式六氟丙烷灭火器主要由喷射软管、阀门、虹吸管和筒体等组成。灭火器筒体为低压容器，材料为碳钢或不锈钢，碳钢筒体内部需做防腐处理，常温下工作压力为 0.7MPa。

(2) 使用时，应先将灭火器提到距离起火点 3m 左右，放下灭火器，拔出保险销，一手握住喷射软管前端喷嘴，把喷嘴对准火焰，然后按下阀门，对准火焰根部喷出药剂灭火。

672. 六氟丙烷灭火器存放和保养、维修要求是什么?

答: (1) 六氟丙烷灭火器应存放在阴凉、通风并取用方便之处，灭火器应保持干燥、密封，防止雨淋，防止烈日曝晒、接近火源，以免氮气驱动气体受热膨胀而发生漏气现象，存放环境温度为－20～55℃。

(2) 六氟丙烷灭火器应由专业单位负责保养、维修，每季度应定期检查氮气气量是否充足，保险销及铅封是否完好，压力值是否符合要求，瓶头阀、喷射软管等有无损坏，筒体是否锈蚀或泄漏。

673. 六氟丙烷灭火器的管理要求有哪些?

答: (1) 六氟丙烷灭火器一经使用或灭火剂不足（减少了额定充装质量的 10%）时应立即再充装。

(2) 灭火器距出厂年月期满 5 年后每隔 2 年或再充装前应送至指定的专业维修单位，逐具对灭火器筒体喷射软管组件进行水压试验，试验压力为 2.1MPa，试验时不得有泄漏、破裂以及反映结构强度缺陷的可见变形，合格后方可再使用，不合格者应进行报废处理。

(3) 试验合格的灭火器筒体内部应清洗干净，并确保筒体内干燥，不允许有明显锈蚀，然后方可充装灭火剂，每次检验、维修和水压试验后应在灭火器上标明日期。

(4) 按《灭火器维修与报废规程》(GA 95) 的规定，从出厂日期算起，洁净气体灭火器的使用期限为 10 年，灭火器过期、损坏或检验不合格者，应及时报废、更换。

第四节　消防器材配置

674. 消防器材配置的基本原则是什么?

答: (1) 各类发电厂和变电站的建（构）筑物、设备应按照其火灾类别及危险等级配置移动式灭火器。

(2) 各类发电厂和变电站的灭火器配置规格和数量应按《建筑灭火器配置设计规范》(GB 50140) 计算确定，实配灭火器的规格和数量不得小于计算值。

（3）一个计算单元内配置的灭火器不得少于 2 具，每个设置点的灭火器不宜多于 5 具。使用两具灭火器共同灭火有利于迅速、有效地扑灭初起火灾，还可起到相互备用的作用（即使其中一具失效，另一具仍可正常使用）。如果同一个地点取用、使用灭火器的人员太多可能会互相干扰，影响灭火，所以不宜多于 5 具。

（4）手提式灭火器充装量大于 3.0kg 时应配有喷射软管，其长度不小于 0.4m，推车式灭火器应配有喷射软管，其长度不小于 4.0m。除二氧化碳灭火器外，储压式灭火器应设有能指示其内部压力的指示器。如有条件，储气瓶式推车灭火器和二氧化碳推车灭火器宜自带称重装置，以方便日常检修维护。

675. 灭火器配置的设计计算程序是怎样的？

答：（1）确定各灭火器配置场所的火灾种类和危险等级。

（2）划分计算单元，计算各计算单元的保护面积。

（3）计算各计算单元的最小需配灭火级别。

（4）确定各计算单元中的灭火器设置点的位置和数量。

（5）计算每个灭火器设置点的最小需配灭火容量。

（6）确定每个设置点灭火器的类型、规格与数量。

（7）确定每具灭火器的设置方式和要求。

676. 怎样计算单元的最小需配灭火容量？

答：（1）计算单元的最小需配灭火容量公式为

$$Q = KS/U \tag{7-1}$$

式中 Q——计算单元的最小需配灭火容量（A 或 B）；

S——计算单元的保护面积，m^2；

U——A 类或 B 类火灾场所单位灭火容量最大保护面积，m^2/A 或 m^2/B；

K——修正系数，应按表 7-13 的规定取值。

（2）当危险等级和火灾种类相同时，可将一个楼层或一个水平防火分区作为一个计算单元，当一个楼层或一个水平防火分区内各场所的危险等级和火灾种类不同时，应将其分别作为不同的计算单元，同一计算单元不得跨越防火分区和楼层。

（3）建筑物应按其建筑面积确定计算单元的保护面积，可燃物露天堆场，甲、乙、丙类液体储罐区，可燃气体储罐区应按堆垛、储罐的占地面积确定。

表 7-13　　修正系数

计算单元类别	K
未设室内消火栓系统和自动灭火系统	10
设有室内消火栓系统	0.9
设有自动灭火系统	0.7
设有室内消火栓系统和自动灭火系统	0.5
可燃物露天堆场	0.3
甲、乙、丙类液体储罐区	0.3
可燃气体储罐区	0.3
地下场所	1.3

(4) 计算单元中每个灭火器设置点的最小需配灭火容量公式为：

$$Q_c = Q/N \tag{7-2}$$

式中　Q_c——计算单元中的每个灭火器设置点的最小需配灭火容量（A或B）；

N——计算单元中的灭火器设置点数，个。

677. 消防砂箱和消防砂桶的配置原则是什么？

答：(1) 油浸式变压器、油浸式电抗器、油罐区、油泵房、油处理室、特种材料库、柴油发电机、磨煤机、给煤机、送风机、引风机和电除尘等处应设置消防砂箱或消防砂桶，以及消防铲。消防砂箱、消防砂桶和消防铲均应为大红色，砂箱的上部应有白色的“消防砂箱”字样，箱门正中应有白色的“火警119”字样，箱体侧面应标注使用说明。

(2) 消防砂箱容积为1.0m³，内装干燥细黄砂。并配置消防铲，每处3～5把。

(3) 消防砂桶应装满干燥黄砂。

(4) 消防砂箱的放置位置应与带电设备保持足够的安全距离。

678. 室外消火栓的配置原则是什么？

答：(1) 设置室外消火栓的发电厂和变电站应集中配置足够数量的消防水带、水枪和消火栓扳手，宜放置在厂内消防车库内。室外消火栓配置的消防水带和水枪数量应根据建（构）筑物室外消防最大一次用水量Q计算确定，该水量应符合国家现行标准《火力发电厂与变电站设计防火规范》(GB 50229)、《水利水电工程设计防火规范》(SDJ 278) 和《建筑设计防火规范》(GB 50016) 的有关规定，室外消火栓主要供消防车使用，每个室外消火栓的用水量10L/s，每辆消防车取水灭火时占用1个消火栓，一辆消防车出2

根直径 65mm 的水带，室外消火栓最大间距为 120m，则：

$$水枪数量 = Q \div 10 \times 2 \tag{7-3}$$

$$水带总长度 = Q \div 10 \times 120 \times 2 \tag{7-4}$$

（2）当厂内不设消防车库时，也可放置在重点防火区域周围的露天专用消防箱或消防小室内。根据被保护设备的性质合理配置 19mm 直流或喷雾或多功能水枪，水带宜配置有衬里消防水带。

1）直流水枪用来喷射密集充实水流，适用于扑灭固体火灾。

2）喷雾水枪在直流水枪的出口设置离心喷雾头，使水流在离心力的作用下，将充实水流变成水雾，适用于扑灭电气及油类火灾。

3）开花水枪可喷射密集充实水流，还可以根据灭火的需要喷射开花水，用来冷却容器外壁、阻隔辐射热，掩护消防人员靠近着火点，适用于大型油罐火灾。

4）当发电厂和变电站室外消防应对的火灾类型较多时，可采用可调式水枪。

679. 室内消火栓的配置原则是什么？

答：（1）每只室内消火栓箱内应配置 65mm 消火栓及隔离阀各 1 只、25m 长 DN65 有衬里水龙带 1 根带快装接头、19mm 直流或喷雾或多功能水枪 1 只、自救式消防水喉 1 套、消防按钮 1 只。

（2）带电设施附近的消火栓应配备带喷雾功能水枪。

（3）当室内消火栓栓口处的出水压力超过 0.5MPa 时，应加设减压孔板或采用减压稳压型消火栓。

（4）同一建筑物内应采用同一型号的室内消火栓箱，带电和有油设备附近的消火栓应配置喷雾水枪或多功能水枪，最高处的试验用消火栓处应设置压力显示仪表。消火栓及消防水管外表应涂红色且与消防器材色标规定相一致。

680. 典型工程现场灭火器的配置原则是什么？

答：（1）发电厂同一场所存在不同种类火灾的情况较多，危险性较大，宜采用通用、高效、无毒的磷酸铵盐干粉灭火器，所需配置的灭火器数量少、重量相对较轻，便于人员操作。由于干粉灭火器使用后存在残留污染，对电气、热控设备可配合使用洁净气体灭火器或二氧化碳灭火器，但需注意所选用灭火器的灭火级别应满足《火力发电厂与变电站设计防火规范》（GB 50229）等标准规定的有关场所火灾类别和危险等级所对应的最小配置级别。

（2）油箱、油罐容器附近宜配置磷铵盐干粉灭火器和水成膜泡沫灭火器，避免容器壁的高温造成灭火后再复燃的现象。

(3) 油浸式变压器、油箱、油罐等有场地条件的场所，以及严重危险级场所宜设置推车式灭火器。

(4) 同一场所尽量采用相同类型和操作方法的灭火器。

第五节　正压式消防空气呼吸器

681. 电力生产场所正压式消防空气呼吸器配置要求有哪些?

答: (1) 设置固定式气体灭火系统的发电厂和变电站等场所应配置正压式消防空气呼吸器，数量宜按每座有气体灭火系统的建筑物各设 2 套，可放置在气体保护区出入口外部、灭火剂储瓶间或同一建筑的有人值班控制室内。按照现行国家标准《气体灭火系统设计规范》(GB 50370)，正压式消防空气呼吸器不必按照气体防护区逐一配置，宜就近集中放置、管理。

(2) 长距离电缆隧道、长距离地下燃料皮带通廊、地下变电站的主要出入口应至少配置 2 套正压式消防空气呼吸器和 4 只防毒面具。

(3) 距离不小于 100m 的地下电缆隧道、地下燃料皮带通廊、地下变电站发生阴燃或灭火完毕后，有毒气体和烟雾容易聚集，在没有通风、排烟完毕前，为便于工作人员进入救援、检查，确保安全，应配置空气呼吸器。

(4) 水电厂地下厂房、封闭厂房等场所，也应根据实际情况配置正压式消防空气呼吸器。水电厂地下厂房、封闭厂房等场所，也应根据实际情况配置正压式消防空气呼吸器，万一发生火灾时有利于人员逃生或施救。

682. 正压式消防空气呼吸器的作用和适用范围是什么?

答: (1) 正压式消防空气呼吸器系列产品为自给开放式空气呼吸器，可以使消防人员和抢险救护人员在进行灭火战斗或抢险救援时防止吸入对人体有害毒气、烟雾、悬浮于空气中的有害污染物。正压式消防空气呼吸器也可在缺氧环境中使用，防止吸入有毒气体，从而有效地进行灭火、抢险救灾救护和劳动作业。

(2) 正压式消防空气呼吸器。适用于消防员或抢险救援人员在有毒或有害气体环境、含烟尘等有害物质及缺氧等环境中使用，为使用者提供有效的呼吸保护。广泛用于消防、电力、化工、船舶、冶炼、仓库、试验室、矿山等部门。

683. 正压式消防空气呼吸器的主要特点有哪些?

答: (1) 采用新型大视野全面罩，防雾、防眩、视野开阔、气密性好、佩戴舒适。

(2) 供气阀体积小、供气量大、性能可靠，使用中不影响视野。

（3）背板由碳纤维复合材料制成，重量轻、强度高。按人体工程学设计，佩戴更舒适、更方便。

（4）采用新型减压器，体积小巧紧凑，内置安全阀，性能可靠，无任何调节装置，免维护。设有备用接口，可根据需要加装他救接头或外供气源。

（5）压力表具有防水、防震、夜光显示功能。余压报警器体积小、重量轻、报警准确洪亮。

（6）瓶阀装有棘轮止逆装置，可防止使用中被无意关闭，可选带压力显示的瓶阀，在阀门关闭时也能显示瓶内储气压力。

（7）同一套背板 6.8L 和 9.0L 碳纤维复合气瓶可任意更换。

684. 正压式消防空气呼吸器的技术参数有哪些？

答：（1）整体重量：≤12kg、≤10kg、≤8.5kg、≤17kg。

（2）外形尺寸（长×宽×高，mm）：650×270×225、600×270×210、600×270×200、600×350×210。

（3）适用环境温度：−30～60℃。

（4）气瓶额定工作压力：30MPa。

（5）气瓶容积（水容积）：9.0L、6.8L、4.7L、6.8L×2。

（6）气瓶最大储气量：2700L、2040L、1410L、4080L。

（7）供气特点：正压式特点。

（8）最大吸气阻力：≤500Pa。

（9）最大呼气阻力：≤1000Pa。

（10）余气报警压力：5～6MPa。

（11）报警发声声级：≥90dB。

（12）吸入气体中二氧化碳含量：≤1%。

（13）防护范围：粉尘、重烟、雾滴、毒气、毒蒸气以及那些肉眼看不见的微小物质以及复杂恶劣的缺氧环境。

685. 正压式消防空气呼吸器的分类是怎样的？

答：（1）钢瓶型正压式空气呼吸器。

1）RHZK-5/30 正压式空气呼吸器；

2）RHZK-6/30 正压式空气呼吸器。

（2）碳纤维瓶正压式空气呼吸器（又叫正压式呼吸器）。

1）国产碳纤维瓶空气呼吸器：

——RHZKF-6.8/30 国产碳纤维瓶正压式空气呼吸器；

——RHZKF-9/30 国产碳纤维瓶正压式消防空气呼吸器。

2）进口碳纤维瓶空气呼吸器：

RHZKF-6.8/30 进口碳纤维瓶正压式空气呼吸器。

注：原正压式消防空气呼吸器型号为 ZHK 系列，现根据 GA 124—2004 标准备要求，将原型号改为 RHZKF 系列，其中：R 为消防员个人装备，H 为产品类别代号呼吸器，ZK 为产品特征代号，Z 为正压式，K 为空气，F 碳纤维复合瓶。

686. 正压式消防空气呼吸器的组成是怎样的？

答：正压式消防空气呼吸器由 13 个部件组成，如图 7-2 所示。

图 7-2 正压式消防空气呼吸器的组成

（1）面罩：为大视野面窗，适用于亚洲人脸型，面窗镜片采用聚碳酸酯材料，透明度高、耐磨性强、具有防雾功能，网状头罩式佩戴方式，佩戴舒适、方便，胶体采用硅胶，无毒、无味、无刺激，气密性能好。

（2）气瓶：为铝内胆碳纤维全缠绕复合气瓶，压力 30MPa，质量轻、强度高、安全性能好，储气量大，使用时间长，瓶阀具有高压防护装置。

（3）瓶带组：瓶带卡为一快速凸轮锁紧机构，并保证瓶带始终处于一闭环状态。气瓶不会出现翻转现象。

（4）肩带：由阻燃聚酯织物制成，背带采用双侧可调结构，使重量落于腰胯部位，减轻肩带对胸部的压迫，使呼吸顺畅。并在肩带上设有宽大弹性衬垫，减轻对肩的压迫。

（5）报警哨：置于胸前，报警声易于分辨，体积小、重量轻。

（6）压力表：大表盘，具有夜视功能，配有橡胶保护罩。

（7）气瓶阀：具有高压安全装置，开启力矩小。

（8）减压器：体积小、流量大、输出压力稳定。

（9）背托：背托设计符合人体工程学原理，由碳纤维复合材料注塑成型，具有阻燃及防静电功能，质轻、坚固，在背托内侧衬有弹性护垫，可使配戴者舒适。

(10) 腰带组：卡扣锁紧、易于调节。

(11) 快速接头：小巧、可单手操作、有锁紧防脱功能。

(12) 供给阀：结构简单、功能性强、输出流量大、具有旁路输出、体积小。

687. 怎样正确存放正压式消防空气呼吸器？

答：正压式消防空气呼吸器应放置在专用设备柜内，柜体应为红色并固定设置标志牌。

688. 怎样保养、检查正压式消防空气呼吸器？

答：正压式消防空气呼吸器必须经过清洁后才能存放，如果发现有损坏的部件，应该做好标注，注意不再使用。清洁正压式消防空气呼吸器的步骤如下：

(1) 检查有有无磨损或老化的零件。

(2) 取下锁气阀。

(3) 清洁面罩。

1) 温水中加入中性肥皂液或清洁剂进行洗涤，然后用净水冲洗干净。用医用酒精擦洗面罩，进行消毒。

2) 消毒后，用清水彻底清洗面罩。冲洗面罩，然后晃动，甩干残留水，然后用干净的软布擦干。或者吹干也可，但要注意不要使用一般的空气或其他任何含润滑剂或湿气的空气。

(4) 供气阀的清洗、消毒。

1) 用海绵或软布将供气阀外表面明显的污物擦拭干净

2) 从供气阀的出气口检查供气阀内部。如果已变脏，请维修人员来清洗。

(5) 供气阀检查。供气阀检查并不意味着完整的供气阀性能测试。只有使用维修检测仪，才能对供气阀的性能进行测试。再次使用之前，使用者必须按说明书中供气阀操作检查部分的要求进行供气阀的操作检查。

(6) 用湿海绵或软布将呼吸器其他不能浸入水中清洗的部件擦洗干净。

689. 正压式消防空气呼吸器的使用方法是怎样的？

答：(1) 将空气呼吸器气瓶瓶底向上背在肩上。

(2) 将大拇指插入肩带调节带的扣中向下拉，调节到背负舒服为宜。

(3) 插上塑料快速插口，腰带系紧度以舒适和背托不摆动为佳（首次佩戴前预先调节腰带两侧的三档口）。

(4) 把下巴放入面罩，由下向上拉上头网罩，将网罩两边的松紧带拉紧，使全面罩双层密封环紧贴面部。

(5) 深吸一口气将供气阀打开。呼吸几次，感觉舒适、呼吸正常后即可进入操作区作业。

(6) 使用结束后的卸装方法：

1) 将面罩两边的松紧带扣向外扒开，松开松紧带，将面罩从下向上脱下。

2) 将供气阀上带有指示箭头的手动开关按下，关闭供气阀。

3) 将腰带插头从插座中退出。

4) 放松肩带，将呼吸器从肩上卸下。

5) 关闭气瓶阀开关，打开旁通阀，放空系统管内余气，再关闭旁通阀。

第六节 消防设施

690. 对燃煤、燃机发电厂设置高压给水系统的要求有哪些？

答：(1) 燃煤、燃机发电厂应设置带消防水泵、稳压设施和消防水池的临时（稳）高压给水系统或带高位消防水池的高压给水系统。目前，绝大多数燃煤、燃机发电厂采用临时（稳）高压给水系统，也可按《建筑设计防火规范》(GB 50016) 要求采用高压给水系统。

(2) 消防水泵应设置备用泵，125W 机组以下发电厂的备用泵流量和扬程不应小于最大一台消防泵的流量和扬程，125MW 机组及以上发电厂宜设置柴油驱动消防泵作为备用泵，其性能参数及泵的数量应满足最大消防水量、水压的需要。

691. 燃煤、燃机发电厂的哪些建筑物或场所应设置室内消火栓？哪些可不设置室内消火栓？

答：(1) 燃煤、燃机发电厂下列建筑物或场所应设置室内消火栓：主厂房（包括汽机房和锅炉房的底层和运转层、燃机厂房的底层和运转层、煤仓间各层、除氧器层、锅炉燃烧器各层平台），集中控制楼、主控制楼、网络控制楼、微波楼、脱硫控制楼，继电器室、有充油设备的屋内高压配电装置，屋内卸煤装置、碎煤机室、转运站、筒仓皮带层、室内储煤场，柴油发电机房，生产、行政办公楼，一般材料库、特殊材料库，汽车库。

(2) 根据现行国家标准《火力发电厂与变电站设计防火规范》(GB 50229) 和《建筑设计防火规范》(GB 50016) 的规定，下列建筑物或场所可不设置室内消火栓：脱硫工艺楼，增压风机室，吸收塔，吸风机室，屋内高压配电装置（无油），除尘构筑物，运煤栈桥，运煤隧道，油浸式变压器检修间，油浸式变压器室，供、卸油泵房，油处理室，岸边水泵房、中央水泵房，灰浆、灰渣泵房，生活消防水泵房，稳定剂室，加药设备室，进水、净水构筑物，冷却塔，化学水处理室，循环水处理室，启动锅炉房，供氢站，推煤机库，消防车库，储氢罐，空气压缩机室，热工、电气、金属实验室，天桥，排水、污水泵房，各分场维护间，污水处理构筑物，电缆隧道，材料库棚，机车库，警卫传达室。

692. 燃煤、燃机发电厂的火灾自动报警系统与固定灭火系统应符合哪些规定？

答：（1）单机容量为 300MW 及以上的燃煤发电厂应按现行国家标准《火力发电厂与变电站设计防火规范》（GB 50229）的规定，设置重点防火区域的火灾自动报警系统和固定灭火系统。

（2）单机容量为 200MW 及以上但小于 300MW 的燃煤发电厂应按现行国家标准《火力发电厂与变电站设计防火规范》（GB 50229）的规定，设置重点防火区域的火灾自动报警系统。

（3）单机容量为 50～135MW 的燃煤发电厂在控制室、电缆夹层、屋内配电装置、电缆隧道及竖井处设置火灾自动报警系统。

（4）单机容量为 50MW 以下的燃煤发电厂以消火栓和移动式灭火器材为主要灭火手段。

（5）单机容量 50MW 以上的燃煤发电厂运煤栈桥及隧道与转运站、筒仓、碎煤机室、主厂房连接处应设水幕；所有钢结构运煤建筑应设置自动喷水或水喷雾灭火系统：所有 90MVA 及以上的油浸式变压器应设置火灾自动报警系统和水喷雾、泡沫喷雾、排油注氮装置或其他灭火系统。

（6）除燃气轮发电机组外，多轴配置联合循环燃机发电厂应按汽轮发电机组容量对应燃煤发电厂等同容量设置火灾自动报警系统和固定自动灭火系统，单轴配置的燃机发电厂应按单套机组总容量对应燃煤发电厂确定消防设施。燃气轮发电机组（包括燃气轮机、齿轮箱、发电机和控制间）应设置全淹没气体灭火系统和火灾自动报警系统，室内天然气调压站、燃机厂房应设置可燃气体泄漏探测装置。

693. 单机容量为 300MW 及以上的燃煤发电厂主要建（构）筑物和设备的火灾自动报警系统与固定灭火系统应怎样设置？

答：单机容量为 300MW 及以上的燃煤发电厂主要建（构）筑物和设备的火灾自动报警系统与固定灭火系统在条件相符时可按表 7-14 的规定采用。

表 7-14　单机容量 300MW 及以上燃煤电厂主要建（构）筑物和设备火灾自动报警系统与固定灭火系统设置

建构筑物和设备名称		火灾探测器类型	固定灭火介质及系统型式
集中控制楼、网络控制楼（继电器楼）	电缆夹层	吸气式感烟＋缆式线型感温组合，点型感烟＋分布式光纤组合或点型感烟＋缆式线型感温组合	水喷雾、细水雾、气体或其他灭火装置
	电子设备间	吸气式感烟＋点型感温组合或点型感烟＋点型感温组合	固定式气体或其他介质
	控制室	吸气式感烟或点型感烟	—
	计算机房	吸气式感烟＋点型感温组合或点型感烟＋点型感温组合	固定式气体或其他介质
	继电器室	吸气式感烟＋点型感温组合或点型感烟＋点型感温组合	固定式气体或其他介质
	DCS 工程师室	吸气式感烟＋点型感温组合或点型感烟＋点型感温组合	固定式气体或其他介质
	配电装置室	感烟＋感温组合	固定式气体或其他介质
	蓄电池室	防爆感烟和可燃气体	—
	微波楼和通信楼	感烟或感温	—
汽机房	汽轮机油箱	缆式线型感温，分布式光纤或火焰	水喷雾或细水雾
	电液装置（抗燃油除外）	缆式线型感温，分布式光纤或火焰	水喷雾或细水雾
	氢密封油装置	缆式线型感温，分布式光纤或火焰	水喷雾或细水雾
	汽轮机轴承	感温或火焰	—
	汽轮机运转层下及中间层油管道	缆式线型感温或分布式光纤	水喷雾或雨淋
	给水泵油箱（抗燃油除外）	缆式线型感温＋火焰组合，分布式光纤＋火焰组合或点型感烟＋火焰组合	水喷雾、雨淋或细水雾

续表

建构筑物和设备名称		火灾探测器类型	固定灭火介质及系统型式
汽机房	配电装置室	感烟	—
	电缆夹层	吸气式感烟＋点型感温组合、缆式线型感温＋点型感烟组合或分布式光纤＋点型感烟组合	水喷雾、细水雾、气体、悬挂式超细干粉或热熔胶
	汽轮机储油箱（主厂房内）	缆式线型感温＋火焰组合，分布式光纤＋火焰组合或点型感烟＋火焰组合	水喷雾或细水雾
	电子设备间	吸气式感烟＋点型感温组合或点型感烟＋点型感温组合	气体或其他介质
	汽机房架空电缆处	缆式线型感温或分布式光纤	—
锅炉房及煤仓间	锅炉本体燃烧器	缆式线型感温或分布式光纤	雨淋或水喷雾
	磨煤机润滑油箱	缆式线型感温或分布式光纤	水喷雾或细水雾
	回转式空气预热器	感温（设备温度自检）	提供设备内消防水源
	原煤仓、煤粉仓（无烟煤除外）	缆式线型感温和 CO 探测器	惰性气体
	锅炉房零米以上架空电缆处	缆式线型感温或分布式光纤	—
脱硫系统	脱硫控制楼、控制室	感烟	—
	脱硫控制楼、配电装置室	感烟	—
	脱硫控制楼、电缆夹层	感烟、缆式线型感温或分布式光纤	—

续表

建构筑物和设备名称		火灾探测器类型	固定灭火介质及系统型式
运煤系统	输煤综合楼、控制室	感烟	—
	输煤综合楼、配电装置室	感烟	—
	输煤综合楼、电缆夹层	感烟、缆式线型感温或分布式光纤	—
	转运站及筒仓	缆式线型感温或分布式光纤	水幕
	碎煤机室	缆式线型感温或分布式光纤	水幕
	易自燃煤种的封闭式运煤栈桥、运煤隧道、皮带头部及尾部	缆式线型感温或分布式光纤	水喷雾或自动喷水
	敞开式运煤栈桥	缆式线型感温或分布式光纤	—
	煤仓间带式输送机层	缆式线型感温或分布式光纤	水幕及水喷雾或自动喷水
	室内储煤场	感温	消防水炮
变压器	主变压器、启动/备用变压器、联络变压器	缆式线型感温＋缆式线型感温组合或缆式线型感温＋火焰探测器组合	水喷雾、泡沫喷雾（严寒地区）或其他介质
	高压厂用变压器（单台容量为 90MVA 及以上）	缆式线型感温＋缆式线型感温组合或缆式线型感温＋火焰探测器组合	水喷雾、泡沫喷雾（严寒地区）或其他介质
其他	柴油发电机室及油箱	感烟＋感温组合	水喷雾、细水雾或其他介质
	柴油机驱动消防泵组及油箱	感温＋火焰组合	水喷雾、细水雾或其他介质
	屋内高压配电装置	感烟	—

续表

建构筑物和设备名称		火灾探测器类型	固定灭火介质及系统型式
其他	汽机房至主控楼电缆通道	缆式线型感温或分布式光纤	—
	电缆竖井	缆式线型感温或分布式光纤	水喷雾、悬挂式超细干粉、火探管或其他介质
	主厂房内主蒸汽管道与油管道（蒸汽管道上方）交叉处	感温	水喷雾、悬挂式超细干粉或其他介质
	电除尘控制室	感烟	—
	供氢站	可燃气体	—
	点火油罐	防爆缆式线型感温或分布式光纤	单罐容量大于 $200m^3$ 的油罐采用固定式泡沫灭火和冷却水；单罐容量小于或等于 $200m^3$ 的油罐采用移动式泡沫灭火设备和冷却水
	油泵房及油处理室	防爆感温	—
	电缆隧道	缆式线型感温或分布式光纤	水喷雾、细水雾、悬挂式超细干粉、气溶胶或其他介质
	氨站	氨气浓度	水喷雾
	办公楼（设置有风管的集中空气调节系统且建筑面积大于 $3000m^2$）	感烟	自动喷水

注 1. 对于设置固定自动灭火系统的场所，宜采用两种同类或不同类的探测器组合探测方式。

2. 表中不加限制条件的“感烟”或“感温”是广义的探测型式，如感烟探测器包括点式感烟探测器、吸气式感烟探测器、红外感烟探测器等类型，可任选其一。

694. 单机容量为 200MW 及以上但小于 300MW 的燃煤发电厂主要建（构）筑物和设备的火灾自动报警系统应怎样设置？

答： 单机容量为 200MW 及以上但小于 300MW 的燃煤发电厂主要建（构）筑物和设备的火灾自动报警系统在条件相符时可按表 7-15 的规定采用。

表 7-15　单机容量 200MW 及以上但小于 300MW 燃煤电厂主要建（构）筑物和设备火灾自动报警系统设置

建构筑物和设备名称		火灾探测器类型
集中控制楼（单元控制室）、网络控制楼	电缆夹层	感烟、缆式线性感温或分布式光纤
	电子设备间	吸气式感烟或点型感烟
	控制室	吸气式感烟或点型感烟
	计算机房	吸气式感烟或点型感烟
	继电器室	吸气式感烟或点型感烟
	配电装置室	感烟
	蓄电池室	防爆感烟和可燃气体
	微波楼和通信楼	感烟
汽机房	汽轮机油箱	缆式线型感温、分布式光纤或火焰
	电液装置	缆式线型感温、分布式光纤或火焰
	氢密封油装置	缆式线型感温、分布式光纤或火焰
	汽轮机轴承	感温或火焰
	汽轮机运转层下及中间层油管道	缆式线型感温或分布式光纤
	给水泵油箱	缆式线型感温或分布式光纤
	配电装置室	感烟
	汽机房架空电缆处	缆式线型感温或分布式光纤
	汽机房至主控制楼电缆通道	缆式线型感温或分布式光纤
锅炉房及煤仓间	锅炉本体燃烧器区	缆式线型感温或分布式光纤
	磨煤机润滑油箱	缆式线型感温或分布式光纤
	锅炉房零米以上架空电缆处	缆式线型感温或分布式光纤

续表

建构筑物和设备名称		火灾探测器类型
脱硫控制楼	控制室	感烟
	配电装置室	感烟
	电缆夹层	感烟、缆式线型感温或分布式光纤
运煤系统	控制室与配电间	感烟
	转运站	缆式线型感温或分布式光纤
	碎煤机室	缆式线型感温或分布式光纤
	运煤栈桥	缆式线型感温或分布式光纤
	煤仓及煤仓层	缆式线型感温或分布式光纤
	室内储煤场	感温
其他	柴油发电机室	感烟
	点火油罐	缆式线型感温或分布式光纤
	汽机房架空电缆处	缆式线型感温或分布光纤
	锅炉房零米以上架空电缆处	缆式线型感温或分布光纤
	汽机房至主控制楼电缆通道	缆式线型感温或分布光纤
	电缆隧道、电缆竖井	缆式线型感温、分布式光纤或感烟
	主厂房内主蒸汽管道与油管道交叉处	缆式线型感温或分布式光纤
	油浸变压器（90MVA及以上）	缆式线型感温＋缆式线型感温组合或缆式线型感温＋火焰探测器组合，水喷雾、泡沫喷雾（严寒地区）或其他固定灭火设备
	氨站	氨气浓度

695. 水力发电厂（抽水蓄能电厂）消防给水系统应符合哪些要求？

答：容量50MW及以上的大、中型水力发电厂、抽水蓄能电厂应设置消防给水系统。消防给水可选用自流供水、水泵供水或消防水池供水等方式，供水水量和水压应满足最大一次消防灭火用水（室外和室内用水量之和）。当单一供水方式不能满足要求时，可采用混合供水方式消防用水可与生产、生活用水结合。

消防给水系统应符合下列要求：

（1）采用自流供水方式的高压系统时，取水口不应少于两个，必须在任何情况下保证消防给水。

（2）采用水泵供水方式的临时高压系统时，应设置备用泵和消防水箱，备用泵的工作能力不应小于最大一台主泵，消防水箱应储存 10min 的消防水量，但可不超过 $18m^3$。

（3）采用消防水池供水方式时，水池容量应满足火灾延续时间内的消防用水量要求。

696. 水力发电厂（抽水蓄能电厂）室内消火栓应符合哪些要求？

答：容量 50MW 及以上的大、中型水力发电厂、抽水蓄能电厂应设置室内消火栓。主厂房、副厂房、泵房、油罐室、升压开关站等处应设置室内消火栓。每个消火栓处应设直接启动消防泵的按钮，保证在火警后 5min 内开始工作。

697. 水力发电厂（抽水蓄能电厂）火灾自动报警系统与固定灭火系统应符合哪些规定？

答：大、中型水力发电厂含抽水蓄能电厂应按《水利水电工程设计防火规范》（SDJ 278）的规定，设置重点防火区域的火灾自动报警系统和固定灭火系统。

698. 水力发电厂（抽水蓄能电厂）主要建（构）筑物和设备的火灾自动报警系统与固定灭火系统应怎样设置？

答：主要建（构）筑物和设备的火灾自动报警系统与固定灭火系统在条件相符时可按表 7-16 规定采用。

表 7-16　大、中型水力发电厂（抽水蓄能电厂）主要建（构）筑物和设备火灾自动报警系统与固定灭火系统设备

建（构）筑物和设备名称	火灾探测器类型	固体灭火介质及系统型式
发电机层	感烟或火焰探测器（适用层高 12m 及以上）	—

续表

建（构）筑物和设备名称	火灾探测器类型	固体灭火介质及系统型式
水轮发电机风罩内（12.5MVA 及以上容量）	感温或感烟	水喷雾、气体或其他固定式灭火装置
主控制室	感温、点式感烟或吸气式感烟	—
大中型电子计算机房	感温、点式感烟或吸气式感烟	—
小型电子计算机房	感温、点式感烟或吸气式感烟	—
通信室	感温、点式感烟或吸气式感烟	—
继电保护室	感温、点式感烟或吸气式感烟	—
自动化装置室	感温、点式感烟或吸气式感烟	—
控制电源及蓄电池室	防爆感烟和可燃气体	—
配电装置室	感烟	—
母线室、母线廊道和竖井	感烟	—
电梯机房	感烟	—
室内开关站	感温、感烟或火焰探测器	采用充油设备时设置水喷雾、细水雾、泡沫喷雾或其他固定式灭火装置
室外油浸式变压器（90MVA 及以上）	缆式线型感温＋缆式线型感温或缆式线型感温＋火焰探测器组合	水喷雾、泡沫喷雾（严寒地区）或其他介质
室内油浸式变压器（所有主变压器和 12.5MVA 及以上的厂用变压器）	缆式线型感温＋缆式线型感温或缆式线型感温＋火焰探测器组合	水喷雾、细水雾、泡沫喷雾、气体或其他固定式灭火装置
电缆层、电缆竖井和电缆隧道	缆式线型感温、分布式光纤、感烟或吸气式感烟	大型电缆层、大型电缆竖井和电缆隧道应设水喷雾、气体或气体固定式灭火装置

续表

建（构）筑物和设备名称	火灾探测器类型	固体灭火介质及系统型式
油罐	缆式线型感温、分布式光纤、感烟或火焰探测器（室内）	露天油罐总容量超过 $200m^3$，且单罐容量大于 $80m^3$；室内透平油库总容量超过 $100m^3$，且单罐大于 $50m^3$ 时设置固定式水喷雾；其他油罐设移动式泡沫设备
油处理室	感温或火焰探测器	—
独立的变压器检修间	感烟	—
实验室、仪器仪表室	感烟	—
办公室、会议室、资料室、档案室	感烟	—

699. 风力发电场消防供水系统应符合哪些要求？

答：（1）大、中型风力发电场建筑物应设置独立或合用消防给水系统。消防水源应有可靠保证，供水水量和水压应满足最大一次消防灭火用水（室外和室内用水量之和）。大多数陆地和海上风电场位于偏远地区，少量或无人值守，公共消防力量响应时间较长，消防工作立足于自防自救。风电场主要包括变电站和风机场地两部分，其中，变电站部分包括主控通信楼（含生活办公用房）、配电装置室、变压器等建筑物及设施，其火灾危险性和消防措施与中、小型变电站相近，一般采用消火栓和灭火器作为主要灭火手段。风机场地设有风电机组和就地箱式变压器，一般不设置消防给水系统。有人值班的大、中型风力发电场变电站，消防水源可与生活用水补给相结合，设在变电站内，有条件时宜采用独立给水系统。

（2）小型风力发电场内的建筑物耐火等级不低于二级，体积不超 $3000m^3$，且火灾危险性为戊类时，可不设消防给水。参照变电站有关规定，火灾危险性小、建筑物耐火等级高、体量小的小型或无人值班风力发电场可不设消防给水。

（3）设有消防给水的风力发电场变电站应设置带消防水泵、稳压设施和消防水池的临时（稳）高压给水系统，消防水泵应设置备用泵，备用泵流量和扬程不应小于最大一台消防泵的流量和扬程。

700. 风力发电场室内外消火栓和移动式灭火器的设置应符合哪些规定？

答：（1）设有消防给水的风力发电场主控通信楼应设置室内外消火栓和移动式灭火器，其他建筑物不设室内消火栓的条件同变电站。

（2）机组及周围场地可不设置消火栓及消防给水系统。

（3）风机塔筒底部和机舱内部均应设置手提式灭火器。

701. 风力发电场室内外消火栓和移动式灭火器的设置应符合哪些规定？

答：风力发电场室内外消火栓和移动式灭火器的设置应符合下列要求：

（1）风力发电场变电站的特殊消防设施配置应符合现行国家标准《火力发电厂与变电站设计防火规范》（GB 50229）的有关规定。

（2）主控通信楼和配电装置室的控制室、电子设备室、配电室、电缆夹层及竖井等处应设置感烟或感温型火灾探测器。

（3）油浸式变压器处应设置缆式线型感温或分布式光纤探测器或其他探测方式，单台容量125MVA及以上的油浸式变压器应设置固定式水喷雾、合成型泡沫喷雾或排油注氮灭火装置。

大部分风力发电机组距离有人值班的主控楼较远，消防响应时间长，塔筒高度大、内部空间小，消火栓很难及时扑救火灾，风机塔筒底层和机舱内部均应设置手提式灭火器，以便检修维护时及时扑灭早期火灾，其中单台1000kW及以下风机宜设置2具3kg ABC干粉灭火器单台1000kW以上风机宜设置3具3kg ABC干粉灭火器。

风力发电机组由风机叶片、机舱、塔筒及控制系统组成，机舱内部一般设有主轴总成、润滑散热系统、齿轮箱、刹车系统、联轴器、发电机、提升机、机舱底座、传输电缆等部件，控制柜设在塔筒底层，其中润滑散热系统、齿轮箱、刹车系统、机舱底座、传输电缆、控制柜等部位可能发生火灾。当采用永磁直驱风机时，没有齿轮箱等部件，火灾危险性相对较小，此外，风机场地内的就地箱式变压器火灾危险性较小。

702. 风力发电场固定式自动灭火装置和火灾自动报警装置设置规定有哪些？

答：（1）750kW以上的风机机舱内应设置无源型悬挂式超细干粉灭火装置或气溶胶灭火装置，采用自身热敏元件探测并自动启动。

（2）也可采用有源型悬挂式超细干粉、瓶组式高压细水雾、火探管等固定式自动灭火装置以及火灾自动报警装置。

（3）风机内部有足够的照明措施时，还可选用视频监视装置作为辅助监控措施。

703. 为什么750kW以上的风机机舱内应设置固定式自动灭火装置？

答：随着新能源产业的发展，我国风电规模仍处于大规模发展阶段，单机容量逐步由 750kW 向 2500kW 乃至更大容量发展，大容量海上风机也将成为今后的重要发展方向，风机火灾造成的损失和扑救难度均会进一步增大。风机内部存在一定的火灾危险性，考虑风机的布置、结构型式、运行巡检方式等特点以及机舱在 50m 以上的高空，一旦发生火灾，消火栓、移动式灭火器、消防车等常规消防措施和公共消防力量很难实施扑救，因此，风机消防只能立足于自防自救，结合实际情况，则 750kW 以上的风机机舱内应设置固定式自动灭火装置。

704. 对并网型太阳能光伏发电站的消防设施设置规定有哪些？为什么？

答：（1）设置规定。

1）独立建设的并网型太阳能光伏发电站应设置独立或合用消防给水系统和消火栓，消防水源应有可靠保证，供水水量和水压应满足最大一次消防灭火用水（室外和室内用水量之和）。

2）小型光伏发电站内的建筑物耐火等级不低于二级，体积不超 3000m^3，且火灾危险性为戊类时，可不设消防给水。

（2）原因分析。

1）采用逆变器技术直接发电的光伏发电站多位于偏远地区，少量或无人值守，公共消防力量响应时间较长，消防工作立足于自防自救，有条件时宜采用独立给水系统。此类光伏发电站主要包括变电站和光伏组件场地两部分，变电站部分包括综合控制楼（含生活办公用房）、配电装置室、变压器等建筑物及设施，其火灾危险性和消防措施与中、小型变电站相近一般采用消火栓和灭火器作为主要灭火手段。光伏组件场地主要设有光伏电池组件、直流汇流箱、逆变器升压室、电缆（沟）等设施及建筑物，其中，光伏电池板为难燃烧物，汇流箱和逆变器室的逆变器、升压变压器火灾危险性也较小，光伏场地一般不设置水消防设施。

2）有人值班的大、中型光伏发电站，消防水源可与生产、生活用水补给相结合，设在变电站内，有条件时宜采用独立给水系统。

3）参照变电站有关规定，火灾危险性小、建筑物耐火等级高、体量小的小型或无人值班光伏发电站可不设消防给水。

705. 对光伏发电站变电站的消防设施设置规定有哪些？

答：现行国家标准《火力发电厂与变电站设计防火规范》（GB 50229）中关于变电站消防给水的规定指出：设有消防给水的光伏发电站的变电站应设置带消防水泵稳压设施和消防水池的临时（稳）高压给水系统，消防水泵应设置备用泵，备用泵流量和扬程不应小于最大一台消防泵的流量和扬程。

706. 对光伏发电站综合控制楼的消防设施设置规定有哪些?

答:(1)设有消防给水的普通光伏发电站综合控制楼应设置室内外消火栓和移动式灭火器。火灾危险源主要集中在变电站综合控制楼及配电装置室,需设置室内外消火栓和移动式灭火器。综合楼不设带风管的集中空调系统或建筑体积小于 3000m^3 时,一般无需设置固定式自动灭火装置,火灾报警后值班人员利用消火栓和移动灭火器手动灭火。

(2)控制室、电子设备室、配电室、电缆夹层及竖井等处应设置感烟或感温型火灾探测报警装置。

(3)光伏电池组件场地和逆变器室一般不设置消火栓及消防给水系统,仅逆变器室需设置移动式灭火器,其他建筑物不设室内消火栓的条件同变电站。普通光伏发电站的工艺设施简单,火灾危险性较小,光伏场地的电池组件不易燃烧,一般不设消火栓。逆变器室为二级耐火等级且可燃物较少的戊类建筑物,设置移动式灭火器即可。

707. 对太阳能集热发电站的消防设施设置规定是什么?

答:采用塔式集热器(太阳锅炉)技术的太阳能集热发电站工艺设施较为复杂,类似于小型火电厂,可比照汽轮发电机组容量,设置消火栓、火灾自动报警系统和固定灭火系统。

708. 对生物质发电厂的消防设施设置规定有哪些?为什么?

答:(1)设置规定。

1)消防给水系统。生物质发电厂应设置独立或合用消防给水系统。

2)消防水源。消防水源应有可靠保证,供水水量和水压应满足最大一次消防灭火用水(室外和室内用水量之和)。当采用消防生活合用给水系统时,应保证在生活用水达到最大小时用量时,能确保消防用水量。

3)消防水泵。应设置带消防水泵、稳压设施和消防水池的临时(稳)高压给水系统或带高位消防水池的高压给水系统。消防水泵应设置备用泵,备用泵流量和扬程不应小于最大一台消防泵的流量和扬程。目前生物质发电厂多采用临时(稳)高压给水系统,厂址有条件的也可按《建筑设计防火规范》(GB 50016)要求采用高压给水系统。备用消防泵宜采用柴油驱动泵,其性能数及泵的数量应满足最大消防水量、水压的需要。

4)生物质发电厂应设置消火栓。

(2)原因分析。

生物质发电厂的工艺流程、工艺设施、建构筑物和堆场类似于小型燃煤发电厂,火灾危险性和防火、灭火措施也与其相近,同样采用以水为主的消防措施,其工艺用水的可靠性要求也保证了消防水源,有条件的生物质发电厂宜采用独立消防给水系统。

709. 生物质发电厂的哪些建筑物或场所应设置消火栓?

答: 生物质发电厂应设置室内消火栓的建筑物或场所有:主厂房(包括汽机房和锅炉房的底层和运转层、除氧间各层)、料棚、转运站及除铁小室、综合办公楼、食堂、检修材料库。

710. 生物质发电厂的哪些重点防火区域应设置火灾自动报警系统和固定灭火系统?

答: 生物质发电厂属小型火电厂,消防措施以火灾自动报警、人工灭火为主。重点防火区域应设置火灾自动报警系统和固定灭火系统,并符合表 7-17 的规定。

表 7-17　生物质发电厂火灾自动报警系统与固定灭火系统

建(构)筑物和设备		火灾探测器类型	固定灭火介质及系统型式
主厂房	主控室	感烟	—
	电子设备间	感烟	—
	电气配电间	感烟	—
	电缆桥架、电缆竖井	缆式线型感温或分布式光纤	—
	汽轮机轴承	感温或火焰	—
	汽轮机润滑油箱	缆式线型感温或分布式光纤	—
	汽轮机润滑油管道	缆式线型感温或分布式光纤	—
	给水泵油箱	缆式线型感温或分布式光纤	—
	锅炉本体燃烧器	缆式线型感温或分布式光纤	—
	料仓间皮带层	缆式线型感温或分布式光纤	—
	主变压器(90MVA 及以上)	缆式线型感温+缆式线型感温或缆式线型感温+火焰探测器组合	水喷雾、泡沫喷雾(严寒地区)或其他介质

续表

建（构）筑物和设备		火灾探测器类型	固定灭火介质及系统型式
燃料建（构）筑物	燃料干料棚（含半露天堆场）	红外感烟或火焰	采用自动喷水灭火装置、按现行规范时采用室内消火栓或消防水炮（计算确定）
	干料棚，除铁小室与栈桥连接处	缆式线型感温或分布式光纤	水幕
	除铁小室（含转运站）	缆式线型感温或分布式光纤	—
	皮带通廊	缆式线型感温或分布式光纤	封闭式设置自动喷水灭火装置
辅助建筑物	柴油机消防泵及油箱	感温	—
	空压机室	感温	—
	油泵房	感温	—
	综合办公楼	感温	设置有风管的集中空气调节系统且建筑体积大于 3000m³ 时采用自动喷水灭火装置
	食堂/材料库	感烟或感温	—

711. 对垃圾焚烧发电厂的消防给水系统有哪些规定？

答：（1）垃圾焚烧发电厂应设置消防给水系统。

（2）消防水源应有可靠保证，供水水量和水压应满足最大一次消防灭火用水（包括室外和室内用水量之和）。

（3）全厂总焚烧能力 600t/天（Ⅱ类）及以上的垃圾电厂宜采用独立的消防给水系统，此外的小型垃圾电厂可采用生产、消防合用给水系统，但应保证在其他用水达到最大小时用量时，能确保消防用水量。

（4）消防水泵和消防水池的设置应符合现行国家标准《火力发电厂与变电站设计防火标准》（GB 50229）的规定。

712. 垃圾焚烧发电厂的哪些建筑物或场所应设置室内消火栓？

答：垃圾焚烧发电厂应设置室内消火栓的建筑物或场所有：垃圾焚烧厂房和汽轮发电机厂房的地面及各层平台、飞灰固化处理车间、循环水泵房、办公楼。

713. 垃圾焚烧发电厂火灾自动报警系统与固定灭火系统应符合哪些规定?

答: 垃圾焚烧发电厂火灾自动报警系统与固定灭火系统应符合表 7-18 的规定。

表 7-18 垃圾焚烧发电厂火灾自动报警系统与固定灭火系统

建筑物和设备	火灾探测器类型	固定灭火介质及系统型式
垃圾储存仓、焚烧工房及其相连部分	感温或红外感烟	消防水炮
中央控制室	点式感烟或吸气式感烟	—
配电室	点式感烟或吸气式感烟	—
电缆夹层、电缆竖井和电缆通廊	缆式线型感温、分布式光纤、点式感烟或吸气式感烟	—

第七节 消防系统

714. 消防系统主要由哪几部分组成?消防系统工作原理是怎样的?

答:(1)消防系统主要由消防总控制中心、火灾报警系统、自动灭火系统和应急、诱导照明系统几部分组成。

(2)消防系统工作原理如图 7-3 所示。

715. 消防系统的总控制中心主要包括哪些部分?

答: 消防系统的总控制中心一般设置在大楼的首层或地下一层,紧靠外墙,消防控制室的大门应为防火门,并向大楼外方向开设。消防系统的总控制中心,即"消防控制室",相当于人的中枢神经系统,它对火灾自动报警、自动灭火和防排烟起着管理和控制作用。消防控制室设置有火灾报警控制机、联动控制台、CRT 显示器、打印机、应急广播设备、消防直通对讲电话设备、电梯监控盘和 UPS 电源设备等。安防自动化系统(SAS)的摄像显示系统有时也装于消防控制室内。CRTCRT 显示系统是以微型计算机、打印机等设备组成的彩色图形显示系统,显示监视范围内的消防报警及被控设备的状态,当发生火灾报警时,该系统能迅速定位火灾的位置,为下达联动控制指令提供准确信息。该系统可以手动或自动将信息存盘,以及查询保存在硬件媒体的信息,便于将来的故障追踪,并可将各种信息打印存档。CRT 是一个操作简便、功能强大的报警显示及实时控制系统。操作人员通过简洁明确的

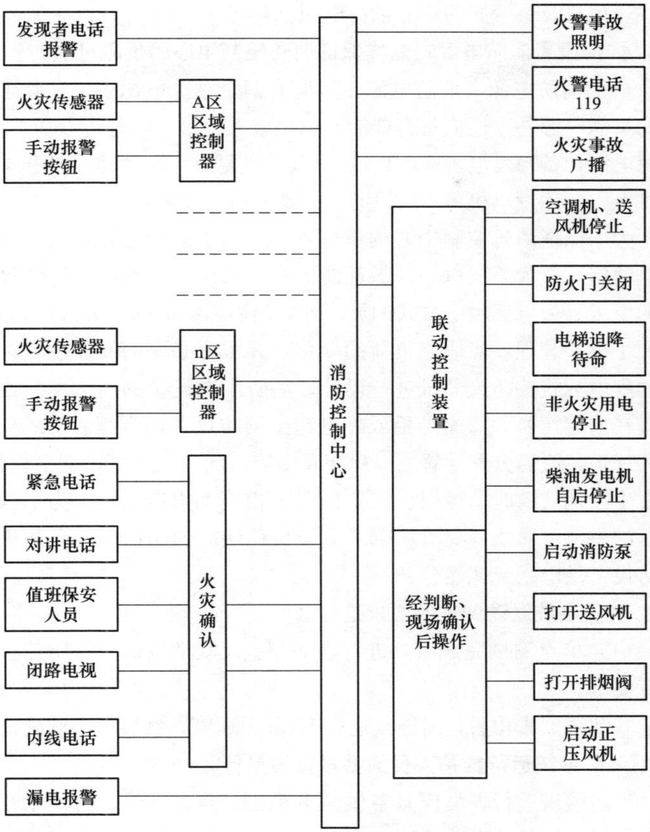

图 7-3 消防系统工作原理框图

图形显示、通俗易懂的中文提示，可对整个报警联动系统进行监视和控制。

716. 火灾自动报警系统可以接收到哪些报警信号？

答：火灾自动报警系统。一般采用集中报警控制系统。消防控制室可接收感烟、感温、燃气探测器的火灾报警信号；水流指示器、检修阀、防火阀、压力报警阀、手动报警按钮、消火栓启泵按钮的动作信号、消防水池水位信号、供配电系统漏电信号。

717. 消防联动控制装置可实现对哪些系统进行控制？

答：消防联动控制装置。消防控制室内设置琴台式联动控制台，控制方式分自动控制、手动直接控制。通过联动控制台，可实现对消火栓灭火系统、自动喷洒灭火系统、防排烟系统的监视和控制，火灾发生时手动/自动切断空调机组、通风机及一般照明等非消防电源。

718. 如何设置消防电源？怎样保证消防控制中心的供电可靠？

答：（1）消防电源。消防电源一般应有两个独立电源供电，除了具有外部电网的可靠电源外，还应备有柴油发电机或大容量“不停电装置”（UPS），作为应急电源，备用发电机或 UPS 的容量，主要应保证消防设备和事故照明装置的供电，备用发电机组，应设有自启动和自动投入装置。

（2）为了保证消防控制中心的供电可靠，除上述考虑外，还应有后备镉一镍蓄电池组，作为第三电源，保证防火通信系统、事故照明系统等重要负荷供电的要求。为保证供电方式的灵活性，消防系统的配电方式应力求简单，灵活，便于维护管理，能适应负荷的变化，并留有必要的发展余地。消防用电设备的配电方式按防火分区进行设计，消防用电设备的两个电源或两路供电线路应在末端切换。从配电柜或配电箱至消防设备，应是放射式供电，每个回路的保护，应当分开设置，以免相互影响。配电线路不设漏电保护装置，当电路发生接地故障时，可根据需要设置单相接地报警装置。为了保证消防用电设备的供电可靠性，要求从电源端至负荷端的消防用电设备的供电系统与非消防设备供电系统截然分开。

719. 消防系统联动调试的要求是什么？

答：（1）单点测试完成后，进行联动调试。联动调试检查所编程序是否符合规范要求。

（2）联动调试成功后，需连续运行 120h 无故障，然后写出调试报告。

720. 消防系统运行维护人员的基本素质是什么？

答：消防值班运行人员应具备供配电系统、空调系统、给排水系统、消防系统、电梯系统等各专业的综合技术知识，并了解其系统运行情况。

721. 消防值班运行人员应具备哪些岗位技能？

答：运行维护人员是单位消防系统的管理者、使用者，对了解系统、调节系统的最佳运行最有发言权。一个消防系统的运行管理者，应能了解如下图纸资料和设备工作原理：

（1）能详读建筑平面图、剖面图。

（2）能详读给排水系统图、平面布置图、详图。

（3）能详读空调系统图、空调系统的工作流程空调系统冷、热水的流程图。

（4）能详读 10/0.4kV 供配电系统图、高低压断路器工作原理。

（5）电梯工作原理，电梯接到火灾信号后的工作程序。

（6）消防设施平面布置图、详图。

(7) 消防系统图。

(8) 消防控制室内联动工作台的接线图。

(9) 联动工作台的工作程序。

(10) 感烟、感温、感光探测器的工作原理。

(11) 防火卷帘门的工作原理图。

(12) 排风、排烟风机的工作原理图。

(13) 新风阀、回风阀、防火阀的工作原理。

(14) 加压送风机的工作原理图。

(15) 稳压泵工作原理图。

(16) 消火栓泵工作原理图。

(17) 喷洒泵工作原理图。

(18) 双路投切电源工作原理图。

(19) UPS 电源工作原理图。

(20) 了解喷水灭火系统的运行流程。

(21) 了解喷头、水流指示器、检修信号阀、湿式报警阀、延迟器、水力警铃、压力开关等的工作原理及其性能。

(22) 了解输入模块、输出输入模块、隔离模块、声光报警驱动模块、专用输入模块、微型监视模块、输出模块、多路输出模块、单输入单输出控制模块、双输入双输出控制模块等的内部工作原理图。

(23) 了解供配电系统断电强切电路。

(24) 了解广播系统强切电路。

(25) 了解联动控制台内各印制电路板的功能。

(26) 了解印制电路板的印制电路图。

(27) 了解印制电路板的工作原理线路图。

(28) 了解工作原理线路图中的元器件的性能及其工作原理。

722. 消防系统运行维护内容有哪些?

答: (1) 检查电源状态。

(2) 检查消防控制室控制器。

(3) 记录运行维护情况。

723. 如何检查消防系统电源状态?

答: (1) 交流电源供电。检查供电电压、电流是否在额定范围之内,双路自投电源是否发生过切换。有自备发电机的,自备发电机是否投入过运行,不间断电源装置(UPS)是否投入过运行。

(2) 直流电源状态,CRT 显示器供电是否正常,直流电压 DC 24V 输出是否正常。

724. 消防控制室控制器的检查内容和要求是什么？

答：（1）操作控制器上自检装置，观察控制器声光报警情况，按下面板上的“自检”键，控制器将自动进行自检，CRT 显示屏显示自检画面，依次鸣叫动作音、故障音、火警音。

（2）模拟火灾信息（火灾探测器或手动报警按钮），控制器处于火灾报警状态，查看控制器的画面提示：声、光报警信号及记录情况。控制器具有存储和打印火灾报警的部位及时间的功能。

（3）控制器第一次报警时，手动消除报警声音，此时如再有故障或火灾报警信号输入时，应能重新启动报警声音，指示出报警部位并保持，直到手动复位为止。

725. 消防系统火灾紧急处理程序是怎样的？

答：在消防控制室，应张贴“火灾紧急处理程序框图”，如图 7-4 所示。

726. 消防控制室当班值机的两人中必须有一人应非常熟悉哪些情况？

答：消防控制室当班值机人员都是两人，两人中必须有一人对“火灾紧急处理程序框图”非常熟悉：

（1）了解相关专业的系统情况；

（2）了解消防系统的运行情况；

（3）了解消防设施的工作原理及其性能；

（4）了解联动设备在需要动作时，各个联动环节。

727. 为什么消防控制室接到的火灾报警信息需要进行人工确认？

答：人工确认是最可靠的措施。运行人员积累了丰富的经验，就会在他们的脑海中、记忆中形成一幅很全面的“消防系统图”，这样在每进行一个手控操作时，就会既慎重又坚定。在消防控制室值机的两人中，一人坚守在消防控制室，另一人带着专用的消防对讲机，按显示屏上提供的报警点到现场确认，去现场确认的值机员要沉着冷静，把情况及时准确地通知消防控制室，不要延误时间，讲清着火位置、燃烧的是什么物质、火势大小、有无人员被困。消防控制室值机人员接到现场调查人员的报警信息后，应及时向有关部门报告：各相关单位，组织在场人员立即扑救火灾疏散人员和重要物资。消防控制室值机人员必须坚守岗位，保证通信畅通，并做好记录。

728. 消防控制室值机人员接到确切报警后，应怎样操作消防报警设备？

答：消防控制室值机人员接到确切报警后，应操作消防报警设备动作。对于有联动系统的消防设备，只需用确认键或用手自动转换键加以确认，声光报警器发出声光报警和启动应急广播自动进行。

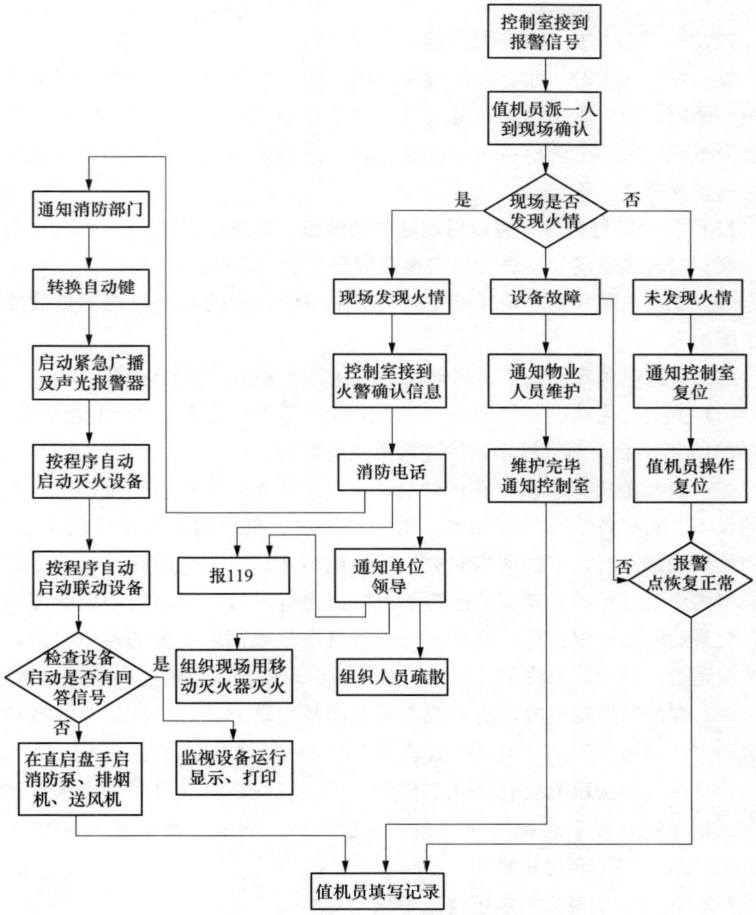

图 7-4　火灾紧急处理程序框图

（1）声光报警器发出报警火灾信息确认后，值机人员相应打开防火分区的声光报警器。

（2）启动应急广播火灾信息确认后，值机人员相应切换防火分区的应急广播。

（3）消防电话求救。消防值机室应有直拨 119 的电话。当火灾发生时，值机人员应及时向领导、向 119 汇报火情，并通知本单位的消防部门。

在向领导汇报的同时，消防值机人员可以用消防专用电话的群呼功能，通知各相关部门，如变配电站、总机房、暖通、智能楼宇、各行政部门等。

729. 一旦发生火灾时应怎样组织人员疏散？

答：发生火灾时，如有人员被火围困，要立即组织力量抢救，坚持救人是第一原则，救人胜于救物，救人是火场上首要任务。这项工作由单位消防负责人组织完成，消防值机员应配合工作，给消防负责人当好参谋。也可利用广播指挥疏散工作。

730. 符合哪些条件才可以对现场联动设备进行直启操作？

答：对现场联动设备进行直启操作应符合下列条件：

(1) 操作人员，必须是经过控制器操作培训合格的人或对控制器性能非常了解的人。

(2) 火情已确定，了解所启动设备所在的环境和控制的区域。

(3) 清楚所启动设备的功能，并能预料到启动本设备后所产生的结果。

731. 直接启动消火栓水泵的注意事项有哪些？

答：(1) 消火栓水泵可在多处启动，是消防系统各设备中可操作位置最多的设备。它在各消火栓按钮处、消防控制室、泵房内配电柜处均可启动。在何处启动最及时，应根据当时火灾情况酌情考虑。如果时间许可，最好是在泵房内启动，可以直观泵的运转情况，因为有时虽然有泵启动后的反馈信号，但泵运转不一定正常，这将会造成设备事故或消防电源的停电事故，这种情况是否会出现，取决于操作人员对平时消火栓泵巡检情况的了解和判断。

(2) 在消防控制室内，消火栓水泵有两种启动方式，一种是总线自动控制启动方式，另一种是手动直接启动方式，又叫硬线控制启动。

(3) 在启动按钮上装有发光二极管（LED）点亮，说明消火栓水泵已运转。无论在何处按下启动按钮启泵，泵运转后，所有该泵的启动按钮上的LED都点亮，说明泵已运转。

732. 喷淋泵的直启有哪些注意事项？

答：水喷淋系统是靠火灾时温度升高触发喷淋头玻璃管爆裂，压力水冲出喷口，水流通过喷头喷洒灭火。此时水力警铃发出声响报警；水流指示器动作，将动作信号送至消防控制室控制器：由于水流在喷洒，压力开关动作，将信号送至泵房喷淋泵控制柜，自动启动喷淋泵，则喷淋泵运转，运转信号应返回，如没有运转信号返回，有可能喷淋泵没有启动，也可能泵已启动运转，返回信号回路有问题，在确认水流信号、水压信号正确的情况下，可利用直启盘手动操作启动或去泵房启动。

733. 启动气体灭火系统应注意哪些事项？

答：火灾要经人工确认后，气体灭火系统才能延时启动，一般调整延时时间为30s，驱动气体，利用压力释放灭火剂。释放灭火剂的同时，放气灯点亮，并发出声光报警，在控制室内可以看到监视信号。

734. 按程序启动防火联动设备的联动程序是怎样的？

答：（1）自动开启正压送风机。按程序确认命令后，应自动开启正压送风机及其相关层的正压送风口，控制器上，若看不到正压送风机已启动的回答信号，可利用直启操作盘手动直启，但直启时要分清防火分区。

（2）开启排烟风机。联动控制系统发出确认命令后，按程序设定开启排烟风机及相关层的排烟口，在控制器上若看不到排烟机已启动的回答信号，可在直启盘上直接手动直启，但直启操作时，要分清防火分区。

（3）自动启动稳压泵。稳压泵是根据稳压罐的压力，自动启动的稳压泵的运转信号返回到消防控制室控制台，如果没有返回信号，应去现场查看。

（4）防火卷帘关闭。防火卷帘只能靠防火卷帘附近的感烟、感温探测器动作后，依靠联动功能完成，不能在控制室的直启盘上对它进行手动直启。当火灾发生时，感烟、感温探测器信号通过控制总线使卷帘门自动落下关闭，以免烟气扩散。

（5）切断通风空调机。空调通风管道当火灾发生时，通风管道内的气体达到一定温度，系统会关闭相应的70℃防火阀，同时切断通风空调机，并返回控制室停机信号。

（6）切断非消防电源。切断非消防电源，切断非消防电源及联动切断本层非消防电源，并应有反馈信号反馈至消防控制室控制器。

（7）电梯迫降。所有电梯接到火灾信号后，均应迫降到基站（首层），客梯降至基站后，功能变为消防电梯，等待消防人员。

（8）启动消防应急照明系统。启动消防应急照明系统，非消防电源切断后，应急照明系统应自动点亮。

附录A

中华人民共和国消防法（2019年修订）

（中华人民共和国主席令第二十九号）

1998年4月29日第九届全国人民代表大会常务委员会第二次会议通过；2008年10月28日第十一届全国人民代表大会常务委员会第五次会议修订；2019年4月23日第十三届全国人民代表大会常务委员会第十次会议修订。

目　录

第一章　总　则

第一条　为了预防火灾和减少火灾危害，加强应急救援工作，保护人身、财产安全，维护公共安全，制定本法。

第二条　消防工作贯彻预防为主、防消结合的方针，按照政府统一领导、部门依法监管、单位全面负责、公民积极参与的原则，实行消防安全责任制，建立健全社会化的消防工作网络。

第三条　国务院领导全国的消防工作。地方各级人民政府负责本行政区域内的消防工作。

各级人民政府应当将消防工作纳入国民经济和社会发展计划，保障消防工作与经济社会发展相适应。

第四条　国务院应急管理部门对全国的消防工作实施监督管理。县级以上地方人民政府应急管理部门对本行政区域内的消防工作实施监督管理，并由本级人民政府消防救援机构负责实施。军事设施的消防工作，由其主管单位监督管理，消防救援机构协助；矿井地下部分、核电厂、海上石油天然气设施的消防工作，由其主管单位监督管理。

县级以上人民政府其他有关部门在各自的职责范围内，依照本法和其他相关法律、法规的规定做好消防工作。

法律、行政法规对森林、草原的消防工作另有规定的，从其规定。

第五条 任何单位和个人都有维护消防安全、保护消防设施、预防火灾、报告火警的义务。任何单位和成年人都有参加有组织的灭火工作的义务。

第六条 各级人民政府应当组织开展经常性的消防宣传教育，提高公民的消防安全意识。

机关、团体、企业、事业等单位，应当加强对本单位人员的消防宣传教育。

应急管理部门及消防救援机构应当加强消防法律、法规的宣传，并督促、指导、协助有关单位做好消防宣传教育工作。

教育、人力资源行政主管部门和学校、有关职业培训机构应当将消防知识纳入教育、教学、培训的内容。

新闻、广播、电视等有关单位，应当有针对性地面向社会进行消防宣传教育。

工会、共产主义青年团、妇女联合会等团体应当结合各自工作对象的特点，组织开展消防宣传教育。

村民委员会、居民委员会应当协助人民政府以及公安机关、应急管理等部门，加强消防宣传教育。

第七条 国家鼓励、支持消防科学研究和技术创新，推广使用先进的消防和应急救援技术、设备；鼓励、支持社会力量开展消防公益活动。

对在消防工作中有突出贡献的单位和个人，应当按照国家有关规定给予表彰和奖励。

第二章 火灾预防

第八条 地方各级人民政府应当将包括消防安全布局、消防站、消防供水、消防通信、消防车通道、消防装备等内容的消防规划纳入城乡规划，并负责组织实施。

城乡消防安全布局不符合消防安全要求的，应当调整、完善；公共消防设施、消防装备不足或者不适应实际需要的，应当增建、改建、配置或者进行技术改造。

第九条 建设工程的消防设计、施工必须符合国家工程建设消防技术标准。建设、设计、施工、工程监理等单位依法对建设工程的消防设计、施工质量负责。

第十条 对按照国家工程建设消防技术标准需要进行消防设计的建设工

程，实行建设工程消防设计审查验收制度。

第十一条 国务院住房和城乡建设主管部门规定的特殊建设工程，建设单位应当将消防设计文件报送住房和城乡建设主管部门审查，住房和城乡建设主管部门依法对审查的结果负责。

前款规定以外的其他建设工程，建设单位申请领取施工许可证或者申请批准开工报告时应当提供满足施工需要的消防设计图纸及技术资料。

第十二条 特殊建设工程未经消防设计审查或者审查不合格的，建设单位、施工单位不得施工；其他建设工程，建设单位未提供满足施工需要的消防设计图纸及技术资料的，有关部门不得发放施工许可证或者批准开工报告。

第十三条 国务院住房和城乡建设主管部门规定应当申请消防验收的建设工程竣工，建设单位应当向住房和城乡建设主管部门申请消防验收。

前款规定以外的其他建设工程，建设单位在验收后应当报住房和城乡建设主管部门备案，住房和城乡建设主管部门应当进行抽查。

依法应当进行消防验收的建设工程，未经消防验收或者消防验收不合格的，禁止投入使用；其他建设工程经依法抽查不合格的，应当停止使用。

第十四条 建设工程消防设计审查、消防验收、备案和抽查的具体办法，由国务院住房和城乡建设主管部门规定。

第十五条 公众聚集场所在投入使用、营业前，建设单位或者使用单位应当向场所所在地的县级以上地方人民政府消防救援机构申请消防安全检查。

消防救援机构应当自受理申请之日起十个工作日内，根据消防技术标准和管理规定，对该场所进行消防安全检查。未经消防安全检查或者经检查不符合消防安全要求的，不得投入使用、营业。

第十六条 机关、团体、企业、事业等单位应当履行下列消防安全职责：

（一）落实消防安全责任制，制定本单位的消防安全制度、消防安全操作规程，制定灭火和应急疏散预案；

（二）按照国家标准、行业标准配置消防设施、器材，设置消防安全标志，并定期组织检验、维修，确保完好有效；

（三）对建筑消防设施每年至少进行一次全面检测，确保完好有效，检测记录应当完整准确，存档备查；

（四）保障疏散通道、安全出口、消防车通道畅通，保证防火防烟分区、防火间距符合消防技术标准；

（五）组织防火检查，及时消除火灾隐患；

（六）组织进行有针对性的消防演练；

（七）法律、法规规定的其他消防安全职责。

单位的主要负责人是本单位的消防安全责任人。

第十七条 县级以上地方人民政府消防救援机构应当将发生火灾可能性较大以及发生火灾可能造成重大的人身伤亡或者财产损失的单位，确定为本行政区域内的消防安全重点单位，并由应急管理部门报本级人民政府备案。

消防安全重点单位除应当履行本法第十六条规定的职责外，还应当履行下列消防安全职责：

（一）确定消防安全管理人，组织实施本单位的消防安全管理工作；

（二）建立消防档案，确定消防安全重点部位，设置防火标志，实行严格管理；

（三）实行每日防火巡查，并建立巡查记录；

（四）对职工进行岗前消防安全培训，定期组织消防安全培训和消防演练。

第十八条 同一建筑物由两个以上单位管理或者使用的，应当明确各方的消防安全责任，并确定责任人对共用的疏散通道、安全出口、建筑消防设施和消防车通道进行统一管理。

住宅区的物业服务企业应当对管理区域内的共用消防设施进行维护管理，提供消防安全防范服务。

第十九条 生产、储存、经营易燃易爆危险品的场所不得与居住场所设置在同一建筑物内，并应当与居住场所保持安全距离。

生产、储存、经营其他物品的场所与居住场所设置在同一建筑物内的，应当符合国家工程建设消防技术标准。

第二十条 举办大型群众性活动，承办人应当依法向公安机关申请安全许可，制定灭火和应急疏散预案并组织演练，明确消防安全责任分工，确定消防安全管理人员，保持消防设施和消防器材配置齐全、完好有效，保证疏散通道、安全出口、疏散指示标志、应急照明和消防车通道符合消防技术标准和管理规定。

第二十一条 禁止在具有火灾、爆炸危险的场所吸烟、使用明火。因施工等特殊情况需要使用明火作业的，应当按照规定事先办理审批手续，采取相应的消防安全措施；作业人员应当遵守消防安全规定。

进行电焊、气焊等具有火灾危险作业的人员和自动消防系统的操作人员，必须持证上岗，并遵守消防安全操作规程。

第二十二条 生产、储存、装卸易燃易爆危险品的工厂、仓库和专用车站、码头的设置，应当符合消防技术标准。易燃易爆气体和液体的充装站、供应站、调压站，应当设置在符合消防安全要求的位置，并符合防火防爆要求。

已经设置的生产、储存、装卸易燃易爆危险品的工厂、仓库和专用车站、码头，易燃易爆气体和液体的充装站、供应站、调压站，不再符合前款规定的，地方人民政府应当组织、协调有关部门、单位限期解决，消除安全隐患。

第二十三条 生产、储存、运输、销售、使用、销毁易燃易爆危险品，必须执行消防技术标准和管理规定。

进入生产、储存易燃易爆危险品的场所，必须执行消防安全规定。禁止非法携带易燃易爆危险品进入公共场所或者乘坐公共交通工具。

储存可燃物资仓库的管理，必须执行消防技术标准和管理规定。

第二十四条 消防产品必须符合国家标准；没有国家标准的，必须符合行业标准。禁止生产、销售或者使用不合格的消防产品以及国家明令淘汰的消防产品。

依法实行强制性产品认证的消防产品，由具有法定资质的认证机构按照国家标准、行业标准的强制性要求认证合格后，方可生产、销售、使用。实行强制性产品认证的消防产品目录，由国务院产品质量监督部门会同国务院应急管理部门制定并公布。

新研制的尚未制定国家标准、行业标准的消防产品，应当按照国务院产品质量监督部门会同国务院应急管理部门规定的办法，经技术鉴定符合消防安全要求的，方可生产、销售、使用。

依照本条规定经强制性产品认证合格或者技术鉴定合格的消防产品，国务院应急管理部门消防机构应当予以公布。

第二十五条 产品质量监督部门、工商行政管理部门、消防救援机构应当按照各自职责加强对消防产品质量的监督检查。

第二十六条 建筑构件、建筑材料和室内装修、装饰材料的防火性能必须符合国家标准；没有国家标准的，必须符合行业标准。

人员密集场所室内装修、装饰，应当按照消防技术标准的要求，使用不燃、难燃材料。

第二十七条 电器产品、燃气用具的产品标准，应当符合消防安全的要求。

电器产品、燃气用具的安装、使用及其线路、管路的设计、敷设、维护保养、检测，必须符合消防技术标准和管理规定。

第二十八条 任何单位、个人不得损坏、挪用或者擅自拆除、停用消防设施、器材，不得埋压、圈占、遮挡消火栓或者占用防火间距，不得占用、堵塞、封闭疏散通道、安全出口、消防车通道。人员密集场所的门窗不得设置影响逃生和灭火救援的障碍物。

第二十九条 负责公共消防设施维护管理的单位，应当保持消防供水、消防通信、消防车通道等公共消防设施的完好有效。在修建道路以及停电、停水、截断通信线路时有可能影响消防队灭火救援的，有关单位必须事先通知当地消防救援机构。

第三十条 地方各级人民政府应当加强对农村消防工作的领导，采取措施加强公共消防设施建设，组织建立和督促落实消防安全责任制。

第三十一条 在农业收获季节、森林和草原防火期间、重大节假日期间以及火灾多发季节，地方各级人民政府应当组织开展有针对性的消防宣传教育，采取防火措施，进行消防安全检查。

第三十二条 乡镇人民政府、城市街道办事处应当指导、支持和帮助村民委员会、居民委员会开展群众性的消防工作。村民委员会、居民委员会应当确定消防安全管理人，组织制定防火安全公约，进行防火安全检查。

第三十三条 国家鼓励、引导公众聚集场所和生产、储存、运输、销售易燃易爆危险品的企业投保火灾公众责任保险；鼓励保险公司承保火灾公众责任保险。

第三十四条 消防产品质量认证、消防设施检测、消防安全监测等消防技术服务机构和执业人员，应当依法获得相应的资质、资格；依照法律、行政法规、国家标准、行业标准和执业准则，接受委托提供消防技术服务，并对服务质量负责。

第三章 消防组织

第三十五条 各级人民政府应当加强消防组织建设，根据经济社会发展的需要，建立多种形式的消防组织，加强消防技术人才培养，增强火灾预防、扑救和应急救援的能力。

第三十六条 县级以上地方人民政府应当按照国家规定建立国家综合性消防救援队、专职消防队，并按照国家标准配备消防装备，承担火灾扑救工作。

乡镇人民政府应当根据当地经济发展和消防工作的需要，建立专职消防队、志愿消防队，承担火灾扑救工作。

第三十七条 国家综合性消防救援队、专职消防队按照国家规定承担重大灾害事故和其他以抢救人员生命为主的应急救援工作。

第三十八条 国家综合性消防救援队、专职消防队应当充分发挥火灾扑救和应急救援专业力量的骨干作用；按照国家规定，组织实施专业技能训练，配备并维护保养装备器材，提高火灾扑救和应急救援的能力。

第三十九条 下列单位应当建立单位专职消防队，承担本单位的火灾扑救工作：

（一）大型核设施单位、大型发电厂、民用机场、主要港口；

（二）生产、储存易燃易爆危险品的大型企业；

（三）储备可燃的重要物资的大型仓库、基地；

（四）第一项、第二项、第三项规定以外的火灾危险性较大、距离国家综合性消防救援队较远的其他大型企业；

（五）距离国家综合性消防救援队较远、被列为全国重点文物保护单位的古建筑群的管理单位。

第四十条 专职消防队的建立，应当符合国家有关规定，并报当地消防救援机构验收。

专职消防队的队员依法享受社会保险和福利待遇。

第四十一条 机关、团体、企业、事业等单位以及村民委员会、居民委员会根据需要，建立志愿消防队等多种形式的消防组织，开展群众性自防自救工作。

第四十二条 消防救援机构应当对专职消防队、志愿消防队等消防组织进行业务指导；根据扑救火灾的需要，可以调动指挥专职消防队参加火灾扑救工作。

第四章 灭火救援

第四十三条 县级以上地方人民政府应当组织有关部门针对本行政区域内的火灾特点制定应急预案，建立应急反应和处置机制，为火灾扑救和应急救援工作提供人员、装备等保障。

第四十四条 任何人发现火灾都应当立即报警。任何单位、个人都应当无偿为报警提供便利，不得阻拦报警。严禁谎报火警。

人员密集场所发生火灾，该场所的现场工作人员应当立即组织、引导在场人员疏散。

任何单位发生火灾，必须立即组织力量扑救。邻近单位应当给予支援。

消防队接到火警，必须立即赶赴火灾现场，救助遇险人员，排除险情，扑灭火灾。

第四十五条 消防救援机构统一组织和指挥火灾现场扑救，应当优先保障遇险人员的生命安全。

火灾现场总指挥根据扑救火灾的需要，有权决定下列事项：

（一）使用各种水源；

（二）截断电力、可燃气体和可燃液体的输送，限制用火用电；

（三）划定警戒区，实行局部交通管制；

（四）利用临近建筑物和有关设施；

（五）为了抢救人员和重要物资，防止火势蔓延，拆除或者破损毗邻火灾现场的建筑物、构筑物或者设施等；

（六）调动供水、供电、供气、通信、医疗救护、交通运输、环境保护等有关单位协助灭火救援。

根据扑救火灾的紧急需要，有关地方人民政府应当组织人员、调集所需物资支援灭火。

第四十六条 国家综合性消防救援队、专职消防队参加火灾以外的其他重大灾害事故的应急救援工作，由县级以上人民政府统一领导。

第四十七条 消防车、消防艇前往执行火灾扑救或者应急救援任务，在确保安全的前提下，不受行驶速度、行驶路线、行驶方向和指挥信号的限制，其他车辆、船舶以及行人应当让行，不得穿插超越；收费公路、桥梁免收车辆通行费。交通管理指挥人员应当保证消防车、消防艇迅速通行。

赶赴火灾现场或者应急救援现场的消防人员和调集的消防装备、物资，需要铁路、水路或者航空运输的，有关单位应当优先运输。

第四十八条 消防车、消防艇以及消防器材、装备和设施，不得用于与消防和应急救援工作无关的事项。

第四十九条 国家综合性消防救援队、专职消防队扑救火灾、应急救援，不得收取任何费用。

单位专职消防队、志愿消防队参加扑救外单位火灾所损耗的燃料、灭火剂和器材、装备等，由火灾发生地的人民政府给予补偿。

第五十条 对因参加扑救火灾或者应急救援受伤、致残或者死亡的人员，按照国家有关规定给予医疗、抚恤。

第五十一条 消防救援机构有权根据需要封闭火灾现场，负责调查火灾原因，统计火灾损失。

火灾扑灭后，发生火灾的单位和相关人员应当按照消防救援机构的要求保护现场，接受事故调查，如实提供与火灾有关的情况。

消防救援机构根据火灾现场勘验、调查情况和有关的检验、鉴定意见，及时制作火灾事故认定书，作为处理火灾事故的证据。

第五章 监督检查

第五十二条 地方各级人民政府应当落实消防工作责任制，对本级人民政府有关部门履行消防安全职责的情况进行监督检查。

县级以上地方人民政府有关部门应当根据本系统的特点，有针对性地开展消防安全检查，及时督促整改火灾隐患。

第五十三条 消防救援机构应当对机关、团体、企业、事业等单位遵守消防法律、法规的情况依法进行监督检查。公安派出所可以负责日常消防监督检查、开展消防宣传教育，具体办法由国务院公安部门规定。

消防救援机构、公安派出所的工作人员进行消防监督检查，应当出示证件。

第五十四条 消防救援机构在消防监督检查中发现火灾隐患的，应当通知有关单位或者个人立即采取措施消除隐患；不及时消除隐患可能严重威胁公共安全的，消防救援机构应当依照规定对危险部位或者场所采取临时查封措施。

第五十五条 消防救援机构在消防监督检查中发现城乡消防安全布局、公共消防设施不符合消防安全要求，或者发现本地区存在影响公共安全的重大火灾隐患的，应当由应急管理部门书面报告本级人民政府。

接到报告的人民政府应当及时核实情况，组织或者责成有关部门、单位采取措施，予以整改。

第五十六条 住房和城乡建设主管部门、消防救援机构及其工作人员应当按照法定的职权和程序进行消防设计审查、消防验收、备案抽查和消防安全检查，做到公正、严格、文明、高效。

住房和城乡建设主管部门、消防救援机构及其工作人员进行消防设计审查、消防验收、备案抽查和消防安全检查等，不得收取费用，不得利用职务谋取利益；不得利用职务为用户、建设单位指定或者变相指定消防产品的品牌、销售单位或者消防技术服务机构、消防设施施工单位。

第五十七条 住房和城乡建设主管部门、消防救援机构及其工作人员执行职务，应当自觉接受社会和公民的监督。

任何单位和个人都有权对住房和城乡建设主管部门、消防救援机构及其工作人员在执法中的违法行为进行检举、控告。收到检举、控告的机关，应当按照职责及时查处。

第六章 法律责任

第五十八条 违反本法规定，有下列行为之一的，由住房和城乡建设主管部门、消防救援机构按照各自职权责令停止施工、停止使用或者停产停业，并处三万元以上三十万元以下罚款：

（一）依法应当进行消防设计审查的建设工程，未经依法审查或者审查不合格，擅自施工的；

（二）依法应当进行消防验收的建设工程，未经消防验收或者消防验收不合格，擅自投入使用的；

（三）本法第十三条规定的其他建设工程验收后经依法抽查不合格，不停止使用的；

（四）公众聚集场所未经消防安全检查或者经检查不符合消防安全要求，擅自投入使用、营业的。

建设单位未依照本法规定在验收后报住房和城乡建设主管部门备案的，由住房和城乡建设主管部门责令改正，处五千元以下罚款。

第五十九条 违反本法规定，有下列行为之一的，由住房和城乡建设主管部门责令改正或者停止施工，并处一万元以上十万元以下罚款：

（一）建设单位要求建筑设计单位或者建筑施工企业降低消防技术标准设计、施工的；

（二）建筑设计单位不按照消防技术标准强制性要求进行消防设计的；

（三）建筑施工企业不按照消防设计文件和消防技术标准施工，降低消防施工质量的；

（四）工程监理单位与建设单位或者建筑施工企业串通，弄虚作假，降低消防施工质量的。

第六十条 单位违反本法规定，有下列行为之一的，责令改正，处五千元以上五万元以下罚款：

（一）消防设施、器材或者消防安全标志的配置、设置不符合国家标准、行业标准，或者未保持完好有效的；

（二）损坏、挪用或者擅自拆除、停用消防设施、器材的；

（三）占用、堵塞、封闭疏散通道、安全出口或者有其他妨碍安全疏散行为的；

（四）埋压、圈占、遮挡消火栓或者占用防火间距的；

（五）占用、堵塞、封闭消防车通道，妨碍消防车通行的；

（六）人员密集场所在门窗上设置影响逃生和灭火救援的障碍物的；

（七）对火灾隐患经消防救援机构通知后不及时采取措施消除的。

个人有前款第二项、第三项、第四项、第五项行为之一的，处警告或者五百元以下罚款。

有本条第一款第三项、第四项、第五项、第六项行为，经责令改正拒不改正的，强制执行，所需费用由违法行为人承担。

第六十一条 生产、储存、经营易燃易爆危险品的场所与居住场所设置在同一建筑物内，或者未与居住场所保持安全距离的，责令停产停业，并处五千元以上五万元以下罚款。

生产、储存、经营其他物品的场所与居住场所设置在同一建筑物内，不符合消防技术标准的，依照前款规定处罚。

第六十二条 有下列行为之一的，依照《中华人民共和国治安管理处罚法》的规定处罚：

（一）违反有关消防技术标准和管理规定生产、储存、运输、销售、使用、销毁易燃易爆危险品的；

（二）非法携带易燃易爆危险品进入公共场所或者乘坐公共交通工具的；

（三）谎报火警的；

（四）阻碍消防车、消防艇执行任务的；

（五）阻碍消防救援机构的工作人员依法执行职务的。

第六十三条 违反本法规定，有下列行为之一的，处警告或者五百元以下罚款；情节严重的，处五日以下拘留：

（一）违反消防安全规定进入生产、储存易燃易爆危险品场所的；

（二）违反规定使用明火作业或者在具有火灾、爆炸危险的场所吸烟、使用明火的。

第六十四条 违反本法规定，有下列行为之一，尚不构成犯罪的，处十日以上十五日以下拘留，可以并处五百元以下罚款；情节较轻的，处警告或者五百元以下罚款：

（一）指使或者强令他人违反消防安全规定，冒险作业的；

（二）过失引起火灾的；

（三）在火灾发生后阻拦报警，或者负有报告职责的人员不及时报警的；

（四）扰乱火灾现场秩序，或者拒不执行火灾现场指挥员指挥，影响灭火救援的；

（五）故意破坏或者伪造火灾现场的；

（六）擅自拆封或者使用被消防救援机构查封的场所、部位的。

第六十五条 违反本法规定，生产、销售不合格的消防产品或者国家明令淘汰的消防产品的，由产品质量监督部门或者工商行政管理部门依照《中华人民共和国产品质量法》的规定从重处罚。

人员密集场所使用不合格的消防产品或者国家明令淘汰的消防产品的，责令限期改正；逾期不改正的，处五千元以上五万元以下罚款，并对其直接负责的主管人员和其他直接责任人员处五百元以上二千元以下罚款；情节严重的，责令停产停业。

消防救援机构对于本条第二款规定的情形，除依法对使用者予以处罚外，应当将发现不合格的消防产品和国家明令淘汰的消防产品的情况通报产品质量监督部门、工商行政管理部门。产品质量监督部门、工商行政管理部门应当对生产者、销售者依法及时查处。

第六十六条 电器产品、燃气用具的安装、使用及其线路、管路的设计、敷设、维护保养、检测不符合消防技术标准和管理规定的，责令限期改正；逾期不改正的，责令停止使用，可以并处一千元以上五千元以下罚款。

第六十七条 机关、团体、企业、事业等单位违反本法第十六条、第十七条、第十八条、第二十一条第二款规定的，责令限期改正；逾期不改正的，对其直接负责的主管人员和其他直接责任人员依法给予处分或者给予警告处罚。

第六十八条 人员密集场所发生火灾，该场所的现场工作人员不履行组织、引导在场人员疏散的义务，情节严重，尚不构成犯罪的，处五日以上十日以下拘留。

第六十九条 消防产品质量认证、消防设施检测等消防技术服务机构出具虚假文件的，责令改正，处五万元以上十万元以下罚款，并对直接负责的主管人员和其他直接责任人员处一万元以上五万元以下罚款；有违法所得的，并处没收违法所得；给他人造成损失的，依法承担赔偿责任；情节严重的，由原许可机关依法责令停止执业或者吊销相应资质、资格。

前款规定的机构出具失实文件，给他人造成损失的，依法承担赔偿责任；造成重大损失的，由原许可机关依法责令停止执业或者吊销相应资质、资格。

第七十条 本法规定的行政处罚，除应当由公安机关依照《中华人民共和国治安管理处罚法》的有关规定决定的外，由住房和城乡建设主管部门、消防救援机构按照各自职权决定。

被责令停止施工、停止使用、停产停业的，应当在整改后向作出决定的部门或者机构报告，经检查合格，方可恢复施工、使用、生产、经营。

当事人逾期不执行停产停业、停止使用、停止施工决定的，由作出决定的部门或者机构强制执行。

责令停产停业，对经济和社会生活影响较大的，由住房和城乡建设主管部门或者应急管理部门报请本级人民政府依法决定。

第七十一条 住房和城乡建设主管部门、消防救援机构的工作人员滥用职权、玩忽职守、徇私舞弊，有下列行为之一，尚不构成犯罪的，依法给予处分：

（一）对不符合消防安全要求的消防设计文件、建设工程、场所准予审查合格、消防验收合格、消防安全检查合格的；

（二）无故拖延消防设计审查、消防验收、消防安全检查，不在法定期限内履行职责的；

（三）发现火灾隐患不及时通知有关单位或者个人整改的；

（四）利用职务为用户、建设单位指定或者变相指定消防产品的品牌、销售单位或者消防技术服务机构、消防设施施工单位的；

（五）将消防车、消防艇以及消防器材、装备和设施用于与消防和应急救援无关的事项的；

（六）其他滥用职权、玩忽职守、徇私舞弊的行为。

产品质量监督、工商行政管理等其他有关行政主管部门的工作人员在消防工作中滥用职权、玩忽职守、徇私舞弊，尚不构成犯罪的，依法给予处分。

第七十二条 违反本法规定，构成犯罪的，依法追究刑事责任。

第七章 附则

第七十三条 本法下列用语的含义：

（一）消防设施，是指火灾自动报警系统、自动灭火系统、消火栓系统、防烟排烟系统以及应急广播和应急照明、安全疏散设施等。

（二）消防产品，是指专门用于火灾预防、灭火救援和火灾防护、避难、逃生的产品。

（三）公众聚集场所，是指宾馆、饭店、商场、集贸市场、客运车站候车室、客运码头候船厅、民用机场航站楼、体育场馆、会堂以及公共娱乐场所等。

（四）人员密集场所，是指公众聚集场所，医院的门诊楼、病房楼，学校的教学楼、图书馆、食堂和集体宿舍，养老院，福利院，托儿所，幼儿园，公共图书馆的阅览室，公共展览馆、博物馆的展示厅，劳动密集型企业的生产加工车间和员工集体宿舍，旅游、宗教活动场所等。

第七十四条 本法自2009年5月1日起施行。

附录B

机关、团体、企业、事业单位消防安全管理规定

（中华人民共和国公安部令第61号）

《机关、团体、企业、事业单位消防安全管理规定》已经2001年10月19日公安部部长办公会议通过，现予发布，自2002年5月1日起施行。

公安部部长　贾春旺

二〇〇一年十一月十四日

第一章　总　　则

第一条　为了加强和规范机关、团体、企业、事业单位的消防安全管理，预防火灾和减少火灾危害，根据《中华人民共和国消防法》，制定本规定。

第二条　本规定适用于中华人民共和国境内的机关、团体、企业、事业单位（以下统称单位）自身的消防安全管理。

法律、法规另有规定的除外。

第三条　单位应当遵守消防法律、法规、规章（以下统称消防法规），贯彻预防为主、防消结合的消防工作方针，履行消防安全职责，保障消防安全。

第四条　法人单位的法定代表人或者非法人单位的主要负责人是单位的消防安全责任人，对本单位的消防安全工作全面负责。

第五条　单位应当落实逐级消防安全责任制和岗位消防安全责任制，明确逐级和岗位消防安全职责，确定各级、各岗位的消防安全责任人。

第二章　消防安全责任

第六条　单位的消防安全责任人应当履行下列消防安全职责：

（一）贯彻执行消防法规，保障单位消防安全符合规定，掌握本单位的消防安全情况；

（二）将消防工作与本单位的生产、科研、经营、管理等活动统筹安排，批准实施年度消防工作计划；

（三）为本单位的消防安全提供必要的经费和组织保障；

（四）确定逐级消防安全责任，批准实施消防安全制度和保障消防安全的操作规程；

（五）组织防火检查，督促落实火灾隐患整改，及时处理涉及消防安全的重大问题；

（六）根据消防法规的规定建立专职消防队、义务消防队；

（七）组织制定符合本单位实际的灭火和应急疏散预案，并实施演练。

第七条 单位可以根据需要确定本单位的消防安全管理人。消防安全管理人对单位的消防安全责任人负责，实施和组织落实下列消防安全管理工作：

（一）拟订年度消防工作计划，组织实施日常消防安全管理工作；

（二）组织制订消防安全制度和保障消防安全的操作规程并检查督促其落实；

（三）拟订消防安全工作的资金投入和组织保障方案；

（四）组织实施防火检查和火灾隐患整改工作；

（五）组织实施对本单位消防设施、灭火器材和消防安全标志的维护保养，确保其完好有效，确保疏散通道和安全出口畅通；

（六）组织管理专职消防队和义务消防队；

（七）在员工中组织开展消防知识、技能的宣传教育和培训，组织灭火和应急疏散预案的实施和演练；

（八）单位消防安全责任人委托的其他消防安全管理工作。

消防安全管理人应当定期向消防安全责任人报告消防安全情况，及时报告涉及消防安全的重大问题。未确定消防安全管理人的单位，前款规定的消防安全管理工作由单位消防安全责任人负责实施。

第八条 实行承包、租赁或者委托经营、管理时，产权单位应当提供符合消防安全要求的建筑物，当事人在订立的合同中依照有关规定明确各方的消防安全责任；消防车通道、涉及公共消防安全的疏散设施和其他建筑消防设施应当由产权单位或者委托管理的单位统一管理。

承包、承租或者受委托经营、管理的单位应当遵守本规定，在其使用、管理范围内履行消防安全职责。

第九条 对于有两个以上产权单位和使用单位的建筑物，各产权单位、使用单位对消防车通道、涉及公共消防安全的疏散设施和其他建筑消防设施应当明确管理责任，可以委托统一管理。

第十条 居民住宅区的物业管理单位应当在管理范围内履行下列消防安全职责：

（一）制定消防安全制度，落实消防安全责任，开展消防安全宣传教育；

（二）开展防火检查，消除火灾隐患；

（三）保障疏散通道、安全出口、消防车通道畅通；

（四）保障公共消防设施、器材以及消防安全标志完好有效。

其他物业管理单位应当对受委托管理范围内的公共消防安全管理工作负责。

第十一条 举办集会、焰火晚会、灯会等具有火灾危险的大型活动的主办单位、承办单位以及提供场地的单位，应当在订立的合同中明确各方的消防安全责任。

第十二条 建筑工程施工现场的消防安全由施工单位负责。实行施工总承包的，由总承包单位负责。分包单位向总承包单位负责，服从总承包单位对施工现场的消防安全管理。

对建筑物进行局部改建、扩建和装修的工程，建设单位应当与施工单位在订立的合同中明确各方对施工现场的消防安全责任。

第三章　消防安全管理

第十三条 下列范围的单位是消防安全重点单位，应当按照本规定的要求，实行严格管理：

（一）商场（市场）、宾馆（饭店）、体育场（馆）、会堂、公共娱乐场所等公众聚集场所（以下统称公众聚集场所）；

（二）医院、养老院和寄宿制的学校、托儿所、幼儿园；

（三）国家机关；

（四）广播电台、电视台和邮政、通信枢纽；

（五）客运车站、码头、民用机场；

（六）公共图书馆、展览馆、博物馆、档案馆以及具有火灾危险性的文物保护单位；

（七）发电厂（站）和电网经营企业；

（八）易燃易爆化学物品的生产、充装、储存、供应、销售单位；

（九）服装、制鞋等劳动密集型生产、加工企业；

（十）重要的科研单位；

（十一）其他发生火灾可能性较大以及一旦发生火灾可能造成重大人身伤亡或者财产损失的单位。

高层办公楼（写字楼）、高层公寓楼等高层公共建筑，城市地下铁道、地下观光隧道等地下公共建筑和城市重要的交通隧道，粮、棉、木材、百货等物资集中的大型仓库和堆场，国家和省级等重点工程的施工现场，应当按照本规定对消防安全重点单位的要求，实行严格管理。

第十四条 消防安全重点单位及其消防安全责任人、消防安全管理人应当报当地公安消防机构备案。

第十五条 消防安全重点单位应当设置或者确定消防工作的归口管理职能部门，并确定专职或者兼职的消防管理人员；其他单位应当确定专职或者兼职消防管理人员，可以确定消防工作的归口管理职能部门。归口管理职能部门和专兼职消防管理人员在消防安全责任人或者消防安全管理人的领导下开展消防安全管理工作。

第十六条 公众聚集场所应当在具备下列消防安全条件后，向当地公安消防机构申报进行消防安全检查，经检查合格后方可开业使用：

（一）依法办理建筑工程消防设计审核手续，并经消防验收合格；

（二）建立健全消防安全组织，消防安全责任明确；

（三）建立消防安全管理制度和保障消防安全的操作规程；

（四）员工经过消防安全培训；

（五）建筑消防设施齐全、完好有效；

（六）制定灭火和应急疏散预案。

第十七条 举办集会、焰火晚会、灯会等具有火灾危险的大型活动，主办或者承办单位应当在具备消防安全条件后，向公安消防机构申报对活动现场进行消防安全检查，经检查合格后方可举办。

第十八条 单位应当按照国家有关规定，结合本单位的特点，建立健全各项消防安全制度和保障消防安全的操作规程，并公布执行。

单位消防安全制度主要包括以下内容：消防安全教育、培训；防火巡查、检查；安全疏散设施管理；消防（控制室）值班；消防设施、器材维护管理；火灾隐患整改；用火、用电安全管理；易燃易爆危险物品和场所防火防爆；专职和义务消防队的组织管理；灭火和应急疏散预案演练；燃气和电气设备的检查和管理（包括防雷、防静电）；消防安全工作考评和奖惩；其他必要的消防安全内容。

第十九条 单位应当将容易发生火灾、一旦发生火灾可能严重危及人身和财产安全以及对消防安全有重大影响的部位确定为消防安全重点部位，设置明显的防火标志，实行严格管理。

第二十条 单位应当对动用明火实行严格的消防安全管理。禁止在具有火灾、爆炸危险的场所使用明火；因特殊情况需要进行电、气焊等明火作业的，动火部门和人员应当按照单位的用火管理制度办理审批手续，落实现场监护人，在确认无火灾、爆炸危险后方可动火施工。动火施工人员应当遵守消防安全规定，并落实相应的消防安全措施。

公众聚集场所或者两个以上单位共同使用的建筑物局部施工需要使用明火时，施工单位和使用单位应当共同采取措施，将施工区和使用区进行防火分隔，清除动火区域的易燃、可燃物，配置消防器材，专人监护，保证施工及使用范围的消防安全。

公共娱乐场所在营业期间禁止动火施工。

第二十一条 单位应当保障疏散通道、安全出口畅通，并设置符合国家规定的消防安全疏散指示标志和应急照明设施，保持防火门、防火卷帘、消防安全疏散指示标志、应急照明、机械排烟送风、火灾事故广播等设施处于正常状态。

严禁下列行为：

（一）占用疏散通道；

（二）在安全出口或者疏散通道上安装栅栏等影响疏散的障碍物；

（三）在营业、生产、教学、工作等期间将安全出口上锁、遮挡或者将消防安全疏散指示标志遮挡、覆盖；

（四）其他影响安全疏散的行为。

第二十二条 单位应当遵守国家有关规定，对易燃易爆危险物品的生产、使用、储存、销售、运输或者销毁实行严格的消防安全管理。

第二十三条 单位应当根据消防法规的有关规定，建立专职消防队、义务消防队，配备相应的消防装备、器材，并组织开展消防业务学习和灭火技能训练，提高预防和扑救火灾的能力。

第二十四条 单位发生火灾时，应当立即实施灭火和应急疏散预案，务必做到及时报警，迅速扑救火灾，及时疏散人员。邻近单位应当给予支援。任何单位、人员都应当无偿为报火警提供便利，不得阻拦报警。

单位应当为公安消防机构抢救人员、扑救火灾提供便利和条件。

火灾扑灭后，起火单位应当保护现场，接受事故调查，如实提供火灾事故的情况，协助公安消防机构调查火灾原因，核定火灾损失，查明火灾事故责任。未经公安消防机构同意，不得擅自清理火灾现场。

第四章 防火检查

第二十五条 消防安全重点单位应当进行每日防火巡查，并确定巡查的人员、内容、部位和频次。其他单位可以根据需要组织防火巡查。巡查的内容应当包括：

（一）用火、用电有无违章情况；

（二）安全出口、疏散通道是否畅通，安全疏散指示标志、应急照明是否完好；

（三）消防设施、器材和消防安全标志是否在位、完整；

（四）常闭式防火门是否处于关闭状态，防火卷帘下是否堆放物品影响使用；

（五）消防安全重点部位的人员在岗情况；

（六）其他消防安全情况。

公众聚集场所在营业期间的防火巡查应当至少每二小时一次；营业结束时应当对营业现场进行检查，消除遗留火种。医院、养老院、寄宿制的学校、托儿所、幼儿园应当加强夜间防火巡查，其他消防安全重点单位可以结合实际组织夜间防火巡查。

防火巡查人员应当及时纠正违章行为，妥善处置火灾危险，无法当场处置的，应当立即报告。发现初起火灾应当立即报警并及时扑救。

防火巡查应当填写巡查记录，巡查人员及其主管人员应当在巡查记录上签名。

第二十六条 机关、团体、事业单位应当至少每季度进行一次防火检查，其他单位应当至少每月进行一次防火检查。检查的内容应当包括：

（一）火灾隐患的整改情况以及防范措施的落实情况；

（二）安全疏散通道、疏散指示标志、应急照明和安全出口情况；

（三）消防车通道、消防水源情况；

（四）灭火器材配置及有效情况；

（五）用火、用电有无违章情况；

（六）重点工种人员以及其他员工消防知识的掌握情况；

（七）消防安全重点部位的管理情况；

（八）易燃易爆危险物品和场所防火防爆措施的落实情况以及其他重要物资的防火安全情况；

（九）消防（控制室）值班情况和设施运行、记录情况；

（十）防火巡查情况；

（十一）消防安全标志的设置情况和完好、有效情况；

（十二）其他需要检查的内容。

防火检查应当填写检查记录。检查人员和被检查部门负责人应当在检查记录上签名。

第二十七条 单位应当按照建筑消防设施检查维修保养有关规定的要求，对建筑消防设施的完好有效情况进行检查和维修保养。

第二十八条 设有自动消防设施的单位，应当按照有关规定定期对其自动消防设施进行全面检查测试，并出具检测报告，存档备查。

第二十九条 单位应当按照有关规定定期对灭火器进行维护保养和维修检查。对灭火器应当建立档案资料，记明配置类型、数量、设置位置、检查维修单位（人员）、更换药剂的时间等有关情况。

第五章 火灾隐患整改

第三十条 单位对存在的火灾隐患，应当及时予以消除。

第三十一条 对下列违反消防安全规定的行为，单位应当责成有关人员当场改正并督促落实：

（一）违章进入生产、储存易燃易爆危险物品场所的；

（二）违章使用明火作业或者在具有火灾、爆炸危险的场所吸烟、使用明火等违反禁令的；

（三）将安全出口上锁、遮挡，或者占用、堆放物品影响疏散通道畅通的；

（四）消火栓、灭火器材被遮挡影响使用或者被挪作他用的；

（五）常闭式防火门处于开启状态，防火卷帘下堆放物品影响使用的；

（六）消防设施管理、值班人员和防火巡查人员脱岗的；

（七）违章关闭消防设施、切断消防电源的；

（八）其他可以当场改正的行为。

违反前款规定的情况以及改正情况应当有记录并存档备查。

第三十二条 对不能当场改正的火灾隐患，消防工作归口管理职能部门或者专兼职消防管理人员应当根据本单位的管理分工，及时将存在的火灾隐患向单位的消防安全管理人或者消防安全责任人报告，提出整改方案。消防安全管理人或者消防安全责任人应当确定整改的措施、期限以及负责整改的部门、人员，并落实整改资金。

在火灾隐患未消除之前，单位应当落实防范措施，保障消防安全。不能确保消防安全，随时可能引发火灾或者一旦发生火灾将严重危及人身安全的，应当将危险部位停产停业整改。

第三十三条 火灾隐患整改完毕，负责整改的部门或者人员应当将整改情况记录报送消防安全责任人或者消防安全管理人签字确认后存档备查。

第三十四条 对于涉及城市规划布局而不能自身解决的重大火灾隐患，以及机关、团体、事业单位确无能力解决的重大火灾隐患，单位应当提出解决方案并及时向其上级主管部门或者当地人民政府报告。

第三十五条 对公安消防机构责令限期改正的火灾隐患，单位应当在规定的期限内改正并写出火灾隐患整改复函，报送公安消防机构。

第六章 消防安全宣传教育和培训

第三十六条 单位应当通过多种形式开展经常性的消防安全宣传教育。消防安全重点单位对每名员工应当至少每年进行一次消防安全培训。宣传教育和培训内容应当包括：

（一）有关消防法规、消防安全制度和保障消防安全的操作规程；

（二）本单位、本岗位的火灾危险性和防火措施；

（三）有关消防设施的性能、灭火器材的使用方法；

（四）报火警、扑救初起火灾以及自救逃生的知识和技能。

公众聚集场所对员工的消防安全培训应当至少每半年进行一次，培训的内容还应当包括组织、引导在场群众疏散的知识和技能。

单位应当组织新上岗和进入新岗位的员工进行上岗前的消防安全培训。

第三十七条 公众聚集场所在营业、活动期间，应当通过张贴图画、广播、闭路电视等向公众宣传防火、灭火、疏散逃生等常识。

学校、幼儿园应当通过寓教于乐等多种形式对学生和幼儿进行消防安全常识教育。

第三十八条 下列人员应当接受消防安全专门培训：

（一）单位的消防安全责任人、消防安全管理人；

（二）专、兼职消防管理人员；

（三）消防控制室的值班、操作人员；

（四）其他依照规定应当接受消防安全专门培训的人员。

前款规定中的第（三）项人员应当持证上岗。

第七章 灭火、应急疏散预案和演练

第三十九条 消防安全重点单位制定的灭火和应急疏散预案应当包括下列内容：

（一）组织机构，包括：灭火行动组、通讯联络组、疏散引导组、安全防护救护组；

（二）报警和接警处置程序；

（三）应急疏散的组织程序和措施；

（四）扑救初起火灾的程序和措施；

（五）通讯联络、安全防护救护的程序和措施。

第四十条 消防安全重点单位应当按照灭火和应急疏散预案，至少每半年进行一次演练，并结合实际，不断完善预案。其他单位应当结合本单位实际，参照制定相应的应急方案，至少每年组织一次演练。

消防演练时，应当设置明显标识并事先告知演练范围内的人员。

第八章　消防档案

第四十一条 消防安全重点单位应当建立健全消防档案。消防档案应当包括消防安全基本情况和消防安全管理情况。消防档案应当详实，全面反映单位消防工作的基本情况，并附有必要的图表，根据情况变化及时更新。

单位应当对消防档案统一保管、备查。

第四十二条 消防安全基本情况应当包括以下内容：

（一）单位基本概况和消防安全重点部位情况；

（二）建筑物或者场所施工、使用或者开业前的消防设计审核、消防验收以及消防安全检查的文件、资料；

（三）消防管理组织机构和各级消防安全责任人；

（四）消防安全制度；

（五）消防设施、灭火器材情况；

（六）专职消防队、义务消防队人员及其消防装备配备情况；

（七）与消防安全有关的重点工种人员情况；

（八）新增消防产品、防火材料的合格证明材料；

（九）灭火和应急疏散预案。

第四十三条 消防安全管理情况应当包括以下内容：

（一）公安消防机构填发的各种法律文书；

（二）消防设施定期检查记录、自动消防设施全面检查测试的报告以及维修保养的记录；

（三）火灾隐患及其整改情况记录；

（四）防火检查、巡查记录；

（五）有关燃气、电气设备检测（包括防雷、防静电）等记录资料；

（六）消防安全培训记录；

（七）灭火和应急疏散预案的演练记录；

（八）火灾情况记录；

（九）消防奖惩情况记录。

前款规定中的第（二）、（三）、（四）、（五）项记录，应当记明检查的人员、时间、部位、内容、发现的火灾隐患以及处理措施等；第（六）项记录，应当记明培训的时间、参加人员、内容等；第（七）项记录，应当记明演练的时间、地点、内容、参加部门以及人员等。

第四十四条 其他单位应当将本单位的基本概况、公安消防机构填发的各种法律文书、与消防工作有关的材料和记录等统一保管备查。

第九章 奖 惩

第四十五条 单位应当将消防安全工作纳入内部检查、考核、评比内容。对在消防安全工作中成绩突出的部门（班组）和个人，单位应当给予表彰奖励。对未依法履行消防安全职责或者违反单位消防安全制度的行为，应当依照有关规定对责任人员给予行政纪律处分或者其他处理。

第四十六条 违反本规定，依法应当给予行政处罚的，依照有关法律、法规予以处罚；构成犯罪的，依法追究刑事责任。

第十章 附 则

第四十七条 公安消防机构对本规定的执行情况依法实施监督，并对自身滥用职权、玩忽职守、徇私舞弊的行为承担法律责任。

第四十八条 规定自 2002 年 5 月 1 日起施行。本规定施行以前公安部发布的规章中的有关规定与本规定不一致的，以本规定为准。

参 考 文 献

［1］钱家庆．漫画安全系列 漫画电力消防［M］．北京：中国电力出版社，2014.

［2］本书编写组．图说电力常识系列画册 图说消防安全常识（口袋书）［M］．北京：中国电力出版社，2015.

［3］刘宏新．消防安全一本通［M］．北京：中国电力出版社，2017.

［4］黄国义．电力消防安全与火灾案例分析［M］．北京：中国电力出版社，2016.

［5］张日新，张威．建筑电气工程常用技能丛书 工程消防［M］．北京：中国电力出版社，2014.

［6］罗晓梅．消防电气技术［M］．北京：中国电力出版社，2005.

［7］曹吉春，胡睿麟．消防安全与管理 200 问［M］．北京：中国电力出版社，2017.

［8］罗晓梅，孟宪章．消防电气技术（第二版）［M］．北京：中国电力出版社，2013.

［9］国网浙江省电力有限公司．供电企业消防安全管理［M］．北京：中国电力出版社，2019.

［10］孟宪章，冯强．消防电气技术 1000 问［M］．北京：中国电力出版社，2015.

［11］郭树林，关大巍，梁慧君，王余胜．电气消防实用技术手册［M］．北京：中国电力出版社，2018.

［12］《社会消防安全教育培训系列教材》编委会．消防安全管理［M］．北京：中国环境科学出版社，2014.

［13］《大型购物中心建筑消防设计与安全管理》编委会．大型购物中心建筑消防设计与安全管理［M］．北京：中国建筑工业出版社，2015.

［14］余源鹏．物业安全管理——治安、交通、车辆、消防、应急管理与培训手册［M］．北京：机械工业出版社，2014.

［15］唐朝纲．危险化学品安全管理基础［M］．北京：机械工业出版社，2014.

［16］黄金印．消防安全管理学［M］．北京：机械工业出版社，2014.

［17］国家森林防火指挥部办公室，中国人民武装警察部队警种学院．森林防

火工作指南 森林消防专业队实用手册［M］. 北京：中国林业出版社，2015.
［18］孙景芝．电气消防技术（第三版）［M］. 北京：中国建筑工业出版社，2015.
［19］GB 50229—2019，火力发电厂与变电站设计防火标准［S］. 北京：中国计划出版社，2019.
［20］中国电力工程顾问集团有限公司．电力工程设计手册 火力发电厂消防设计［M］. 北京：中国电力出版社，2017.
［21］内蒙古电力（集团）有限责任公司．供电企业消防安全评价［M］. 北京：中国电力出版社，2018.
［22］电力行业输配电技术协作网，电力电缆及附件专业技术委员会．电力电缆防火技术与案例分析［M］. 北京：中国水利水电出版社，2018.
［23］DL 5027—2015，电力设备典型消防规程［S］. 北京：中国电力出版社，2015.
［24］GB 51309—2018，消防应急照明和疏散指示系统技术标准［S］. 北京：中国计划出版社，2019.
［25］刘志宇．电网消防安全管理与智能消防系统［M］. 北京：中国水利水电出版社，2020.